工程地质与水文

主　编　李　晶　徐　刚　刘　洋
副主编　车　媛　张晚来　迟恩先
　　　　田子健　谢　军
主　审　尹洪峰

U0157976

北京理工大学出版社
BEIJING INSTITUTE OF TECHNOLOGY PRESS

内 容 提 要

本书共设造岩矿物和岩石、地质构造、地貌、认识常见不良地质现象、土的组成与结构、土的工程性质、地下水概论、地下水运动的基本规律、桥涵水文九个项目并附课间实训指导书，每个项目按照理论知识和实践能力递进的层序，分若干教学任务。本书集理论内容和实践指导于一体。课程数字化资源丰富并融入教材之中。

本书可作为道路与桥梁工程技术、道桥检测、道桥养护与管理等交通土建专业的教材，也可作为土建类工程技术人员的学习参考用书。

图书在版编目（CIP）数据

工程地质与水文 / 李晶，徐刚，刘洋主编.--北京：
北京理工大学出版社，2024.3
　ISBN 978-7-5763-2757-1

　Ⅰ.①工… 　Ⅱ.①李… ②徐… ③刘… 　Ⅲ.①工程地
质-高等学校-教材②水文地质-高等学校-教材　Ⅳ.
①P64

中国国家版本馆 CIP 数据核字（2023）第 155328 号

| 责任编辑：阎少华 | 文案编辑：阎少华 |
| 责任校对：周瑞红 | 责任印制：王美丽 |

出版发行 / 北京理工大学出版社有限责任公司
社　　址 / 北京市丰台区四合庄路 6 号
邮　　编 / 100070
电　　话 / (010) 68914026（教材售后服务热线）
　　　　　　　(010) 68944437（课件资源服务热线）
网　　址 / http：//www.bitpress.com.cn

版 印 次 / 2024 年 3 月第 1 版第 1 次印刷
印　　刷 / 河北鑫彩博图印刷有限公司
开　　本 / 787 mm×1092 mm　1/16
印　　张 / 14
字　　数 / 341 千字
定　　价 / 69.00 元

前 言

近年来，为适应社会需求，高职高专院校的人才培养方案多次调整，对应的各专业课程体系随之调整，课程和教材建设势在必行。目前，高职高专院校的道路与桥梁工程类的一些相关专业的工程地质、水文地质和桥涵水文的内容整合为"工程地质与水文"课程，正式出版的适合本课程使用的教材数量较少，在此背景下，着手编写此书。本书充分考虑高职高专学生的知识基础和专业需求，结合道路与桥梁类专业的知识体系、人才培养方案要求，做到与专业核心课程相衔接，为基础工程、路基路面工程、桥梁工程、公路勘测设计等课程提供必要的专业基础知识，学生在掌握工程地质、水文地质、桥涵水文基本理论知识的基础上，具备工程地质和水文地质条件的分析判断、桥涵水文计算、土工试验等技能。同时，为推进党的二十大精神进教材，本书适当融入了职业素养、工匠精神、爱国情怀等课程思政元素。另外，编写过程中邀请企业工程技术人员合作，共同完成。课程数字化资源丰富并充分融入教材当中。

本书适合的课程教学内容和课时分配如下表：

序号	知识点	学习内容	参考课时	
			理论	实践
1	矿物	1. 矿物概念	2	2
		2. 矿物物理性质		
		3. 认识常见造岩矿物		
2	岩石	1. 岩石概念	6	4
		2. 岩石成因		
		3. 岩浆岩		
		4. 沉积岩		
		5. 变质岩		
3	地质构造	1. 地质作用	10	
		2. 地质年代		
		3. 岩层产状		
		4. 褶皱构造		
		5. 断裂构造		
		6. 阅读地质图		

序号	知识点	学习内容	参考课时	
			理论	实践
4	地貌	1. 地貌概述	4	
		2. 山岭地貌		
		3. 平原地貌		
		4. 河谷地貌		
5	不良地质现象的工程地质问题	1. 崩塌	2	
		2. 滑坡		
		3. 泥石流		
		4. 岩溶		
6	土的工程性质与分类	1. 土的组成与结构	6	8
		2. 土的物理性质		
		3. 土的水理性质		
		4. 土的工程分类		
7	地下水的概论	1. 包气带水	2	
		2. 潜水		
		3. 承压水		
8	地下水运动规律	1. 渗流的基本概念	4	2
		2. 地下水运动规律		
		3. 达西定律的应用		
9	桥涵水文	1. 小桥涵设计流量的推算	4	
		2. 小桥涵位置选择的原则和布置要求		
		3. 小桥涵孔径计算		
合计		56	40	16

本书共分9个项目和1个附件，由辽宁省交通高等专科学校的李晶、徐刚、刘洋、车媛、张晚来、迟恩先，中铁十九局集团的田子健，沈阳市政修建集团公司的谢军共同编写，具体分工为：李晶编写项目一、项目二、项目八、附件，刘洋编写项目九，徐刚编写项目四，车媛编写项目五，张晚来编写项目七，迟恩先编写项目三，田子健编写项目六中的任务一，谢军编写项目六中的任务二、任务三。

本书能够出版，承蒙借鉴前辈、同行的大量文献和资料，辽宁省交通高等专科学校相关部门和各位同仁给予了鼎力支持，在此一并感谢。

由于时间仓促和编者编写水平有限，本书难免存在不妥和疏漏之处，恳请读者批评指正。

编　者

目 录

项目一 造岩矿物和岩石 ············ 1

任务一 了解地球概况 ············ 1

任务二 认识常见造岩矿物 ······ 5

任务三 认识常见岩石 ············ 9

任务四 了解岩石的工程性质 ···· 20

项目二 地质构造 ················ 33

任务一 认识地质作用 ············ 34

任务二 确定地质年代 ············ 36

任务三 确定岩层产状 ············ 40

任务四 认识褶皱构造 ············ 41

任务五 认识断裂构造 ············ 44

任务六 阅读地质图 ············ 48

项目三 地貌 ···················· 55

任务一 了解地貌概念 ············ 55

任务二 认识山岭地貌 ············ 59

任务三 了解平原地貌 ············ 63

任务四 认识河谷地貌 ············ 64

项目四 认识常见不良地质现象 ···· 69

任务一 认识崩塌 ·············· 70

任务二 认识滑坡 ·············· 71

任务三 认识泥石流 ············ 78

任务四 认识岩溶 ·············· 81

项目五 土的组成与结构 ·········· 85

任务一 认识土 ················ 85

任务二 分析土的组成 ············ 88

任务三 认识土中的水 ············ 96

任务四 了解土的结构 ············ 98

项目六 土的工程性质 ············ 102

任务一 确定土的物理性质 ······ 102

任务二 确定土的水理性质 ······ 110

任务三 确定土的工程分类 ······ 117

项目七 地下水概论 ············ 124

任务一 了解地下水的物理性质和

化学性质 ············ 124

　　任务二　分析地下水的类型及特征·······127

项目八　地下水运动的基本规律··········135

　　任务一　分析重力水运动的基本规律···135

　　任务二　了解包气带中地下水的运动···150

　　任务三　了解结合水运动规律······152

项目九　桥涵水文··················154

　　任务一　了解水流分类与水力要素······154

　　任务二　推算小桥涵设计流量········165

　　任务三　选择小桥涵位置·········176

　　任务四　计算小桥涵孔径·········181

附件　工程地质与水文实训········189

　　实训一　认识常见的矿物········189

实训二　认识常见的岩石··········191

实训三　测定土的粒度成分

　　　　　（筛分法）··········196

实训四　测定土的比重（比重瓶法）····199

实训五　测定土的含水率··········201

实训六　测定土的密度（环刀法）·······204

实训七　测定土的渗透性

　　　　　（常水头渗透试验）········205

实训八　测定土的界限含水率········209

附录　一般性地质符号············215

参考文献··················218

项目一
造岩矿物和岩石

任务一　了解地球概况

地球是沿着近似圆形轨道绕太阳旋转的九大行星之一。它的形状、大小及运转和物理、化学等方面的基本原理与基本数值，是地质学理论发展的基础，也是人类工程活动和工程计算中不可忽视的重要依据。

一、地球的形状和大小

地球的形状和地表形态既是其内部物质状态及其运动的结果，也受到地球表层的水和大气的运动，以及生物生命活动的重要影响。通常所说的地球形状是指大地水准面所圈闭的形状，而大地水准面是平均海平面并通过大陆延伸所形成的封闭曲面。目前通过人造卫星观测及卫星轨道变化推算，获得了下列关于地球形状的数据：

赤道半径 a　　6 378.140 km　　　　极半径 b　　6 356.779 km

平均半径　　6 371.299 km　　　　　扁率 $d=(a-b)/b$　1/298.275

赤道周长　　40 075.24 km　　　　　子午线周长　40 008.08 km

表面积　　5.100 7×10^8 km^2　　　　体积　　1.083 2×10^{12} km^3

通过人造卫星从外观上看地球，其大地水准面酷似一个北极略为凸起、南极略为凹陷的梨形。因此，地球可以概括为"梨状三轴旋转椭球体"。

二、地球的物理性质

1. 重力

重力是垂直地球表面使物体向下的一种天然作用力。它实际上是地心引力和由地球自转而产生的惯性离心力的合力，由于离心力与地心引力相比相对微弱（如赤道处的离心力约为地心引力的 1/289），因此可将地心引力近似当作重力，地球周围受重力影响的空间称为重力场。地表上某一点的重力场强度就相当于该点的重力加速度，由于地心引力随纬度而变化，因此地表重力分布以赤道地区为最小（9.78 m/s^2），两极为最大（9.83 m/s^2），平均为9.80 m/s^2。加之地下组成物质的不同及近海拔高度的差异，各地测得的重力值并不同于理论值，这种现象称为重力异常。

2. 密度和压力

用前述地球的质量除以地球的体积便可求得地球的平均密度为 5.51 g/cm^3。根据实际测定的固体地球表面岩石的平均密度为 2.7～2.8 g/cm^3，而覆盖地球表面达 3/4 的水的密度为 1 g/cm^3，可以推测地球内部物质应具有比地表更大的密度。据布伦（1975）"A 模型"，地壳表层的密度为 2.7 g/cm^3，地内 33 km 处的密度为 3.32 g/cm^3；地内 2 885 km 处密度由 5.56 g/cm^3 陡增至 9.989 g/cm^3；至地心处密度达 12.51 g/cm^3。密度变化显著的深度处反映出该处地球内部物质成分和存在状态有明显变化。

地内压力随深度加大，并与地内物质的密度及该处的重力有关。地下 10 km 处的压力约为 304 MPa，2 900 km 处可达 1.52×10^5 MPa，地心则高达 3.55×10^5 MPa。

3. 地磁场

地球类似一个巨大的磁铁，所以，在它周围空间存在的磁场称为地磁场。地球上某一点的磁场强度，称为该点的总磁场强度（F），总磁场强度是一个矢量。它的水平分量称为水平磁场强度（H），它的方向就是磁子午线的方向。地磁子午线与地理子午线的夹角为磁偏角；总磁场强度的垂直分量称为垂直磁场强度（Z）；总磁场强度方向与水平面的交角称为磁倾角。

地磁场随时间变化，有日变化、年变化、长期变化和突然性变化。地质历史时期的磁场称为古地磁。近年来，人们通过研究不同时间岩石中剩余磁性的大小和方向，从而追溯地质历史时期地磁场的特性和变化及磁极移动情况。这一研究对解决大规模的构造运动历史、古气候及探索地球起源等问题具有重要的意义。

4. 地热

地热是指地球内部的热能。根据大陆地表以下地温的来源和分布状况，可以将地下温度分为变温层、常温层、增温层三层。变温层是固体地球表层大陆上的一个温度层，温度主要来自太阳的辐射热能，它随纬度高低、海陆分布、季节、昼夜、植被等的变化而不同，该层的平均深度为 15 m 左右；常温层是指温度与当地平均温度一致的地带；增温层位于常温层以下，其热能主要来自放射性元素蜕变产生的热能，其次是重力能、旋转能转化产生的热量，通常将每向下加深 100 m 所产生的温度称为地热增温率（地热梯度），一般为 0.9～5 ℃。而把温度每增高 1 ℃ 所增加的深度称为地势增温级，两者互为倒数。

地球内部的热能除由温泉、火山岩浆侵入活动等直接带至地表外，还通过传导、辐射和对流等方式不断地传至地表，将单位时间内通过单位面积的热量称为地热流，将地热流较高的地区称为地热异常区，这些地区可常用地下热气、热水发电（地热发电）。另外，地下热水在工农业、医疗生活用水等方面也得到广泛应用。

5. 弹性

固体地球能传播地震波（弹性波）说明地球具有弹性。通过地震波在地球内部传播速度的变化，能确定地球内部物质状态的变化。

三、地球的构造

1. 地球外部圈层

（1）大气圈。大气圈是地球最外面的一个圈层，由包围在固体地球外面的各种气体构成。大气的主要成分有氮气（体积百分比为 78.10％）、氧气（占 21.0％）、二氧化碳（占 0.03％）及水蒸气，并含少量尘埃微粒。它主要集中在 100 km 高度以下的范围内，大气的密度和压力随高度增高而降低。根据气温的垂直变化，由下到上可将大气圈进一步划分为对流层、平流层、电离层（暖层）和扩散层，其中以对流层和平流层对地面影响较大。对流层中的氮气是植物制造蛋白质的主要原料。氧气是生物生命活动的重要条件，也是促进岩石等氧化分解的重要成分。位于大气圈最底部的二氧化碳主要来自有机物的氧化（燃烧）和生物的呼吸。它强烈吸收地面长波辐射并放出热量，因而，对地表起着一种保温的作用；同时，它也是促进岩石风化分解的重要因素之一。水汽主要来自水圈的蒸发，它润湿大气，并能吸收地面长波辐射的热能。水汽以固态物质为中心凝集成云、雾、雨、雪等，在气候变化中扮演着重要角色。对流层的温度主要来自地面辐射。对流层直接影响大气圈下的生物生长和对地球表层的改造。

平流层是自对流层顶到 50 km 高空的大气层。它的特点是大气以水平移动为主，其温度基本不受地面温度影响。平流层中存在大量臭氧，臭氧吸收太阳的大量紫外辐射而使大气温度随高度增加到 0 ℃ 以上。平流层中臭氧对太阳辐射紫外线的强烈吸收构成了对生物的有效天然保护。

(2)水圈。水圈由地球表层的水体组成，其总体积为 $14 \times 10^8 \ km^3$。其中，海水占总体积的 97.2%，大陆水体占 2.8%。大陆水体中极地和高山冰川约占 78.6%，其余 21.4% 为河流、湖泊、沼泽中的水及地下水。水圈中水可以构成一个水循环，海水在太阳辐射能的驱使下大量蒸发，形成水蒸气进入大气圈中的对流层内，随空气对流带至大陆上空，在一定条件下便凝结成雨、雪等落到地面。落到地面的大气降水在重力作用下沿地表和地下流回海洋。河流、冰川、地下水等水体在其流动过程中不断改造地表，塑造出各种地表形态。同时，水圈也为生物的生存演化提供了必不可少的条件。因此，水圈是外动力地质作用的主要动力来源。

(3)生物圈。生物圈是生物及其生命活动的地带所构成的连续圈层。生物主要集中在地表和水圈中，特别是阳光、空气和水分充足而温度又适宜的地区。在生物圈中，生物和有机物总量约为 $11.4 \times 10^{12} \ t$，为地壳总质量的 $1/10^5$。生物在其生命活动过程中，通过光合作用、新陈代谢等方式，形成一系列生物地质作用，从而改变地壳表层的物质成分和结构，如促使某些分散的元素或成分富集，并在适当条件下沉积下来形成铁、磷、煤、石油等有用矿产。

2. 地球内部圈层

根据地球物理勘探资料，如波、重力及介质的弹性参数等，可归纳出较为完善的地球内部圈层结构模式。根据实测，地内有两个明显的地震波波速不连续面，第一个界面位于 5~60 km 深处，大陆部分平均深 33 km，大洋区平均深为 11~12 km。在界面附近，地震波速度突然增加，此界面由南斯拉夫学者莫霍洛维奇于 1909 年发现，故称为莫霍洛维奇不连续面，简称"莫霍面"。另一明显界面位于 2 885 km 深处，是美国学者古登堡于 1914 年发现的，称为"古登堡不连续面"，简称"古登堡面"。地震波穿过此界面时，纵波急剧下降，横波突然消失。根据这两个界面将地球内部由地表至地心分为地壳、地幔和地核。

(1)地壳。地壳是"莫霍面"以上固体地球的表层部分，平均厚度约为 16 km，为地球半径的 1/400。地壳体积占地球总体积的 1.55%，占总质量的 0.8%，大陆地壳和大洋地壳在结构及演变历史上均有明显差异：大陆地壳具有上部为硅铝层（花岗石质层）、下部为硅镁层（玄武岩质层）的双层结构，厚度为 15~20 km。大洋地壳厚度较薄，平均仅为 5~6 km，一般缺乏硅铝层，硅镁层直接出露于洋底。

组成地壳的化学元素有百余种，但各元素的含量极不均匀，其中最主要的依次为氧、硅、铝、铁、钙、钠、钾、镁、钛、氢。它们占地壳总质量的 99.96%。其余的是磷、锰、氮、硫、钡、氯等近百种元素。地壳中的化学元素常随环境的改变而不断地变化。元素在一定地质条件下形成矿物，矿物的自然集合体则是岩石。组成地壳的岩石按成因可分为岩浆（火成）岩、沉积岩、变质岩。有关矿物、岩石的内容将在后面内容阐述。

(2)地幔。地幔是地球的"莫霍面"以下、"古登堡面"以上的部分，厚度约为 2 900 km，其体积约占地球总体积的 82.3%，质量占 67.8%，是地球的主体部分，主要由固态物质组成。以 650 km 为界分为上地幔和下地幔两个次级圈层。上地幔的物质成分是由含铁、镁多的硅酸盐矿物组成的，与超基性岩类似。对地幔中地震波传播特征的研究发现，在 60~250 km 处存在"低速带"。尤其是在 100~150 km 深度处波速降低得最多。一般认为，低速带是由于该带内温度增高至接近岩石的熔点，但尚未熔融的物态引起的。又根据低速带内有些区域不传播横波，推断这些区域的温度已超过岩石熔点形成液态区。由于低速带距离地表很近，这些液态区很可能是岩浆的发源地。鉴于低速带的塑性较大，它为上部固态岩石的活动创造了有利的条件，故在构造地质学中称其为软流圈。而将软流圈以上的上地幔和地壳合称为岩石圈。下地幔中地震波速平缓增加，密度已达 $5.1~g/cm^3$。一般认为，其物质成分虽然仍以铁、镁的硅酸盐为主，但相当于超基性岩的超高压相矿物组成的岩石。

（3）地核。地核是地球内自"古登堡面"至地心的部分，其厚度为 3 473 km，占地球总体积的 16.2%、总质量的 31.4%。按地震波速分布，可分为外核、过渡层和内核三层。外核分布于 2 885～4 170 km，平均密度约为 $10.5~g/cm^3$，根据横波不能通过外核的事实，推断外核是由液态物质组成的。分布于 4 170～5 155 km 的过渡层，波速变化复杂，可能是由液态开始向固态物质转变的一个圈层。内核为 5 155 km 至地心部分，由以铁、镍等成分为主的固态物质组成。

任务二　认识常见造岩矿物

一、矿物的概念

地壳中的矿物，是指在各种地质作用中所形成的具有一定化学成分和物理性质的天然单质元素或化合物。它们具有一定的化学成分和内部结构，从而有一定的外部形态、物理性质和化学性质。绝大多数矿物为固态，只有极少数呈液态（自然汞）和气态（如火山喷发的气体中的 CO_2、SO_2 等）。矿物是构成岩石的基本单元。目前，自然界已发现的矿物有 3 300 多种，常见矿物有 200多种，其中组成岩石的主要矿物仅 30 余种，这些组成岩石的主要矿物称为造岩矿物，如石英、方解石及正长石等。

PPT：矿物

矿物的形态是针对矿物单体及同种矿物集合体的形态而言的。各种矿物常具有不同的形态，常见的几种单体和集合体形态有片状，如云母；放射状，如电气石；板状，如石膏；柱状，如角闪石；结核状，如褐铁矿；纤维状，如石棉；鲕状或肾状，如赤铁矿；鳞片状，如石墨。矿物的外形特征和物理性质常常是化学成分和内部构造的反映，是矿物的重要鉴定依据。

微课：矿物

二、矿物的物理性质

由于成分和结构的不同，每种矿物都有自己特有的物理性质。所以，矿物的物理性质是鉴别矿物的主要依据。

1. 颜色

颜色是矿物对不同波长可见光吸收程度的不同反映，是矿物最明显、最直观的物理性质。根据成色原因可分为以下几项：

（1）自色。自色是矿物本身固有的成分结构所决定的颜色，具有固定性，因此具有鉴定意义。

（2）它色。它色是某些透明矿物混有不同外来带色杂质或其他原因引起的。与矿物本身的成分无关，随混入物的不同而不同，无鉴定意义。

（3）假色。假色是由于物理原因（主要是光的内反射、内散射、干涉等）所引起的颜色，对某些矿物有鉴定意义。

矿物的颜色繁多，鉴别时要求简明、通俗，主次分明（前次后主）。一般用标准色谱的红、橙、黄、绿、蓝、靛、紫，以及白、灰、黑来说明矿物颜色，也可以依据最常见的实物颜色来描述矿物的颜色，如砖红色、橘黄色、橄榄绿色等。

2. 条痕

条痕是矿物粉末的颜色。其一般是指矿物在白色无釉瓷板（条痕板）上划擦时所留下的粉末的颜色。某些矿物的条痕与矿物的颜色是不同的，如黄铁矿的颜色为浅黄铜色，而条痕为绿黑色。条痕色去掉了矿物因反射所造成的色差，增加了吸收率，提高了眼睛对不同颜色的敏感度，因而比矿物的颜色更为固定，但只适用于一些深色矿物，对浅色矿物无鉴定意义。

3. 光泽

光泽是矿物表面的反光能力，根据矿物表面反光程度的强弱，可将光泽分为以下四个等级：

（1）金属光泽。金属光泽反光很强，犹如电镀的金属表面那样光亮耀眼，如黄铁矿、方铅矿等。

（2）半金属光泽。半金属光泽比金属的亮光弱，似未磨光的金属表面的光亮，如磁铁矿、辰砂等。

（3）金刚光泽。金刚光泽像金刚石、宝石磨光面的光亮，如金刚石。

（4）玻璃光泽。玻璃光泽像平板玻璃面的光亮，如方解石、长石等。

另外，由于矿物表面不平、内部裂纹或成隐晶质和非晶集合体等，可形成某种独特的光泽，如丝绢光泽、油脂光泽、蜡状光泽、珍珠光泽、土状光泽等。矿物遭受风化后，光泽强度就会有不同程度的降低，如玻璃光泽变为油脂光泽等。

4. 解理和断口

（1）解理。矿物在外力作用（敲打或挤压）下，严格沿着一定方向破裂成光滑平面的性质称为解理。这些平面叫作解理面。根据解理产生的难易程度，可将矿物的解理分成以下四个等级：

1）极完全解理。解理面极完好，平坦而极光滑，矿物晶体可劈成薄片，如云母等；

2）完全解理。完全解理是指矿物晶体容易劈成小的规整的碎块或厚板块，解理面完好平坦、光滑，如方解石等；

3）中等解理。中等解理是指破裂面不甚光滑，往往不连续，如辉石等；

4）不完全解理。不完全解理是指一般难发现解理面，偶尔可见小而粗糙的解理面。

不同种类矿物的解理发育程度不同，有些矿物无解理，有些矿物有一组或数组程度不同的解理，如云母有一组解理，长石有两组解理，方解石则有三组解理。

（2）断口。如果矿物受外力作用，无固定方向破裂成各种凹凸不平的断面，如贝壳状、参差状等，则叫作断口。

5. 硬度

硬度是指矿物抵抗外力的刻划、压入或研磨等机械作用的能力。这里只介绍刻划硬度，它是矿物对外来刻划的抵抗能力，是组成矿物的原子间连接力强弱的一种表现。在鉴定矿物时，常用一些矿物互相刻划比较来测定其相对硬度，一般用 10 种矿物，分为 10 个相对等级作为标准，称为摩氏硬度计，见表 1-1。

表 1-1　摩氏硬度计

1. 滑石	6. 正长石
2. 石膏	7. 石英
3. 方解石	8. 黄玉
4. 萤石	9. 刚玉
5. 磷灰石	10. 金刚石

野外鉴别时可以用常见的物品来大致测定矿物的相对硬度，如指甲硬度为 2～2.5 度，玻璃硬度为 5.5～6 度，小刀硬度为 5～5.5 度，钢刀硬度为 6～7 度。

6. 其他性质

相对密度、磁性、发光性、放射性、弹性、挠性、脆性等对于鉴定某些矿物有时也是十分重要的。

三、常见的造岩矿物

常见的造岩矿物及其物理性质，见表 1-2。

表 1-2　常见的造岩矿物及其物理性质简表

矿物名称及化学成分	形状	物理性质				主要鉴定特征
		颜色	光泽	硬度	解理、断口	
石英 SiO_2	六棱柱状或双锥状、粒状、块状	无色、乳白或其他色	玻璃光泽、断口为油脂光泽	7	无解理，贝壳状断口	形状，硬度
正长石 $K[AlSi_3O_8]$	短柱状、板状、粒状	肉色、浅玫瑰或近于白色	玻璃光泽	6	二向完全解理，近于正交	解理，颜色
斜长石 $Na[AlSi_3O_8]Ca[Al_2Si_2O_8]$	长柱状、板条状	白色或灰白色	玻璃光泽	6	二向完全解理，斜交	颜色，解理面有细条纹
白云母 $KAl_2[AlSi_3O_{10}][OH]_2$	板状、片状	无色、灰白至浅灰色	玻璃或珍珠光泽	2～3	一向极完全解理	解理，薄片有弹性
黑云母 $K(Mg、Fe)_3$ $[AlSi_3O_{10}][OH]_2$	板状、片状	深褐、黑绿至黑色	玻璃或珍珠光泽	2.5～3	一向极完全解理	解理，颜色，薄片有弹性

矿物名称及化学成分	形状	物理性质				主要鉴定特征
		颜色	光泽	硬度	解理、断口	
角闪石 (Ca、Na)(Mg、Fe)$_4$(Al、Fe) [(Si、Al)$_4$O$_{11}$]$_2$[OII]$_2$	长柱状、纤维状	深绿至黑色	玻璃光泽	5.5～6	二向完全解理,交角近56°	形状
辉石 (Na、Ca)(Mg、Fe、Al) [(Si、Al)$_2$O$_6$]	短柱状、粒状	褐黑、棕黑至深黑色	玻璃光泽	5～6	二向完全解理,交角近90°	形状
橄榄石 (Fe、Mg)$_2$[SiO$_4$]	粒状	橄榄绿、淡黄绿色	油脂或玻璃光泽	6.5～7	通常无解理,贝壳状断口	颜色,硬度
方解石 CaCO$_3$	菱面体、块状、粒状	白、灰白或其他色	玻璃光泽	3	三向完全解理	解理,硬度,遇盐酸强烈起泡
白云石 CaMg[CO$_3$]$_2$	菱面体、块状、粒状	灰白、淡红或淡黄色	玻璃光泽	3.5～4	三向完全解理,晶面常弯曲呈鞍状	解理,硬度,晶面弯曲,遇盐酸起泡微弱
石膏 CaSO$_4$·2H$_2$O	板状、条状、纤维状	无色、白色或灰白色	玻璃或丝绢光泽	2	一向完全解理	解理,硬度,薄片无弹性和挠性
高岭石 Al$_4$[Si$_4$O$_{10}$][OH]$_8$	鳞片状、细粒状	白、灰白或其他色	土状光泽	1	一向完全解理	性软,粘舌,具可塑性
滑石 Mg$_3$[Si$_4$O$_{10}$][OH]$_2$	片状、块状	白、淡黄、淡绿或浅灰色	蜡状或珍珠光泽	1	一向完全解理	颜色,硬度,触抚有油腻感
绿泥石 (Mg、Fe)$_5$Al[AlSi$_3$O$_{10}$][OH]$_8$	片状、土状	深绿色	珍珠光泽	2～2.5	一向完全解理	颜色,薄片无弹性有挠性
蛇纹石 Mg$_6$[Si$_4$O$_{10}$][OH]$_8$	块状、片状、纤维状	淡黄绿、淡绿或淡黄色	蜡状或丝绢光泽	3～3.5	无解理,贝壳状断口	颜色,光泽

矿物名称及化学成分	形状	物理性质				主要鉴定特征
		颜色	光泽	硬度	解理、断口	
石榴子石 $(Mg、Fe、Mn、Ca)_3$ $(Al、Fe、Cr)_2[SiO_4]_3$	菱形十二面体、二十四面体、粒状	棕、棕红或黑红色	玻璃光泽	6.5～7.5	无解理，不规则断口	形状，颜色，硬度
黄铁矿 FeS_2	立方体、粒状	浅黄铜色	金属光泽	6～6.5	贝壳状或不规则断口	形状，颜色，光泽

任务三　认识常见岩石

一、岩石的概念

岩石是地壳发展过程中，由一种或多种矿物组成，在成分和结构上具有一定规律的集合体。由一种矿物组成的岩石叫作单矿岩，如橄榄岩主要由橄榄石构成；由多种矿物组成的岩石叫作复矿岩，如花岗石是由长石、石英、角闪石和黑云母多种矿物组成的。

岩石是构成地壳的最基本单位。按其成因，可将地壳的岩石分为岩浆岩类、沉积岩类和变质岩类三大类。根据地球发展的历史，一般认为地壳最初的岩浆由冷凝而成，将岩浆岩称为原生岩石。而后，有了大气和水，在地质外力作用下形成了沉积岩。已经形成了的岩浆岩和沉积岩又在内动力地质作用下，导致成分和结构上的变化而形成变质岩。因此，沉积岩和变质岩又称为次生岩石。

岩石不仅是地质学研究的基础，而且也是人类一切工程建筑物的地基和原材料。为了建筑物的安全、稳定，必须从岩石入手去探讨它们的工程地质性质问题。

二、岩浆岩

(一)岩浆岩的成因与产状

岩浆岩又称火成岩，是由岩浆冷凝固结后形成的岩石。岩浆位于地幔和地壳深处，是以硅酸盐为主和一部分金属硫化物、氧化物、水蒸气及其他挥发性物质（CO_2、CO、SO_2、HCl 及 H_2S 等）组成的高温、高压熔融体。一般可分为两大类，第一类富含钙、铁、镁氧化物，而钠、钾氧化物含量少，黏性小，流动性大；第二类钠、钾氧化物和硅，而钙、铁、镁氧化物少，黏性较大，流动性小。

岩浆主要通过地壳运动沿地壳薄弱地带上升冷却凝结。其中，侵入到周围岩层（简称围岩）中形成的岩浆岩称为侵入岩。根据形成深度，侵入岩又可分为深成岩（形成深度大于 3 km）和浅成岩（形成深度小于 3 km）。而岩浆喷出地表形成的岩浆岩则称为喷出岩，包括火山碎屑岩和熔岩（由岩

PPT：岩浆岩

微课：岩浆岩

9

浆沿火山通道喷溢地表冷凝固结而形成)。

岩浆岩的产状是指岩浆岩体的形态、规模、与围岩接触关系、形成时所处的地质构造环境及距离当时地表的深度等。岩浆岩的产状可分为侵入岩岩体产状和喷出岩岩体产状两大类。

(1)侵入岩岩体产状如图 1-1 所示。

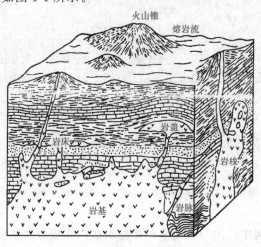

图 1-1　侵入岩岩体产状

1)岩基。岩基是一种规模庞大的岩体,其分布面积一般大于 60 km²,往往呈长圆形。与围岩接触面不规则,构成岩基的岩石多是花岗石或花岗闪长岩等,岩性均匀稳定,是良好的建筑地基。例如,三峡坝址区就是选定在面积约为 200 多平方千米的花岗石闪长岩基的南部。

2)岩株。岩株是一种形体较岩基小的岩体,平面上呈圆形或不规则状,面积小于 60 km²,与围岩的接触面较陡直,有时是岩基的一部分,也常是岩性均一的良好地基。

3)岩盖和岩盆。岩盖是一种中心厚度较大,底部较平,顶部穹隆状的层间侵入体,分布范围可达数平方千米。中心下凹、形如蝶或浅盆的层间侵入体则叫作岩盆。组成岩盆的岩石以基性岩为主。

4)岩床。岩床是一种沿原有岩层层面侵入、延伸分布且厚度稳定的层状侵入体,常见的厚度多为几十厘米至几米,延伸长度多为几百米至几千米。组成岩床的岩石以基性岩为主。

5)岩脉。岩脉是沿岩层裂隙侵入形成的狭长形的岩浆岩体,与围岩层理或片理斜交。其中比较规则而又近于直立的板状岩体称为岩墙。组成岩墙的岩石从基性到酸性均有。

(2)喷出岩岩体产状。喷出岩岩体的产状与火山喷发方式和喷出物的性质有关,主要关系如下。

1)中心式喷发。中心式喷发是指岩浆沿着圆管状管道喷出地表,是近代火山活动最常见的喷发形式之一。常见形状是火山喷发物——熔岩和火山碎屑物围绕火山通道堆积形成的锥状体,叫作火山锥。黏度较小的基性熔岩自火山口沿某一方向流出形成熔岩流。

2)裂隙式喷发。裂隙式喷发是岩浆沿一定方向的裂隙喷达地表,喷发的均是黏度小的基性熔浆,熔浆常沿地面流动形成面积广大的熔岩被;黏度较大的岩浆可形成火山锥。

(二)岩浆岩的矿物成分

组成岩浆岩的矿物大约有 30 多种，按其颜色及化学成分的特点可分为浅色矿物和深色矿物两类。

(1)浅色矿物：正长石、斜长石、石英、白云母等；

(2)深色矿物：黑云母、辉石、角闪石、橄榄石等。

岩浆岩主要由硅、铝、铁、镁、钙、钠、钾的氧化物和水组成。其中，SiO_2 含量最多且最重要。它是反映岩浆性质和直接影响岩浆岩矿物成分变化的主要因素。常依据 SiO_2 含量，将岩浆岩划分为不同的类型，即：

(1)酸性岩：$SiO_2 > 65\%$，石英与正长石及酸性斜长石共生，深色矿物有黑云母和少量角闪石。

(2)中性岩：$SiO_2 = 52\% \sim 65\%$，石英含量极少，以长石类与角闪石共生为主。

(3)基性岩：$SiO_2 = 45\% \sim 52\%$，无石英与正长石或极少，以斜长石与辉石共生为主。

(4)超基性岩：$SiO_2 < 45\%$，长石类和角闪石极少见，无石英，以橄榄石和辉石共生为主。

岩浆岩的矿物成分既可反映岩石的化学成分和生成条件，是岩浆岩分类命名的主要依据之一，同时，矿物成分也直接影响岩石的工程地质性质。所以，在研究岩石时要重视矿物的组成和识别鉴定。

(三)岩浆岩的结构

岩浆岩的结构是指岩石中矿物的结晶程度、颗粒大小、形状及它们的相互组合关系。岩浆岩的结构特征是岩浆成分和岩浆冷凝时的物理环境(主要为温度和压力)的综合反映。它是区分和鉴定岩浆岩的重要标志之一，同时，也直接影响岩石的强度。岩浆岩的结构分类如下。

1. 按岩石中矿物结晶程度划分

(1)全晶质结构。全晶质结构岩石全部由结晶矿物所组成，先结晶的矿物常按自己的生长规律成为自形晶，后结晶的矿物因空间受到限制常生成为半自形或不规则形状的他形晶，多见于深成岩中，因岩浆在深处缓慢冷凝，矿物有充分结晶的条件而全部结晶，如花岗石、闪长岩等。

(2)半晶质结构。半晶质结构岩石由结晶矿物和非晶的玻璃质所组成，多见于浅成岩和喷出岩中，因岩浆冷凝速度较快，其中一部分岩浆来不及结晶而成为非晶质，如流纹岩、花岗斑岩等。

(3)非晶质结构。非晶质结构岩石几乎全部由非晶质所组成。因岩浆喷出地表，温度、压力骤然下降，冷凝快，来不及结晶所致，如黑耀岩、浮岩等。

2. 按岩石中矿物颗粒相对大小划分

(1)等粒结构。等粒结构岩石中同种主要矿物的颗粒粗细大致相等。

(2)不等粒结构。不等粒结构岩石中主要矿物的颗粒大小不等，且粒度大小构成连续变化系列。

(3)斑状结构及似斑状结构。斑状结构及似斑状结构岩石由两组直径相差甚大的矿物颗粒组成，其大晶粒散布在细小晶粒中，大的叫作斑晶，细小的叫作基质。基质为隐晶质及玻璃质的称为斑状结构；基质为显晶质的则称为似斑状结构。

(四)岩浆岩的构造

岩浆岩的构造是指岩石中的矿物在空间的排列、配置和充填方式上所形成的特征。常见的岩浆岩构造有以下几种。

1. 块状构造

块状构造矿物分布比较均匀，岩石结构也均一，是岩浆岩中最常见的一种构造。

2. 流纹构造

流纹构造是酸性熔岩中最常见的一种构造，是由不同颜色的矿物、玻璃质和拉长的气孔等沿熔岩流动方向作平行排列所形成的一种流动构造。

3. 气孔构造

气孔构造是岩浆喷出地表后，岩浆中的气体呈气泡逸出，岩浆冷凝后在岩石中保留了气孔的形态。熔岩流中的气孔被次生矿物充填，如方解石、沸石、蛋白石等，形似杏仁，故名杏仁构造。如北京三家店村一带的辉绿岩就具有典型的杏仁状构造。

(五)岩浆岩的分类及常见的岩浆岩的特征

1. 岩浆岩的分类

自然界的岩浆岩种类繁多，已知的已达1 100多种。通常根据岩浆岩的成因、矿物成分、化学成分、结构、构造及产状等方面的综合特征，将岩浆岩分为四大类型，即酸性岩、中性岩、基性岩、超基性岩，见表1-3。

表1-3 岩浆岩分类表

类型		酸性	中性		基性	超基性
SiO_2含量		65~75	52~65		45~52	<45
化学成分		以Si、Al为主			以Fe、Mg为主	
颜色(色率%)		浅色(浅灰、浅红、红色、黄色)			深色(深灰、绿色、黑色)	
		0~30	30~60		60~90	90~100
成因	产状	含长石		含斜长石		不含长石
		石英>20%	石英0~20%		石英极少	无石英
		云母 角闪石	黑云母 角闪石 辉石	角闪石 辉石 黑云母	辉石 角闪石 橄榄石	橄榄石 辉石
喷出岩	喷出堆积 玻璃状或碎屑状	黑曜石、浮石、火山凝灰岩、火山碎屑、火山玻璃				少见
	火山锥 岩流 岩被 微粒、斑状、玻璃质结构，块状、气孔状、杏仁状、流纹状等构造	流纹岩	粗面岩	安山岩	玄武岩	苦橄岩

类型			酸性	中性		基性	超基性
侵入岩	浅成岩	岩脉 岩床 岩盘	细粒、微粒、似斑状及斑状结构	花岗斑岩	正长斑岩	闪长玢岩	辉绿岩	金伯利岩
	深成岩	岩株 岩基	粗粒、中粒、似斑状结构、块状结构	花岗石	正长岩	闪长岩	辉长岩	橄榄岩

2. 常见岩浆岩的特征

(1)酸性岩类。

1)花岗石。花岗石是深成侵入岩，多呈肉红色、浅灰色。其主要矿物为钾长石、石英和酸性斜长石，次要矿物为黑云母、角闪石、全晶质等粒状结构，块状构造。岩性一般较均一，以中、粗粒结构为主，致密坚硬，孔隙率小，透水性弱，抗水性强。

2)花岗斑岩。花岗斑岩是浅成岩，其成分与花岗石相同，但具斑状或似斑状结构，斑晶和基质均主要由钾长石、石英组成，若斑晶以石英为主则称为石英斑岩。

3)流纹岩。流纹岩是喷出岩。其成分与花岗石相当，以斑状结构为主，斑晶多为斜长石或石英。其因具有典型的流纹状构造而得名。

(2)中性岩类。

1)正长岩。正长岩是深成侵入岩，常呈浅灰、肉红、浅灰红等颜色。其主要矿物成分为正长石，次要矿物有角闪石、黑云母等，不含石英或含量极少，等粒状结构，块状构造。其物理力学性质与花岗石类似，但不如花岗石坚硬，易风化，极少单独产出，主要与花岗石等共生。

2)正长斑岩。正长斑岩是浅成侵入岩。其成分与正长岩相同，所不同的是具斑状结构，斑晶主要是正长石。一般呈脉状产生。

3)粗面岩。粗面岩是喷出岩。其成分与结构同正长斑岩，斑晶也是正长石，基质多为隐晶质，具细小孔隙，表面粗糙，因而得名。

4)闪长岩石。闪长岩石属深成侵入岩，呈灰色或浅绿灰色。主要矿物为：中性斜长石和角闪石；次要的有黑云母或辉石；有的可能含极少量的石英，则称为石英闪长岩。全晶质等粒结构，角闪石多呈完好的长柱状晶体，块状构造。闪长岩结构致密，强度高，且具有较高的韧性和抗风化能力，是优质建筑石料。

5)闪长玢岩。闪长玢岩属浅成侵入岩。其成分与闪长岩相当。具有斑状结构，斑晶为中性斜长石，有时为角闪石，基质为他形晶细粒结构。

6)安山岩。安山岩属喷出岩，呈灰色、紫色或灰紫色。其成分基本与闪长岩相同。斑状结构，斑晶为角闪石或偏基性斜长石，有时偶见黑云母斑晶。基质或玻璃质。块状构造，有的可见气孔或杏仁构造。安山岩(Andesite)以安第斯山的产出而命名。岩块致密，强度稍低于闪长岩。

（3）基性岩类。

1）辉长岩。辉长岩属深成侵入岩。呈灰黑、深灰或黑色。其主要矿物有基性斜长岩和辉石；次要的有橄榄石和角闪石。辉石多呈短柱状晶体，斜长石呈窄长方板状晶体，全晶质中、粗等粒结构，块状构造。辉长岩强度较高，抗风化能力强。

2）辉绿岩。辉绿岩属浅成侵入岩，呈灰绿色或黑绿色。其成分与辉长岩相同，具特殊的辉绿结构（辉石充填于斜长石晶体格架的空隙中），若不具辉绿结构，而呈斑状结构，则称为辉长玢岩。斑晶为辉石和斜长石。辉绿岩是一种具有高度耐磨性和耐腐蚀性的材料。

3）玄武岩。玄武岩是喷出岩，呈灰黑色、黑色。其成分与辉长岩相似，隐晶质和细晶结构；也有斑状结构，其斑晶为橄榄石、辉石或斜长石等。常具有气孔构造、杏仁构造及六方柱节理。玄武岩致密坚硬、性脆，强度很高。

（4）超基性岩类。橄榄岩属深成侵入岩，呈深绿色或黑绿色。其主要矿物有橄榄石、辉石；次要的有角闪石。全晶质中、粗等粒结构。若完全由橄榄石组成则称为纯橄榄岩；因橄榄石很容易蚀变而成蛇纹石，故常见的橄榄岩均已蛇纹石化，且强度较低。

三、沉积岩

沉积岩是在地壳表和地表不太深的地方，在常温、常压条件下，由外力地质作用促使地壳表层的岩石风化、破碎，并将风化产物、有机物质和某些火山作用产生的物质搬运、沉积，最后固结成岩等一系列过程，形成的层状岩石。沉积岩广泛分布于地表，占陆地面积的 75%，因此，许多工程都选择在沉积岩地区建设。

PPT：沉积岩

（一）沉积岩的矿物组成

组成沉积岩的常见矿物仅有 20 多种，按成因类型可分为以下几类。

1. 碎屑矿物

碎屑矿物也称原生矿物，是原岩遭受机械风化后破碎而成的碎屑物质，再经机械搬运作用和沉积作用所产生的沉积物，如石英、长石、白云母等一些耐磨损而抗风化性较强和较稳定的矿物。

微课：沉积岩

2. 黏土矿物

黏土矿物是原岩经风化分解后由长石等生成的次生矿物，如高岭石、蒙脱石、水云母等。常形成粒径小于 0.002 mm 的黏土颗粒，呈胶体状态或机械悬浮状态，搬运至海洋或湖泊中沉淀下来。其具有很大的亲水性、可塑性及膨胀性。

3. 化学沉积矿物

化学沉积矿物是从溶液中沉淀出来的或是由生物化学沉积作用形成的矿物，如方解石、白云石、石膏、岩盐、铁和锰的氧化物或氢氧化物等。

4. 有机物质及生物残骸

有机物质及生物残骸是由生物残骸或经有机化学变化而形成的矿物，如贝壳、珊瑚礁、硅藻土、泥炭、石油等。

在以上矿物中，石英、长石及白云母也是岩浆岩中常见的矿物，也称原生矿物；其他矿物则是在地表条件下形成的特有矿物，也称次生矿物。

(二)沉积岩的结构

沉积岩根据其组成物质，结构主要有以下几种。

1. 碎屑结构

碎屑结构是指碎屑物质被胶结物黏结起来而形成的一种结构。其特征有以下三点：

(1)颗粒大小。按碎屑粒径大小，将碎屑结构分为表 1-4 中所列的几类。

表 1-4　碎屑结构与岩石命名对照表

结构	砾状结构	砂状结构			粉砂状结构
		粗砂结构	中砂结构	细砂结构	
粒径/mm	>2	0.5~2	0.25~0.5	0.074~0.25	0.002~0.074
岩石命名	砾岩	粗砂岩	中砂岩	细砂岩	粉砂岩

(2)颗粒形状。颗粒形状是指碎屑颗粒的磨圆程度，可分为尖棱角状、浑圆状和圆状。

(3)胶结物及胶结类型。胶结物的性质及胶结类型对碎屑岩类的物理力学性质有显著的影响。

1)胶结物：主要是碎屑颗粒沉积后滞留或环流于颗粒之间的空隙溶液中的溶解物经化学作用沉淀而成。常见的胶结物有以下几种：

①硅质——胶结物成分为 SiO_2。颜色浅，岩性坚固，强度高，抗水性及抗风化性强。

②铁质——胶结物成分为铁的氧化物和氢氧化物，常呈红色或棕色。岩石强度次于硅质胶结构。

③钙质——胶结物成分为 Ca、Mg 的碳酸盐，呈白灰、青灰等颜色。岩石较坚固，强度较大但性脆，具可溶性，遇盐酸起泡。

④泥质——胶结物成分为黏土。一般是与碎屑颗粒同时沉积的混入物，多呈黄褐色，性质松软易破碎，遇水后易泡软松散。

⑤石膏质——胶结物成分为 $CaSO_4$，硬度小，胶结不紧密。

2)胶结类型：是指胶结物与碎屑颗粒之间的相对含量和颗粒之间的相互关系。常见的有以下三种胶结类型。

①基底胶结——胶结物含量多，碎屑颗粒孤立地散布于胶结物中，彼此互不接触，这种胶结方式的紧固程度视胶结物而定。

②孔隙胶结——碎屑颗粒紧密接触，胶结物充填于粒间孔隙中，这种胶结方式通常不是很坚固。

③接触胶结——胶结物含量极少，碎屑颗粒互相接触，胶结物存在于颗粒的接触处。这种胶结方式最不牢固。

2. 泥质结构

泥质结构是指几乎全部由粒径小于 0.002 mm 的黏土颗粒组成的结构，其是黏土岩的主要特征。其特点是手摸有滑感。具有很大的亲水性、可塑性和膨胀性。

3. 结晶结构

结晶结构由化学作用或生物化学作用，从溶液中沉淀结晶的物质形成的结构。其主要在石灰岩、白云岩和硅质岩中发育。

4. 生物结构

生物结构几乎全部是由生物遗体所组成的，如生物碎屑结构、贝壳结构等。

(三) 沉积岩的构造

沉积岩的构造是指沉积岩各个组成部分的空间分布和排列方式。

1. 层理构造

层理是沉积岩在形成过程中，由于沉积环境的改变，所引起的沉积物质的成分、颗粒大小、形状或颜色在垂直方向发生变化而显示成层的现象。层理是沉积岩最重要的一种构造特征，是沉积岩区别于岩浆岩和变质岩的最主要标志。

根据层理的形态可将层理分为下列几种类型，如图 1-2 所示。

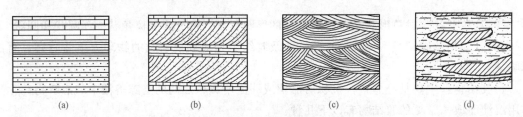

图 1-2　沉积岩层理示意
(a)水平层理；(b)单斜层理；(c)交错层理；(d)尖灭与透镜体

(1)水平层理。水平层理是指层与层之间彼此平行的层理。它是在比较稳定的水动力条件下，从悬浮物或溶液中缓慢沉积而成。

(2)单斜层理。单斜层理是由一系列与层面斜交的细层组成的，细层的层理向同一方向倾斜并相互平行，它与上下层面斜交，上下层面互相平行。它是由单向水流所造成的，多见于河床或滨海三角洲沉积物中。

(3)交错层理。交错层理是由多组不同方向的斜层理互相交错重叠而成的，是由于水流的运动方向频繁变化所造成的，多见于河流沉积层中。另外，还有波状层理、粒序层理等类型。

有些岩层一端较厚，另一端逐渐变薄以至消失，这种现象称为尖灭层。若在不大的距离内两端都尖灭，而中间较厚，则称为透镜体，如图 1-2(d)所示。

层或岩层是组成沉积地层的基本单位，其成分、结构、内部构造和颜色基本均一。它是在较大区域内，生成条件基本一致的情况下形成的。层与层之间的分界面叫作层面。

2. 层面特征

层面构造是指岩层层面上由于水流、风、生物活动、阳光暴晒等作用留下的痕迹，如波痕、泥裂等。

(1)波痕，由于风力、流水或波浪的作用在沉积层表面所形成的波状起伏现象。

(2)泥裂，主要是由于沉积物在尚未固结时即露出水面，经暴晒后呈张开的多边形网状裂缝，断面是 V 形。刚形成时泥裂是空的，以后常被砂、粉砂或其他物质填充。

3. 化石和结核

(1)化石。化石是指在沉积过程中，石化了的古生物遗体或遗迹(如动物的骨骼、甲壳、蛋卵、足迹及植物的根、茎、叶等)。

(2)结核。结核是指成分、结构、构造及颜色等与周围沉积物(岩)不同、规模不大的团块体。

(四)沉积岩的分类及常见沉积岩的特征

根据沉积岩的组成成分、结构和形成条件，沉积岩可分为碎屑岩类、黏土岩类、化学岩及生物化学岩类。

1. 碎屑岩类

(1)砾岩及角砾岩。砾岩及角砾岩由 50% 以上粒径大于 2 mm 的碎屑颗粒胶结而成。由磨圆较好的砾石胶结而成的称为砾岩；由带棱角的角砾胶结而成的称为角砾岩。砾岩是岩屑经较长距离搬运磨蚀后再沉积、胶结而成的；角砾岩则是由于带棱角的岩块搬运距离不远即沉积胶结而成的，如洞穴角砾岩、滨岸角砾岩等。

(2)砂岩。砂岩由 50% 以上 0.074～2 mm 粒级的颗粒胶结而成。其按粒度大小可细分为粗粒、中粒、细粒及粉粒砂岩；根据其主要碎屑成分又可分为石英砂岩、长石砂岩和岩屑砂岩。石英砂岩中 90% 以上的碎屑物质是石英，碎屑粒度均一，分选好，磨圆度好，一般为硅质胶结，呈白色，质地坚硬，多为滨海沉积物。在长石砂岩的碎屑中，长石含量大于25%，岩屑含量小于 10%，常为红色或黄色，一般为中粒、粗粒。分选性和磨圆度变化大，常为钙质或泥质胶结。岩屑砂岩中的岩屑占碎屑总量的 25% 以上。长石含量小于 10%，岩屑成分多样，胶结物多为硅质、钙质，碎屑的分选、磨圆不好，颜色较深，为灰、灰绿、灰黑等颜色。

粉砂岩是 0.002～0.074 mm 粒级的颗粒含量大于 50% 的岩石，碎屑成分以石英为主，长石次之。碎屑的磨圆度差，分选好。胶结物常为黏土、钙质和铁质，常见颜色为棕红色或暗褐色，常具有薄的水平层理。粉砂岩的性质介于砂岩与黏土岩之间。

砂岩随胶结物成分和胶结类型不同，抗压强度也不同。由于多数砂岩岩性坚硬而质脆，在地质构造作用下张性裂隙发育，所以，常具有较强的透水性。

2. 黏土岩类

黏土岩是粒径小于 0.002 mm，主要由黏土矿物组成的岩石。常见的黏土矿物有高岭石、蒙脱石、水云母等。黏土岩中的其他成分有石英、长石、云母、褐铁矿等。黏土具可塑性、烧结性、吸附性、吸水性、耐火性等特性。黏土岩性质较弱，强度低，易产生压缩变形，抗风化能力较低，尤其是含蒙脱石等矿物的黏土岩，遇水后具有膨胀、崩解等特性。主要的黏土岩有以下两大类：

(1)泥岩。泥岩是由黏土经脱水固结而形成的。其特点是固结不紧密、不牢固；层理不发育，常是厚层状、块状，强度较低，一般干试样的抗压强度在 5～35 MPa，遇水易泥化，强度显著降低，饱水试样的抗压强度降低 50% 左右。泥岩多形成于较新的地质时期。

(2)页岩。页岩是由黏土脱水胶结而成的，大部分有明显的薄层理，能沿层理分成薄片，这种特征也称页理，风化后多呈碎片状或泥土状。根据混入物的成分或岩石的颜色可分为钙质页岩、铁质页岩、硅质页岩、黑色页岩及碳质页岩等。除硅质页岩强度稍高外，其余的易风化，性质较弱，浸水后强度显著降低。

3. 化学岩及生物化学岩

最常见的化学岩及生物化学岩是由碳酸盐组成的岩石，以石灰岩和白云岩分布最为广泛。鉴别这类岩石时，要特别注意其对盐酸试剂的反应。石灰岩在常温下遇稀盐酸剧烈起泡，泥灰岩遇稀盐酸起泡后留有泥点。白云岩在常温下遇稀盐酸不起泡，但加热或研成粉末后则起泡。多数岩石结构致密，性质坚硬，强度较高。但主要特征是具有可溶性，在水流的作用下形成溶蚀裂隙、洞穴、地下河等岩洞现象。

(1)石灰岩。石灰岩简称灰岩，在深海或浅海环境中形成，矿物成分以方解石为主，有时还含有白云石、燧石等硅质矿物和黏土矿物等。常呈深灰色、浅灰色，纯质灰岩呈白色，多为致密状，叫作结晶灰岩。另外，在形成过程中，由于风浪振动，常形成一些特殊结构，如鲕状、竹叶状、团块状等，还有生物碎屑灰岩等类型。

(2)白云岩。白云岩的矿物成分主要为白云石，其次含有少量的方解石等。其形成环境同灰岩，常呈浅灰色、灰白色，是结晶质或细晶粒状结构。硬度较灰岩略大。岩石风化面上常有刀砍状溶蚀沟纹。纯白云岩可作耐火材料。

石灰岩与白云岩之间的过渡类型有灰质白云岩、白云质灰岩等。

(3)泥灰岩。当石灰岩中黏土矿物含量达 25%～50% 时，称为泥灰岩。其颜色有灰色、黄色、褐色、红色等。其具有强度低，易风化的特点。泥灰岩可作水泥原料。

四、变质岩

地壳中已存在的岩石，由于地壳运动和岩浆活动等造成物理化学环境的改变，处在高温、高压及在其他化学因素的作用下，使原来岩石的成分、结构和构造发生一系列变化，所形成的新的岩石称为变质岩。这种改变岩石的作用称为变质作用。

PPT：变质岩

引起变质作用的因素是高温、高压和新的化学成分的加入。根据地质成因和引起变质的因素，变质作用可概括为接触变质和区域变质两种基本类型。岩浆从地球深处上升到地壳中，带着很大的热能，使与之接触的岩石温度急剧上升，由这种热的影响引起的变质作用称为接触变质作用。在大规模区域性的地壳变动影响下，使大面积岩体在高温、高压、岩浆活动等因素的综合作用下所引起的变质作用称为区域变质作用。

微课：变质岩

(一)变质岩的矿物成分

组成变质岩的矿物，一部分是与岩浆岩或沉积岩所共有的，是母岩残留下来的，如石英、长石、云母、角闪石、辉石、方解石等；另一部分是变质作用后产生的特有的变质矿物，如红柱石、夕线石、蓝晶石、硅灰石、刚玉、绿泥石、绿帘石、绢云母、滑石、叶蜡石、蛇纹石、石榴子石、石墨等。这些矿物是变质岩中所特有的，是鉴定变质岩的依据。

(二)变质岩的结构

1. 变余结构(残余结构)

原岩在变质作用过程中,由于重结晶、变质结晶作用不完全,原岩的结构特征被部分保留下来,即称为变余结构。变余结构在低级变质中较常见,如泥质砂岩变质以后,泥质胶结物变质成绢云母和绿泥石,而其中碎屑矿物如石英不发生变化,被保留下来,形成变余砂状结构。其他的如变余斑状结构、变余花岗结构、变余砾状结构、变余泥质结构等。

2. 变晶结构

岩石在固体状态下发生重结晶、变质结晶或重组合所形成的结构称为变晶结构。变晶结构是变质岩石中最常见的结构,该类结构中矿物多呈定向排列。

3. 碎裂结构

碎裂结构是由于岩石在低温下受定向压力作用,当压力超过其强度极限时发生破裂、错动,形成碎块甚至粉末状后又被胶结在一起的结构。其常具条带和片理。根据破碎程度可分为碎裂结构、碎斑结构、糜棱结构等。

(三)变质岩的构造

岩石经变质作用后常形成一些新的构造特征,它是区别于其他两类岩石的特有标志,是变质岩的最重要特征之一。原岩变质后仍残留有原岩的部分构造特征者叫作变余构造,如变余层理构造、变余气孔构造、变余杏仁构造、变余流纹构造等。通过变质作用所形成的新的构造叫作变成构造,具体如下。

1. 板状构造

板状构造岩石具有平行、较密集而平坦的破裂面——劈理面,沿此面岩石易于分裂成板状体。这种岩石常具变余泥质结构。原岩基本未重结晶,仅有少量绢云母或绿泥石。它是岩石受较轻的走向压力作用而形成的。

2. 千枚状构造

千枚状构造岩石常呈薄板状,其中各组分基本已重结晶并呈定向排列,但结晶程度较低而使肉眼尚不能分辨矿物,仅在岩石的自然破裂面上有强烈的丝绢光泽,是由绢云母、绿泥石、小鳞片造成的。

3. 片状构造

片状构造在定向挤压应力的长期作用下,岩石中所含大量片状、柱状矿物如云母、角闪石、绿泥石等,都是平行走向排列。岩石中各组分全部重结晶,而且肉眼可以看出矿物颗粒。有此种构造的岩石,各向异性显著,沿片理面易于裂开,其强度、透水性、抗风化能力等也随方向而改变。

4. 片麻状构造

片麻状构造以石英、长石等矿物为主,其间夹以鳞片状、柱状变晶矿物,并呈大致平行的断续带状分布。它们的结晶程度都比较高,是片麻岩中常见的构造。

千枚状构造、片状构造和片麻状构造都属于定向构造,它们使变质岩具有裂开成不十分规则的薄板或扁豆体的趋势,此种性质统称为片理。

5. 块状构造

块状构造岩石中的矿物均匀分布，结构均一，无定向排列，是大理石和石英岩等常有的构造。

(四)常见变质岩的特征

1. 片理状岩石

(1)片麻岩。片麻岩一般具片麻状构造，中粗粒鳞片粒状，为变晶结构或变余结构。其可以由泥质岩、粉砂岩、砂岩或酸性和中性岩浆岩、火山碎屑岩等经深变质而成。其主要矿物为长石、石英、黑云母、角闪石等，有时出现辉石、红柱石、石榴子石、夕线石、蓝晶石等。片麻岩可根据成分进一步分类和命名，如花岗片麻岩、黑云母钾长片麻岩等。

(2)片岩。片岩的特征是有片理构造，为变晶结构。常见矿物有云母、绿泥石、滑石、角闪石等片状、柱状矿物(含量大于 30%)。粒状矿物以石英为主，长石很少或不含。进一步分类和命名要根据特征变质矿物和主要片状矿物来确定，如云母片岩、绿泥石片岩、滑石片岩、角闪石片岩等。片岩强度较低，且易风化，由于片理发育，易于沿片理裂开。

(3)千枚岩。千枚岩的特征是岩石细密，具千枚状构造。其原岩为页岩、泥质粉砂岩、凝灰岩类，为重结晶结构。其矿物成分主要有绢云母、绿泥石、石英等。片理面具强丝绢光泽。千枚岩性质较松软，易风化破碎。

(4)板岩。板岩的特征是岩石较致密，具板状构造。其主要由等页岩、泥质粉砂岩、凝灰岩类变质而成，变质程度较轻，常具变余泥质结构等，重结晶不明显，板理面上可见绢云母、绿泥石等。沿劈理易于裂开成薄板状。能加工成各种尺寸的石板，用作建筑材料。

2. 块状岩类

(1)石英岩。石英岩由石英砂岩和硅质岩经变质而成。主要由石英组成(＞85%)。其次可含少量白云母、长石、磁铁矿等，一般为块状构造，是粒状变晶结构。岩石坚硬抗风化能力强，可作良好的建筑物地基。但因其性脆，较易产生密集性裂隙。另外，石英岩中常夹有薄层板岩，风化后变为泥化夹层。

(2)大理石。大理石因我国云南大理市盛产优质的此种石料而得名。由钙、镁、碳酸盐类沉积岩变质形成。其主要矿物成分为方解石、白云石。遇盐酸强烈起泡。其具粒状变晶结构、斑状变晶结构，块状构造。常用作建筑材料和各种装饰石料等。大理石硬度较小，岩块或岩粉与盐酸作用起泡，具有可溶性。

任务四　了解岩石的工程性质

岩石的工程地质性质包括物理性质、水理性质和力学性质。影响岩石工程地质性质的因素，主要是组成岩石的矿物成分、岩石的结构构造和岩石的风化程度。

一、岩石的物理性质

岩石的物理性质是岩石的基本工程性质，主要是指岩石的质量性质和孔隙性。

(一)岩石的质量性质

1. 岩石的相对密度

岩石的相对密度是岩石固体部分(不含孔隙)的重力与同体积水在 4 ℃时重力的比值。

岩石相对密度的大小取决于组成岩石的矿物相对密度及其在岩石中的相对含量。组成岩石的矿物相对密度大、含量多,则岩石的相对密度大。一般岩石的相对密度约为 2.65,相对密度大的可达 3.3。

2. 岩石的密度

岩石的密度是指岩石单位体积的质量,在数值上,它等于岩石试件的总质量(含孔隙中水的质量)与其总体积(含孔隙体积)之比。

岩石的密度大小取决于岩石中的矿物相对密度、岩石的孔隙性及其含水情况。岩石孔隙中完全没有水存在时的密度称为干密度;岩石中的孔隙全部被水充满时的密度称为岩石的饱和密度。组成岩石的矿物相对密度大,或岩石中的孔隙性小,则岩石的密度大。对于同一种岩石,密度大的结构致密、孔隙性小,强度和稳定性相对较高。

(二)岩石的孔隙性

岩石中的空隙包括孔隙和裂隙。岩石的空隙性是岩石的孔隙性和裂隙性的总称,可用空隙率、孔隙率、裂隙率来表示其发育程度。但人们已习惯用孔隙性来代替空隙性,即用岩石的孔隙性反映岩石中孔隙、裂隙的发育程度。

岩石的孔隙率(或称孔隙度)是指岩石中孔隙(含裂隙)的体积与岩石总体积之比,常以百分数表示,即

$$n = \frac{V_n}{V} \times 100\% \tag{1-1}$$

式中　n——岩石的孔隙率(%);

V_n——岩石中孔隙(含裂隙)的体积(cm^3);

V——岩石的总体积(cm^3)。

岩石孔隙率的大小主要取决于岩石的结构构造,同时,也受风化作用、岩浆作用、构造运动及变质作用的影响。由于岩石中孔隙、裂隙发育程度变化很大,其孔隙率的变化也很大。例如,三叠纪砂岩的孔隙率为 0.6%～27.7%。碎屑沉积岩的时代越新,其胶结越差,则孔隙率越高。结晶岩类的孔隙率较低,很少高于 3%。

常见岩石的物理性质指标见表 1-5。

表 1-5　常见岩石的物理性质

岩石名称	相对密度 d_s	重度 λ/(kN·m⁻³)	孔隙率 n/%
花岗石	2.50～2.84	23.0～28.0	0.04～2.80
正长岩	2.50～2.90	24.0～28.5	
闪长岩	2.60～3.10	25.2～29.6	0.18～5.00
辉长岩	2.70～3.20	25.5～29.8	0.29～4.00

岩石名称	相对密度 d_s	重度 $\lambda/(kN \cdot m^{-3})$	孔隙率 $n/\%$
斑岩	2.60～2.80	27.0～27.4	0.29～2.75
玢岩	2.60～2.90	24.0～28.6	2.10～5.00
辉绿岩	2.60～3.10	25.3～29.7	0.29～5.00
玄武岩	2.50～3.30	25.0～31.0	0.30～7.20
安山岩	2.40～2.80	23.0～27.0	1.10～4.50
凝灰岩	2.50～2.70	22.9～25.0	1.50～7.50
砾岩	2.67～2.71	24.0～26.6	0.80～10.00
砂岩	2.60～2.75	22.0～27.1	1.60～28.30
页岩	2.57～2.77	23.0～27.0	0.40～10.00
石灰岩	2.40～2.80	23.0～27.7	0.50～27.00
泥灰岩	2.70～2.80	23.0～25.0	1.00～10.00
白云岩	2.70～2.90	21.0～27.0	0.30～25.00
片麻岩	2.60～3.10	23.0～30.0	0.70～2.20
花岗片麻岩	2.60～2.80	23.0～33.0	0.30～2.40
片岩	2.60～2.90	23.0～26.0	0.02～1.85
板岩	2.70～2.90	23.1～27.5	0.10～0.45
大理石	2.70～2.90	26.0～27.0	0.10～6.00
石英岩	2.53～2.84	28.0～33.0	0.10～8.70
蛇纹岩	2.40～2.80	26.0	0.10～2.50
石英片岩	2.60～2.80	28.0～29.0	0.70～3.00

二、岩石的水理性质

岩石的水理性质是指岩石与水作用时所表现的性质，主要有岩石的吸水性、透水性、溶解性、软化性、抗冻性等。

(一)岩石的吸水性

岩石吸收水分的性能称为岩石的吸水性，常以吸水率、饱水率两个指标来表示。

1. 岩石的吸水率(w_1)

岩石的吸水率是指在常压下岩石的吸水能力，以岩石所吸水分的重力与干燥岩石重力之比的百分数表示，即

$$w_1 = \frac{G_w}{G_s} \times 100\% \tag{1-2}$$

式中　w_1——岩石吸水率(%)；

　　　G_w——岩石在常压下所吸水分的重力(kN)；

　　　G_s——干燥岩石的重力(kN)。

岩石的吸水率与岩石的孔隙量、大小、开闭程度和空间分布等因素有关。岩石的吸水率越大，则水对岩石的侵蚀、软化作用就越强，岩石强度和稳定性受水作用的影响也就越显著。

2. 岩石的饱水率(ω_2)

岩石的饱水率是指在高压(15 MPa)或真空条件下岩石的吸水能力，仍以岩石所吸水分的重力与干燥岩石重力之比的百分数表示。

岩石的吸水率与饱水率的比值称为岩石的饱水因数。其大小与岩石的抗冻性有关。一般认为，饱水因数小于0.8的岩石是抗冻的。

(二)岩石的透水性

岩石的透水性是指岩石允许水通过的能力。岩石透水性的大小主要取决于岩石孔隙、裂隙的大小和连通情况。

岩石的透水性用渗透系数(K)来表示。

(三)岩石的溶解性

岩石的溶解性是指岩石溶解于水的性质，常用溶解度或溶解速度来表示。常见的可溶性岩石有石灰岩、白云岩、石膏、岩盐等。岩石的溶解性主要取决于岩石的化学成分，但与水的性质有密切关系，如富含CO_2的水，则具有较大的溶解能力。

(四)岩石的软化性

岩石的软化性是指岩石在水的作用下，其强度和稳定性降低的性质。岩石的软化性主要取决于岩石的矿物成分和结构构造特征。岩石中黏土矿物含量高、孔隙率大、吸水率高，则易于与水作用而软化，使其强度和稳定性大大降低甚至丧失。

岩石的软化性指标为软化因数，它等于岩石在饱水状态下的极限抗压强度与岩石风干状态下极限抗压强度的比值，用小数表示。其值越小，表示岩石在水的作用下的强度和稳定性越差。未受风化影响的岩浆岩和某些变质岩、沉积岩，软化因数接近于1，是弱软化或不软化的岩石，其抗水、抗风化和抗冻性强；软化因数小于0.75的岩石，认为是强软化的岩石，工程性质较差，如黏土岩类。

(五)岩石的抗冻性

岩石的孔隙、裂隙中有水存在时，水结冰，体积膨胀，则产生较大的压力，使岩石的构造等遭到破坏。岩石抵抗这种冰冻作用的能力称为岩石的抗冻性。在高寒冰冻地区，抗冻性是评价岩石工程地质性质的一个重要指标。

岩石的抗冻性与岩石的饱水因数、软化因数有着密切关系。一般是饱水因数越小，岩石的抗冻性越强，易于软化的岩石，其抗冻性也低。温度变化剧烈，岩石反复冻融，则降低岩石的抗冻能力。

岩石的抗冻性有不同的表示方法，一般用岩石在抗冻试验前后抗压强度的降低率表示。抗压强度降低率小于25%的岩石，认为是抗冻的；大于25%的岩石，认为是非抗冻的。

常见岩石的水理性质的主要指标见表1-6～表1-8。

表 1-6 常见岩石的吸水性

岩石名称	吸水率 $w_1/\%$	饱水率 $w_2/\%$	饱水因数
花岗石	0.46	0.84	0.55
石英闪长岩	0.32	0.54	0.59
玄武岩	0.27	0.39	0.69
基性斑岩	0.35	0.42	0.83
云母片岩	0.13	1.31	0.10
砂岩	7.01	11.99	0.60
石灰岩	0.09	0.25	0.36
白云质石灰岩	0.74	0.92	0.80

表 1-7　岩石的渗透系数

岩石名称	岩石渗透系数 $K/(m \cdot s^{-1})$	
	室内试验	野外试验
花岗石	$10^{-11} \sim 10^{-7}$	$10^{-9} \sim 10^{-4}$
玄武岩	10^{-12}	$10^{-7} \sim 10^{-2}$
砂岩	$8 \times 10^{-8} \sim 3 \times 10^{-3}$	$3 \times 10^{-8} \sim 10^{-3}$
页岩	$5 \times 10^{-13} \sim 10^{-9}$	$10^{-11} \sim 10^{-8}$
石灰岩	$10^{-13} \sim 10^{-5}$	$10^{-7} \sim 10^{-3}$
白云岩	$10^{-13} \sim 10^{-5}$	$10^{-7} \sim 10^{-3}$
片岩	10^{-8}	2×10^{-7}

表 1-8　岩石的软化因数

岩石名称	软化因数	岩石名称	软化因数
花岗石	0.72～0.97	泥质砂岩、粉砂岩	0.21～0.75
闪长岩	0.60～0.80	泥岩	0.40～0.60
闪长玢岩	0.78～0.81	页岩	0.24～0.74
辉绿岩	0.33～0.90	石灰岩	0.70～0.94
流纹岩	0.75～0.95	泥灰岩	0.44～0.54
安山岩	0.81～0.91	片麻岩	0.75～0.97
玄武岩	0.30～0.95	变质片状岩	0.70～0.84
凝灰岩	0.52～0.86	千枚岩	0.67～0.96
砾岩	0.50～0.96	硅质板岩	0.75～0.79
砂岩	0.93	泥质板岩	0.39～0.52
石英砂岩	0.65～0.97	石英岩	0.94～0.96

三、岩石的力学性质

(一)岩石的变形指标

岩石的变形指标主要有弹性模量、变形模量和泊松比。

1. 弹性模量

弹性模量是应力与弹性应变的比值，即

$$E = \frac{\sigma}{\varepsilon_e} \tag{1-3}$$

式中　E——弹性模量(Pa)；

　　　σ——应力(Pa)；

　　　ε_e——弹性应变。

2. 变形模量

变形模量是应力与总应变的比值，即

$$E_0 = \frac{\sigma}{\varepsilon_p + \varepsilon_e} \tag{1-4}$$

式中　E_0——变形模量；

　　　ε_p——塑性应变；

　　　其他符号意义同前。

3. 泊松比

岩石在轴向压力的作用下，除产生纵向压缩外，还会产生横向膨胀。这种横向应变与纵向应变的比值，称为泊松比，即

$$\mu = \frac{\varepsilon_1}{\varepsilon} \tag{1-5}$$

式中　μ——泊松比；

　　　ε_1——横向应变；

　　　ε——纵向应变。

泊松比越大，表示岩石受力作用后的横向变形越大。岩石的泊松比一般在 0.2～0.4。

(二)岩石的强度指标

岩石受力作用破坏有压碎、拉断及剪断等形式，故岩石的强度可分为抗压强度、抗剪强度及抗拉强度。岩石的强度单位用 Pa 表示。

1. 抗压强度

抗压强度是岩石在单向压力作用下，抵抗压碎破坏能力，即

$$\sigma_u = \frac{P}{A} \tag{1-6}$$

式中　σ_u——岩石抗压强度(Pa)；

　　　P——岩石破坏时的压力(N)；

　　　A——岩石受压面面积(m^2)。

各种岩石抗压强度值差别很大，主要取决于岩石的结构和构造，同时受到矿物成分和岩石生成条件的影响。

2. 抗剪强度

抗剪强度是岩石抵抗剪切破坏的能力，以岩石被剪破时的极限应力表示。根据试验形式不同，岩石抗剪强度可分为以下几项：

(1)抗剪断强度。抗剪断强度是指在垂直压力作用下的岩石剪断强度，即

$$\tau_b = \sigma \tan\varphi + c \tag{1-7}$$

式中　τ_b——岩石抗剪断强度(Pa)；

　　　σ——破裂面上的法向应力(Pa)；

　　　φ——岩石的内摩擦角；

　　　$\tan\varphi$——岩石摩擦系数；

　　　c——岩石的内聚力(Pa)。

坚硬岩石因有牢固的结晶联结或胶结联结，故其抗剪断强度一般都比较高。

(2)抗剪强度。抗剪强度是沿已有的破裂面发生剪切滑动时的指标，即

$$\tau_c = \sigma \tan\varphi \tag{1-8}$$

显然，抗剪强度大大低于抗剪断强度。

(3)抗切强度。抗切强度是指压应力等于零时的抗剪强度，即

$$\tau_y = c \tag{1-9}$$

3. 抗拉强度

抗拉强度是指岩石单向拉伸时抵抗拉断破坏的能力，以拉断破坏时的最大张应力表示。抗拉强度是岩石力学性质中的一个重要指标。岩石的抗压强度最高，抗剪强度居中，抗拉强度最小。岩石越坚硬，其值相差越大，松软的岩石差别较小。岩石的抗剪强度和抗压强度是评价岩石(岩体)稳定性的指标，是对岩石(岩体)的稳定性进行定量分析的依据。由于岩石的抗拉强度很小，因此当岩层受到挤压形成褶皱时，常在弯曲变形较大的部位受拉破坏，产生张性裂隙。

常见岩石的力学性质的主要指标见表1-9和表1-10。

表1-9　岩石力学性质的主要指标

岩类	岩石名称	抗压强度 σ_u/MPa	抗拉强度 σ_t/MPa	弹性模量 $E/10^4$ MPa	泊松比 μ
岩浆岩	花岗石	75～110 120～180 180～200	2.1～3.3 3.4～5.1 5.1～5.7	1.4～5.6 5.43～6.9	0.16～0.36 0.10～0.16 0.02～0.10
	正长岩	80～100 120～180 180～250	2.3～2.8 3.4～5.1 5.1～5.7	1.5～11.4	0.16～0.36 0.10～0.16 0.02～0.10
	闪长岩	120～200 200～250	3.4～5.7 5.7～7.1	2.2～11.4	0.10～0.25 0.02～0.10

岩类	岩石名称	抗压强度 σ_u/MPa	抗拉强度 σ_t/MPa	弹性模量 $E/10^4$ MPa	泊松比 μ
岩浆岩	斑岩	160	5.4	6.6～7.0	0.16
	安山岩 玄武岩	120～160 160～250	3.4～4.5 4.5～7.1	4.3～10.6	0.16～0.2 0.02～0.16
	辉绿岩	160～180 200～250	4.5～5.1 5.7～7.1	6.9～7.9	0.10～0.16 0.02～0.10
	流纹岩	120～250	3.4～7.1	2.2～11.4	0.02～0.16
变质岩	花岗片麻岩	180～200	5.1～5.7	7.3～9.4	0.05～0.20
	片麻岩	80～100 140～180	2.2～2.8 4.0～5.1	1.5～7.0	0.20～0.30 0.05～0.20
	石英岩	87 200～360	2.5 5.7～10.2	4.5～14.2	0.16～0.20 0.10～0.15
	大理石	70～140	2.0～4.0	1.0～3.4	0.16～0.36
	千枚岩 板岩	120～140	3.4～4.0	2.2～3.4	0.16
沉积岩	凝灰岩	120～125	3.4～7.1	2.2～11.4	0.02～0.16
	火山角砾岩 火山集块岩	120～125	3.4～7.1	1.0～11.4	0.05～0.16
	砾岩	40～100 120～160 160～150	1.1～2.8 3.4～4.5 4.5～7.1	1.0～11.4	0.20～0.36 0.16～0.20 0.05～0.16
	石英砂岩	68～102.5	1.9～3.0	0.39～1.25	0.05～0.25
	砂岩	4.5～10 47～180	0.2～0.3 1.4～3.2	2.78～5.4	0.25～0.3 0.05～0.2
	片状砂岩 碳质砂岩 碳质页岩 黑页岩 带状页岩	80～130 50～140 25～80 66～130 6～8	2.3～3.8 1.5～4.1 1.8～5.6 4.1～9.1 0.4～0.6	6.1 0.6～2.2 2.6～5.5 2.6～5.5	0.05～0.25 0.08～0.25 0.16～0.20 0.16～0.20 0.25～0.30
	砂质页岩 云母页岩	60～120	4.3～8.6	2.0～3.6	0.16～0.30
	软页岩	20	1.4	1.3～2.1	0.25～0.30
	页岩	20～40	1.4～2.8	1.3～2.1	0.15～0.25
	泥灰岩	3.5～20 40～60	0.3～1.4 2.8～4.2	0.38～2.1	0.30～0.40 0.20～0.30

岩类	岩石名称	抗压强度 σ_u/MPa	抗拉强度 σ_t/MPa	弹性模量 E/10⁴ MPa	泊松比 μ
沉积岩	黑泥灰岩	2.5~30	1.8~2.1	1.3~2.1	0.25~0.3
	石灰岩	10~17	0.6~1.0	2.1~8.4	0.31~0.50
		25~55	1.5~3.3		0.25~0.31
		70~128	4.3~7.6		0.16~0.25
		180~200	10.7~11.8		0.04~0.16
	白云岩	40~120	1.1~3.4	1.3~3.4	0.16~0.36
		120~140	3.4~4.0		0.16

表 1-10　岩石的各种强度对比

岩石名称	σ_t/σ_u	T_b/σ_u
花岗石	0.028	0.068~0.09
石灰岩	0.059	0.06~0.15
砂岩	0.029	0.06~0.078
斑岩	0.033	0.06~0.064
石英岩	0.112	0.176
大理石	0.226	0.272

四、风化作用

地壳表层的岩石在阳光、风、电、大气降水、气温变化等风化营力作用下及生物活动等因素的影响下，会引起岩石矿物成分和化学成分及结构构造的变化，使岩石逐渐发生破坏的过程称为风化作用。风化作用是自然界一种最普遍的地质现象。

(一)风化作用的类型

按风化作用的性质和特征，风化作用可划分为以下三类。

1. 物理风化作用

岩石在风化营力的作用下，只发生机械破坏，无成分改变的作用，称为物理风化作用。引起岩石物理风化作用的因素主要包括温度变化、冰劈作用及盐类结晶的膨胀作用等。

(1)温度变化。温度变化是导致物理风化的主要因素。岩石是热的不良导体，白天阳光强烈照射，岩石表层首先受热膨胀，内部未变热，体积不变；晚上，由于气温下降，岩石表层开始收缩，这时岩石内部可能还在升温膨胀。这种表里不一致的膨胀、收缩长期反复作用，岩石就会逐渐开裂，导致完全破坏。花岗石的球状风化是这种作用的代表。

(2)冰劈作用。气温降至 0 ℃以下时，岩石裂隙水就会冰冻，水变为冰，体积膨胀，对岩石产生强大压力，促使裂隙扩大，长期反复冻融，会逐渐导致岩石破碎。

(3)盐类结晶作用。岩石裂隙中的水溶液由于水分蒸发，盐分逐渐饱和，当气温降低、溶解度变小时，盐分就会结晶出来，对岩石裂隙产生压力，逐渐促使岩石破裂。

2. 化学风化作用

在自然界水和空气的作用下，地表岩石发生化学成分改变，从而导致岩石破坏，称为化学风化作用。常见的化学风化作用有溶解作用、水化作用、氧化作用和碳酸化作用等。

(1)溶解作用。水或水溶液直接溶解岩石中矿物的作用称为溶解作用。由于岩石中可溶解物质被溶解流失，致使岩石孔隙增加，降低了颗粒之间的联系，更易于遭受物理风化。如石灰岩容易被含侵蚀性二氧化碳的水溶解，其反应式如下：

$$CaCO_3 + H_2O + CO_2 \rightarrow Ca(HCO_3)_2$$

(2)水化作用。岩石中的某些矿物与水化合形成新的矿物称为水化作用。如硬石膏($CaSO_4$)吸水后形成石膏($CaSO_4 \cdot 2H_2O$)，体积膨胀 1.5 倍，产生压力，导致岩石破裂。

(3)氧化作用。岩石中的某些矿物被大气或水中的氧气氧化形成新矿物称为氧化作用。如常见的黄铁矿氧化成褐铁矿，同时形成腐蚀性较强的硫酸，这种硫酸腐蚀岩石中的其他矿物，致使岩石破坏。其反应式如下：

$$4FeS_2 + 15O_2 + 11H_2O \rightarrow 2Fe_2O_3 \cdot 3H_2O + 8H_2SO_4$$

(4)碳酸化作用。水中的碳酸根离子与矿物中的阳离子化合，形成易溶于水的碳酸盐，使水溶液对矿物的离解能力加强，化学风化速度加快，这种作用称为碳酸化作用。例如，正长石经碳酸化作用形成碳酸钾、二氧化硅胶体及高岭石。其反应式如下：

$$2KAlSi_3O_8 + CO_2 + 3H_2O \rightarrow K_2CO_3 + 4SiO_2 \cdot H_2O + Al_2Si_2O_5(OH)_4$$

3. 生物风化作用

有动植物及微生物参与的岩石风化作用称为生物风化作用。如生长在岩石裂缝中树的根劈作用可以使岩石破裂，属生物物理风化；生长在岩石表面的生物或生物遗体的分泌物可以腐蚀岩石，使岩石分解，属生物化学风化。

(二)影响岩石风化的因素

影响岩石风化的主要因素有岩性、地质构造、气候和地形。

1. 岩性

岩石的成因、矿物成分及结构对风化作用都有重要的影响。

(1)成因。岩石的成因反映了它生成的环境和条件。如果岩石的生成环境和条件与目前地表接近，则岩石抗风化能力强，相反就容易风化。例如，岩浆岩中喷出岩、浅成岩、深成岩抗风化能力依次减弱。一般情况下，沉积岩比岩浆岩抗风化能力强。

(2)矿物成分。岩石中的矿物成分不同，其结晶格架和化学活泼性也不同。常见造岩矿物的抗风化能力由强到弱的顺序是石英、正长石、酸性斜长石、角闪石、辉石、基性斜长石、黑云母、黄铁矿。从矿物颜色来看，深色矿物风化快，浅色矿物风化慢。对碎屑岩和黏土岩来说，抗风化能力主要还取决于胶结物，硅质胶结、钙质胶结、泥质胶结的抗风化能力依次降低。

(3)一般来说，隐晶质结构的岩石抗风化能力强，其次细粒显晶结构比粗粒结构岩石抗风化能力强，等粒结构比斑状结构抗风化能力强。从构造上看，致密块状构造的岩石比层理、片理发育的岩石抗风化能力强。

2. 地质构造

地质构造发育的岩石，节理裂隙发育，易于风化破碎，为空气、水进入岩石内部提供了条件，更易于化学风化。因此，褶曲轴部、断层破碎带的岩石风化程度较高。

3. 气候

不同的气候区，气温、降水和生物繁殖都会有显著不同，所以，岩石的风化类型和特点也有明显的差别。寒冷的极地和高山区，以物理风化为主；在热带湿润气候区各种风化类型都有，但化学风化和生物风化较显著。我国干旱的西北地区以物理风化为主，而潮湿多雨的南方则各种风化都有，且化学风化较突出。在地表条件下，温度增加 10 ℃ 化学作用增强一倍。

4. 地形

地形可影响风化作用的速度、深度、风化类型和风化产物的堆积。地形陡峭、切割深度很大的地区，以物理风化为主，岩石表面的风化产物（岩屑）不断崩落并被搬运走，新鲜岩石露出地表，直接遭受风化，风化产物较薄。在地形起伏小的平坦地区，水流速度慢，以化学风化作用为主，风化产物搬运距离小，所以风化产物较厚。低洼处有沉积物覆盖，岩石不易风化。

五、岩石的工程分类

在工程应用中，常根据岩石的工程性质和特征，将岩石划分为不同的类型。根据单项指标划分的如岩石按坚硬程度的划分，根据多项指标划分的如岩石施工的工程分级。

（一）岩石按坚硬程度的划分

岩石的坚硬程度可按定性指标划分，见表 1-11。岩石坚硬程度的定量指标应采用岩石单轴饱和抗压强度 R_c，R_c 值只能采用实测值，其对应关系见表 1-12。

表 1-11　岩石坚硬程度的定性划分

名称		定性鉴定	代表性岩石
硬质岩	坚硬岩	锤击声清脆，有回弹，震手，难击碎； 浸入水后，大多数无吸水反应	未风化至微风化的花岗石、正长岩、闪长岩、辉绿岩、玄武岩、安山岩、片麻岩、石英片岩、硅质板岩、石英岩、硅质胶结的砾岩、石英砂岩、硅质石灰岩等
	较坚硬岩	锤击声清脆，有轻微回弹，稍震手，较难击碎； 浸入水后，有轻微吸水反应	1. 弱风化的坚硬岩； 2. 未风化至微风化的熔结凝灰岩、大理石、石灰岩、钙质胶结的砂岩等
软质岩	较软岩	锤击声不清脆，无回弹，较易击碎； 浸入水后，指甲可刻出印痕	1. 弱风化的坚硬岩； 2. 弱风化的较坚硬岩； 3. 未风化至微风化的凝灰岩、千枚岩、砂质泥岩、泥灰岩、泥质砂岩、粉砂岩、页岩等

名称		定性鉴定	代表性岩石
软质岩	软岩	锤击声哑，无回弹，有凹痕，易击碎； 浸入水后，手可掰开	1. 强风化的坚硬岩； 2. 弱风化至强风化的较坚硬岩； 3. 弱风化的较软岩； 4. 未风化的泥岩等
	极软岩	锤击声哑，无回弹，有较深凹痕，手可捏碎； 浸入水后，可捏成团	1. 全风化的各种岩石； 2. 各种半成岩

表 1-12　岩石坚硬程度与单轴饱和抗压强度的对应

R_c/MPa	＞60	30～60	15～30	5～15	＜5
坚硬程度	坚硬岩	较坚硬岩	较软岩	软岩	极软岩

(二)岩土施工工程分级

公路、铁路工程地质勘察时，还应对岩土施工的难易程度进行分级，据此编制施工的概、预算。铁道部使用的岩土施工分级，详见表 1-13。

表 1-13　岩石的工程分级

岩石等级	岩石名称	钻眼 1 m 所需时间		爆破 1 m³ 所需炮眼长度/m			开挖方法
		湿式凿岩一字合金钻头（净钻分钟）	湿式凿岩普通淬火钻头（净钻分钟）	双人打眼（工天）	路堑	隧道导坑	
Ⅰ 软石	各种松软岩石、盐岩、胶结不紧的砾岩、泥质页岩、砂岩、煤、较坚实的泥灰岩、块石土及漂石土、软的节理较多的石灰岩		7 以内	0.2 以内	0.2 以内	2.0 以内	部分用撬棍或十字镐及大锤开挖，部分用爆破法开挖
Ⅱ 次坚石	硅质页岩、硅质砂岩、白云岩、石灰岩、坚实的泥灰岩、软玄武岩、片麻岩、正长岩、花岗石	15 以内	7～20	0.2～1.0	0.2～0.4	2.0～3.5	用爆破法开挖
Ⅲ 坚石	硬玄武岩、坚实的石灰岩、白云岩、大理石、石英岩、闪长岩、粗粒花岗石、正长岩	15 以上	20 以上	1.0 以上	0.4 以上	3.5 以上	用爆破法开挖

拓展训练

某岩石特征：借助放大镜观察，矿物成分为：石英大致占 30%，肉红色正长石大致占 40%，白色斜长石大致占 10%，黑云母占 10%，角闪石占 10%，判断该岩石岩性。

解答：从岩石的矿物成分看，为岩浆岩，根据各成分比例判断，是酸性岩，进一步根据岩石中矿物为全晶质判断，该岩石为深成侵入岩。综合判断：该岩石为花岗石。

复习思考题

1. 岩石和矿物这两个概念有何不同？岩石按成因分为哪三大类？

2. 什么是岩浆岩？按其生成环境可分为哪些类型？其产状如何？

3. 简述岩浆岩的颜色、矿物成分和化学性质之间的内在规律。

4. 什么是岩浆岩的结构？为什么说岩浆岩的结构特征是其生成环境的综合反映？

5. 简述沉积岩的形成过程，并指出组成沉积岩的物质可分为哪些类型。这些类型与沉积岩的结构有何关联？

6. 什么是层理？简略绘制出几种层理的图形，并解释其成因。

7. 沉积岩区别于岩浆岩和变质岩的重要特征有哪些？为什么？

8. 沉积岩中的胶结物主要有哪几种？它们对岩石(以砂岩为例)的强度有何影响？

9. 简述变质岩的形成过程，并指出该岩类在矿物成分和结构上的特性。

10. 试综合分析三大岩类的主要区别。

11. 岩石的孔隙性对岩石的工程性质有何影响？孔隙度与孔隙比有何区别？

12. 什么是岩石的软化性？其指标是什么？研究它有何意义？

13. 怎样测试岩石的抗冻性？其指标有哪些？它与岩石的吸水率有何关联？

14. 什么是岩石的抗压强度？抗压强度与弹性模量之间有何内在的联系？

15. 试分析影响岩石工程性质的外部因素。

项目二

地质构造

学习内容

地质作用；地质年代划分；岩层产状要素及测定；褶皱构造要素；褶皱分类及工程地质性质；断裂构造要素；断裂分类及工程地质性质；地质图。

学习目标

知识目标：

(1)了解地质作用；

(2)掌握岩层产状要素含义表达方法及测定方法；

(3)掌握褶皱构造、断裂构造的基本概念、分类及性质；

(4)掌握地质图组成、各种地质条件在地质图上的表现形式。

能力目标：

(1)会用罗盘仪测定岩层产状；

(2)能读懂一般地质图。

素质目标：

(1)独立思考、钻研创新、精益求精；

(2)热爱地质学科；

(3)具有职业素养；

(4)激发爱国情怀。

现代地质学认为，地壳被划分成许多刚性的板块，而这些板块在不停地彼此相对运动。正是这种地壳运动，引起海陆变迁，产生各种地质构造，形成褶皱、断裂等基本构造形态。

地质构造的规模有大有小。但它们都是地壳运动的产物，都是地壳运动在地层和岩体中所造成的永久变形。地壳中的各种地质构造都经历了长期复杂的地质过程，都是地质历史的产物。

任务一　认识地质作用

随着地球的演变，地壳的内部结构、物质成分和表面形态不断地发生着变化。一些变化速度快，易为人们感觉到，如地震和火山喷发等；另一些变化则进行得很慢，不易被人们发现，如地壳的缓慢上升、下降及某些地块的水平移动等。虽然这些活动缓慢，但经过漫长的地质年代，可导致地球面貌的巨大变化。地质学中将自然动力促使地壳物质成分、结构及地表形态变化发展的作用叫作地质作用。根据地质作用的动力来源可将地质作用分为外力地质作用和内力地质作用两种类型。

一、外力地质作用

外力地质作用主要由地球以外的能源，如太阳辐射能、日月引力能和陨石碰撞等引起。其中，太阳的辐射起着最主要的作用，它造成地面温度的变化，产生空气对流和大气环流，形成水的循环与各种水流及冰川等，并促进生物活动。这些自然现象是不断改造地表形态的主要动力。外力地质作用一般是按照风化作用、剥蚀作用、搬运作用、沉积作用和硬结成岩作用序列进行的。外力地质作用受气候、地形等诸多条件控制，在地表不同地区有不同特点，形成不同的产物。如潮湿气候区，化学风化及生物风化、河流地质作用、湖泊地质作用及地下水的地质作用均十分发达；干旱气候区则以物理风化作用及风的地质作用为主；在冰冻地区，则主要是冰川地质作用。同一种地质作用，如湖泊地质作用在干旱气候区和潮湿气候区表现的特点就有所不同，其产物也有明显差异。地形条件对外力地质作用的方式和强度有显著影响，如大陆以剥蚀作用为主，而海洋则以沉积作用为主，地面流水的地质作用在山区以剥蚀作用为主，在平原区则以沉积作用为主。外力地质作用的方式如图2-1所示。

二、内力地质作用

内力地质作用是由地球内部的能源，如旋转能、重力能、放射性元素衰变产生的热能及化学能、结晶能等引起的。根据其动力和作用方式可分为构造运动、岩浆作用、地震作用、变质作用等。岩浆作用和变质作用已在项目一介绍过，这里仅阐述构造运动和地震作用。

1. 构造运动

构造运动也称地壳运动，是由内动力所引起的地壳岩石发生变形、变位（如弯曲、错断等）的运动。残留在岩层中的这些变形、变位现象叫作地质构造或构造形迹。构造运动有水平运动和垂直运动两种形式。

（1）水平运动。水平运动是指地壳或岩石圈块体沿水平方向移动，如相邻块体分离，相向相聚和剪切、错开。它使岩层产生褶皱、断裂，形成裂谷、盆地及褶皱山系，如我国的横断山脉、喜马拉雅山、天山、祁连山等均为褶皱山系。

```
                    ┌ 物理风化作用
              风化作用 ┤ 化学风化作用
                    └ 生物风化作用
                    ┌ 风的吹蚀作用
                    │ 地表流水的侵蚀作用
              剥蚀作用 ┤ 地下水的浅蚀作用
                    │ 湖水、海水的冲蚀作用
                    └ 冰川的刨蚀作用
                    ┌ 风的搬运作用（机械搬运）
                    │ 地面流水的搬运作用
              搬运作用 ┤ 地下水的搬运作用
                    │ 湖水、海水的搬运作用
                    └ 冰川的搬运作用
  外力地质作用 ┤       ┌ 风的机械沉积作用
                    │ 地面流水的机械、化学沉积作用
              沉积作用 ┤ 地下水的机械、化学沉积作用
                    │ 湖水、海水的机械、化学生物沉积作用
                    └ 冰川的机械沉积作用
                    ┌ 胶结作用
            硬结成岩作用 ┤ 压固作用
                    └ 重结晶作用
                    ┌ 崩塌作用
                    │ 潜移作用
              块体运动 ┤ 滑动作用（滑坡）
                    └ 泥石流
```

图 2-1　外力地质作用的方式

（2）垂直运动。垂直运动是指相邻块体或同一块体的不同部分作差异性上升或下降，使某些地区上升，形成山岳、高原，另一些地区下降，形成湖、海、盆地。所谓"沧海桑田"即古人对地壳垂直运动的直观表述。喜马拉雅山上的大量新生代早期的海洋生物化石的存在，反映了五六千万年前，这里曾是汪洋大海，由此可见，垂直运动幅度之大。目前，我国西部总体相对上升，而东部相对下降。

2. 地震作用

地震一般是由于构造运动引起地内机械能的长期积累，达到一定的限度而突然释放时导致地壳一定范围的快速颤动。按地震产生的原因，可分为构造地震、火山地震、陷落地震和诱发地震等。

各种内力地质作用相互关联，构造运动可以在地壳中形成断裂，引发地震等，并为岩浆活动创造通道。而构造运动和岩浆活动都可能引起变质作用。由此可见，构造运动在内力地质作用中常起主导作用。

内力地质作用与外力地质作用相互关联、相互矛盾，内力地质作用决定地壳表面高低起伏的基本特征和内部构造。而外力地质作用则削平内力地质作用形成的地形，破坏其产物并在低洼处沉积，形成新的沉积物，进一步塑造地表形态。一个地区在地质历史中内、外力地质作用同时进行，只是可能在某一时期，内力（或外力）地质作用更强烈些。

任务二　确定地质年代

一、地质年代的确定方法

地壳发展演变的历史叫作地质历史，简称地史。据科学推算，地球的年龄至少已有 46 亿年。在这漫长的地质历史中，地壳经历了许多次强烈的构造运动、岩浆活动、海陆变迁、剥蚀和沉积作用等各种地质事件，形成了不同的地质体。查明地质事件发生或地质体形成的时代和先后顺序是十分重要的。前者称为绝对地质年代；后者称为相对地质年代。

PPT：地质年代

1. 绝对地质年代的确定

一般根据放射性同位素的蜕变规律，来测定岩石和矿物年龄。其原理是基于放射性元素都具有固定的衰变常数(λ)——每年每克母体同位素能产生的子体同位素的克数，且矿物中放射性同位素蜕变后剩下的母体同位素含量(N)与蜕变而成的子体同位素含量(D)可以测出，根据下式计算出某一放射性同位素的年龄(t)。

$$t = \frac{1}{\lambda}\ln\left(1 + \frac{D}{N}\right)$$

目前，测定同位素年龄广泛采用的方法有钾-氩($^{40}K \rightarrow ^{40}Ar$)、铷-锶($^{87}R_b \rightarrow ^{87}S_r$)、铀-铅($^{235}U \rightarrow ^{207}P_b$)和碳法($C^{14} \rightarrow N^{14}$)。其中，前三者主要用以测定较古老岩石的地质年龄，而碳法专用于测定最新的地质事件和地质体的年龄。

近年来，人们根据地质历史时期地磁场的南北极是不断变换的这一事实，建立了最近四百五十万年期间的"地磁极性年代表"，应用于第四纪与第三纪地质时代的分期。

2. 相对地质年代的确定

(1)地层层序法。地层是指在一定地质年代内形成的层状岩石。在一个地区内，如果没有发生巨大的构造变动，沉积岩的原始水平或接近水平的状态会保留下来，并且先形成的地层位于较下部位，后形成的地层位于较上部位，即原始产出的地层具有下老上新的规律。地层层序法是确定地层相对年代的基本方法。有时，因发生构造变动，地层层序倒转，就须利用沉积岩的泥裂、波痕、雨痕、交错层等构造特征，来恢复原始地层的层序，以便确定其新老关系。

(2)生物层序法。生物的演变从简单到复杂，从低级到高级不可逆地不断发展。因此，年代越老的地层中所含的生物越原始、简单、低级；反之，年代越新的地层中所含的生物越进步、复杂、高级。每个地质历史阶段都有其特殊的生物组合。同一地质历史时期，在相同的地理环境下，形成的岩层常含有相同的化石或化石组合。故可以根据生物的演化阶段来划分地壳发展演化的阶段。应指出的是，对于研究地质年代有决定意义的化石，应该具有在地质历史中演化快、延续时间短、特征显著、数量多、分布广等特点。这样的化石叫作标准化石。

（3）岩性对比法。在同一时期、同一地质环境下形成的岩石，具有相同的颜色、成分、结构、构造等岩性特征和层序规律。因此，可根据岩性及层序特征对比来确定某一地区岩石地层的时代。

（4）地层接触关系法。岩层的接触关系有沉积岩之间的整合接触、平行不整合接触和角度不整合接触，以及岩浆岩与围岩之间的沉积接触和侵入接触，如图2-2所示。

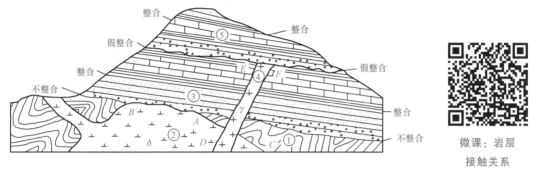

图2-2 岩层接触关系剖面图

BA、EF—沉积接触；AC、DE—侵入接触；δ—闪长岩体；γ—花岗石脉

1）整合接触。整合接触是指相邻的新、老两套地层产状一致，它们的岩石性质与生物演化连续而渐变，沉积作用没有间断。整合接触的形成背景是沉积地区较长时期处于构造稳定的条件下，即沉积地区缓慢下降，或虽上升但未超过沉积的基准面以上。

2）平行不整合接触。平行不整合接触又称假整合接触，是指相邻的新、老地层产状基本相同，但两套地层之间发生了较长期的沉积间断，其间缺失了部分时代的地层。两套地层之间的界面叫作剥蚀面，也称不整合面，它与相邻的上、下地层产状一致，并有一定程度的起伏。界面上可能保存有风化剥蚀的痕迹，有时在界面靠近上覆岩层底面一侧还有源于下伏岩层的底砾岩。平行不整合主要由地壳的升降运动造成。即由于地壳均衡上升，老岩层露出水面，遭受剥蚀，发生沉积间断，随后地壳均衡下降，在剥蚀面上重新接受沉积，形成上覆新地层。

3）角度不整合接触。角度不整合接触是相邻的新、老地层之间缺失了部分地层，且彼此之间的产状也不相同，成角度相交。剥蚀面上具有明显的风化剥蚀痕迹，保存着古风化壳、古土壤层，常具有底砾岩。角度不整合接触表示较老的地层形成以后因强烈的构造运动形成褶皱、断裂，并隆起遭受剥蚀，造成沉积间断。然后，地壳再下降，在剥蚀面上接受沉积，形成新地层。

4）侵入接触。侵入接触是由岩浆侵入于先形成的岩层中形成的接触关系。侵入接触的主要标志是侵入体与其围岩之间的接触。带有接触变质现象，侵入体边缘常有捕房体，侵入体与围岩的界线常常不很规则等。

5）沉积接触。沉积接触地层覆盖于侵入体之上，其间有剥蚀面相分隔，剥蚀面上堆积有由该侵入体被风化剥蚀形成的碎屑物质。沉积接触的形成过程是当侵入体形成后，地壳上升并遭受剥蚀，侵入体上部的围岩及侵入体的一部分被蚀去，形成剥蚀面，然后地壳下降，在剥蚀面上接受沉积，形成新的地层。

二、地质年代单位和地层年代单位

根据地壳运动和生物演化等特征，将地质历史划分为若干个大小组别不同的时间段落。地质年代按时间的长短依次是宙、代、纪、世、期。首先可将地质历史分为两个最大的阶段，分别是隐生宙和显生宙。隐生宙也称前寒武纪，其早期阶段为太古代，晚期则为元古代。隐生宙时期的特点是生物的遗迹不明显，而显生宙时期具有大量的生物。显生宙可分为古生代、中生代和新生代三个阶段。每个代均与生物界的某些"纲"或"目"的发育和演化有一定的对应关系，每个代又可分为若干个纪，纪与纪之间的生物可在"目"和"科"的范围内有重大变化。除二叠纪、白垩纪及第三纪外，第三纪以前的每个纪都分为早、中、晚三个世，世与世之间的生物可在"科"和"属"的范围内有一定的变化。最小的地质年代为"期"，期与期之间的生物只有属和种的区别。以上宙、代、纪、世等均为国际上统一规定的相对地质年代单位。

国际通用的地层单位是以地层形成的地质年代作为划分的基本依据，称为年代地层单位。年代地层单位和地质年代单位按级次划分，两者之间的对应关系为宙—宇、界—代、纪—系、世—统、阶—期、带—时。

三、地质年代表

通过已经建立的各地区的区域地层系统的对比和补充，已建立起包括整个地质时代所有地层在内的、完整的、世界性的标准地层表及相应的地质年代表（表 2-1）。它的内容包括各个地质年代单位的名称、代号和同位素年龄值，以及世界和我国主要的构造运动的时间、段落和名称等。表 2-1 中构造运动的名称源于最早发现并经过详细研究的典型地区的地名。在每一幕构造运动期间都有很多褶皱、断层的形成及大范围的岩浆活动。

表 2-1　地质年代表

年代相对				绝对年龄（百万年）	主要构造运动	我国地史简要特征
宙	代	纪	世			
显生宙	新生代（Kz）	第四纪（Q）	全新世（Q₄）	0.01	喜马拉雅运动	地球表面发展成现代地貌，多次冰川活动，近代各种类型的松散堆积物，黄土形成，华北、东北有火山喷发，人类出现
			晚更新世（Q₃）	0.12		
			更新世（Q₂）	1		
			早更新世（Q₁）	2		
		第三纪（R）	晚第三纪（N）上新世（N₂）	12		我国大陆轮廓基本形成，大部分地区为陆相沉积，有火山岩分布，台湾岛、喜马拉雅山形成。哺乳动物和被子植物繁盛，是重要的成煤时期，有主要的含油地层
			中新世（N）	26		
			早第三纪（E）渐新世（E₃）	40		
			始新世（E₂）	60		
			古新世（E₁）	65		

宙	代	纪	世	绝对年龄（百万年）	主要构造运动	我国地史简要特征
		白垩纪（K）	晚白垩世（K₂） 早白垩世（K₁）	137	燕山运动	中生代构造运动频繁，岩浆活动强烈，我国东部有大规模的岩浆岩侵入和喷发，形成丰富的金属矿。我国中生代地层极为发育，华北形成许多内陆盆地，为主要成煤时期。三叠纪时华南仍为浅海沉积，以后为大陆环境。 生物显著进化，爬行类恐龙繁盛，海生头足类菊石发育，裸子植物以松柏、苏铁及银杏为主，被子植物出现
显生宙	中生代（Mz）	侏罗纪（J）	晚侏罗世（J₃） 中侏罗世（J₂） 早侏罗世（J₁）	195		
		三叠纪（T）	晚三叠世（T₃） 中三叠世（T₂） 早三叠世（T₁）	230	印支运动	
	古生代（Pz） 晚古生代（Pz2）	二叠纪（P）	晚二叠世（P₂） 早二叠世（P₁）	285	海西运动	晚古生代我国构造运动十分广泛，尤以天山地区较强烈。华北地区缺失泥盆系和下石炭统沉积，遭受风化剥蚀，中石炭纪至二叠纪由海陆交替相变为陆相沉积。植物繁盛，为主要成煤期。 华南地区一直为浅海相沉积，晚期成煤，晚古生代地层以砂岩、页岩、石灰岩为主，是鱼类和两栖类动物大量繁殖的时代
		石炭纪（C）	晚石炭世（C₃） 中石炭世（C₂） 早石炭世（C₁）	350		
		泥盆纪（D）	晚泥盆世（D₃） 中泥盆世（D₂） 早泥盆世（D₁）	400		
	早古生代（Pz1）	志留纪（S）	晚志留世（S₃） 中志留世（S₂） 早志留世（S₁）	435	加里东运动	寒武纪时，我国大部分地区为海相沉积，生物初步发育，三叶虫极盛，至中奥陶世后，华南仍为浅海，头足类、三叶虫、腕足类笔石、珊瑚、蕨类植物发育，是海生无脊椎动物繁殖时期，早古生代地层以海相石灰岩、砂岩、页岩为主
		奥陶纪（O）	晚奥陶世（O₃） 中奥陶世（O₂） 早奥陶世（O₁）	500		
		寒武纪（∈）	晚寒武世（∈₃） 中寒武世（∈₂） 早寒武世（∈₁）	570		
元古宙	元古代（Pt） 晚元古代	震旦纪（Z）		800	晋宁运动	元古代地层在我国分布广、发育全、厚度大、出露好。华北地区主要为未变质和浅变质的海相硅镁质碳酸盐岩及碎屑岩类夹火山岩。华南地区下部以陆相红色碎屑岩河湖相沉积为主，含冰碛物为特征。低等生物开始大量繁殖，菌藻类化石较丰富
		清白口纪（Qn）		1 000		
	中元古代	蓟县纪（Jx）		1 400		
		长城纪（Ch）		1 900		
	早元古代			2 500	吕梁运动	

续表

年代相对				绝对年龄 （百万年）	主要构造 运动	我国地史简要特征
宙	代	纪	世			
太古宙	太古代 （Ar）			4 000	五台 运动	太古代构造运动频繁，岩浆活动强烈，侵入岩和火山岩广泛分布，岩石普遍变质很深，形成古老的片麻岩、石英岩、大理石等，构成地壳的古老基底。目前已知最古老的岩石年龄为45.8亿年，最古老的菌化石为32亿年
地球初期发展阶段				4 600		

任务三　确定岩层产状

由地壳运动形成的地质构造，无论其形态多么复杂，它们总是由一定数量和一定空间位置的岩层或岩石中的破裂面构成的。因此，研究地质构造的一个基本内容就是确定这些岩层及破裂面的空间位态，以及它们在地面上表现的特点。

一、岩层的产状

岩层是指由两个平行或近于平行的界面所限制的、同一岩性组成的层状岩石。

微课：岩层产状
测定方法

岩层的产状是指岩层在空间的展布状态（空间位置）。地质学上用走向、倾向和倾角三个要素（图2-3）来确定岩层的产状。

(1)走向表示岩层在空间的水平延伸方向。走向是指岩层面与假想水平面的交线的方位角。同一岩层的走向有两个值，它们相差180°。

(2)倾向表示岩层倾斜的方向。倾向是指层面上与走向垂直并指向下方的直线在水平面上投影的方位角，与走向相差90°。

(3)倾角是岩层层面与水平面间的夹角。

岩层的产状要素用地质罗盘测量。在野外记录或报告中，岩层产状三要素可写为"走向、倾向象限、倾角"，如"345 NE∠40°"或"倾向、倾角"，如"75°∠40°"等方式。应指出的是一切平面均可通过测量该面的产状要素来确定其空间展布状态。

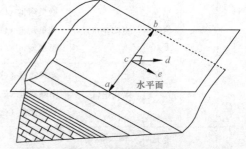

图2-3　岩层的产状要素

ab—走向线；*cd*—倾向线；*ce*—倾斜线

二、水平岩层、倾斜岩层和直立岩层

由于形成岩层的地质作用、形成时的环境和形成后所受的构造运动的影响不同，其在地壳中的空间方位也各不同。但概括地说只有水平的、倾斜的和直立的三种基本情况。

1. 水平岩层

一个地区出露的岩层产状基本是水平的或近似水平的，称为水平岩层。覆盖大陆表面的3/4面积的沉积岩，绝大多数都是在广阔的海洋和湖泊盆地中形成的，其原始产状大部分是水平或近于水平的。只在沉积盆地的边缘岛屿周围等少数地区才是原始倾斜状态，所以，一般认为沉积岩的原始产状都是大致水平的。水平岩层多局限于受构造运动影响比较轻微的地区，或发生了大面积地壳均衡上升或下降的地区。对于水平岩层，一般岩层时代越老，出露位置越低、越新则分布的位置越高。

2. 倾斜岩层

构造运动使原来的水平岩层发生倾斜，形成倾斜岩层。如果在一定地区内一套岩层的倾斜方向和倾角基本一致，则称为单斜岩层。倾斜岩层在大范围内，常常是褶皱的一翼或断层的一盘。岩层顺序正常时，地面出露的顺序为顺倾斜方向由老到新变化，从反倾向方向观察，地层是从新到老依次出露的。如果地层顺序是倒转的，则顺倾向与逆倾向方向地层出现的新老次序与上述情况相反。

3. 直立岩层

岩层层面与水平面相垂直时，称为直立岩层。其露头宽度和岩层厚度相等，与地形特征无关。

任务四　认识褶皱构造

褶皱构造是岩层在构造运动中受力形成的一系列波状连续弯曲变形。它是岩层塑性变形的结果，在层状岩石中表现得最明显。

PPT：褶皱　　　　微课：褶皱要素　　　微课：褶皱

一、褶曲要素

单个弯曲叫作褶曲。褶曲要素主要有核、翼、转折端、轴面、轴和枢纽等，如图 2-4 所示。

（1）核——组成褶曲中心部分的岩层。出露于地表的褶曲的核通常为最中心的岩层。背斜的核是最老的岩层，向斜的核是最新的岩层。

（2）翼——核部两侧对称出现的岩层，当背斜与向斜相连时翼是公用的。

（3）转折端——从一翼转到另一翼的过渡弯曲部分，即两翼的汇合部分。它的形态常为圆滑的弧形，也可以是尖棱或一段直线。

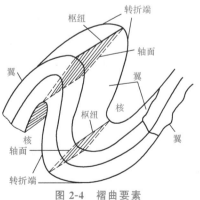

图 2-4　褶曲要素

（4）轴面——大致平分褶曲两翼的假想面。轴面可能是平面，也可能是曲面。

（5）轴——轴面与水平面的交线，可以是直线，也可以是曲线。

（6）枢纽——褶曲中同一层面与轴面的交线，也是褶曲中同一层面最大弯曲点的连线。枢纽可以是直线，也可以是曲线或折线。

二、褶皱的分类

（一）按基本形态分类（图 2-5）

1. 背斜

背斜在外形上是岩层向上拱起的弯曲。核心部位的岩层时代较老，外侧的岩层两侧对称，时代依次渐新。

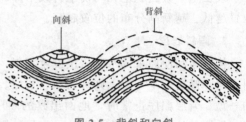

图 2-5　背斜和向斜

2. 向斜

向斜是岩层向下拗陷的弯曲。核心部位的岩层时代较新，而两侧岩层依次渐老。由于后来的风化剥蚀造成背斜在地面的特征是从中心到两侧，岩层从老到新对称重复出露。而向斜在地面的出露正好相反。从中心到两侧，岩层从新到老。

（二）按轴面和两翼岩层的产状分类

（1）直立褶曲——轴面直立，两翼岩层倾向相反，倾角大致相等。

（2）倾斜褶曲——轴面倾斜，两翼岩层倾向相反，倾角不相等。

（3）倒转褶曲——轴面倾斜，两翼倾斜，两翼岩层倾向相同，倾角相等或不相等，一翼岩层层序正常，另一翼层序倒转。

（4）平卧褶曲——轴面水平，两翼岩层近于水平重叠，一翼层序正常，另一翼倒转。

（三）按褶曲枢纽产状分类（图 2-6）

（1）水平褶曲——褶曲的枢纽近于水平，两翼岩层走向平行展布较远。

（2）倾伏褶曲——褶曲的枢纽向一端倾伏，两翼岩层不平行，在倾伏的转折端闭合。

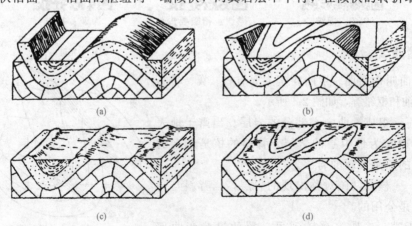

图 2-6　水平褶曲和倾伏褶曲

（a）、（c）—水平褶曲；（b）、（d）—倾伏褶曲

三、褶皱的野外识别

在野外辨认褶皱时，首先判断褶皱是否存在并且区别背斜与向斜，然后确定其形态特征，在少数情况下，如沿山区河谷或道路两侧，岩层的弯曲可能直接暴露，是背斜还是向斜一目了然。多数情况下，地面岩层呈倾斜状态，无法看清楚岩层的弯曲全貌，应按科学的方法进行观察分析。

(1)地形上的高低并不是判别背斜与向斜的标志。岩层变形之初，背斜为高地、向斜为低地。这时的地形是地质构造的直接反映。但经过较长时间的剥蚀后，由于背斜轴部裂隙发育，岩层较破碎，且地形凸出，剥蚀作用进行得较快，可能使背斜变成低地或沟谷。与此相反，向斜轴部较为完整，并常有剥蚀产物在轴部堆积，故其剥蚀速度较背斜轴部慢，最终导致向斜的地形较相邻背斜高，形成向斜山。

(2)垂直于岩层走向进行观察，当地层出现对称重复部分时，便可判断出现褶皱构造。如图 2-7 所示，区内岩层走向近东西，从南北方向观察，有志留系和石炭系地层两个对称中心，其两侧地层重复对称出现，所以，该地区有两个褶曲构造。

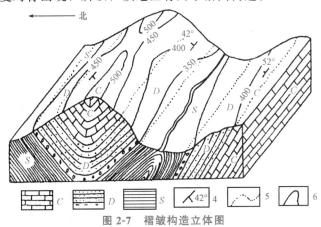

图 2-7 褶皱构造立体图

(3)分析地层新老组合关系。左半部的褶曲构造，中间是新地层 C，两侧较老地层依次为 D 和 S，故为向斜；右半部的褶曲构造，中间是老地层 S，两侧对称分布的较新地层依次为 D 和 C，故为背斜。上述向斜两翼岩层倾向相反、倾角相近，应定为直立向斜；而背斜两翼岩层均向北倾斜，一翼层序正常，一翼倒转，应叫作倒转背斜。

四、褶皱的工程评价

褶皱构造对工程建筑有以下几个方面的影响：

(1)褶皱核部岩层由于受水平挤压作用，产生许多裂隙，直接影响到岩体完整性和强度高低，在石灰岩地区还往往使岩溶较为发达，所以，在核部布置各种建筑工程，如厂房、路桥、坝址、隧道等，必须注意岩层的坍落、漏水及涌水问题。

(2)在褶皱翼部布置建筑工程时，如果开挖边坡的走向近于平行岩层走向，且边坡倾向与岩层倾向一致，边坡坡角大于岩层倾角，则容易造成顺层滑动现象。如果边坡走向与岩层走向的夹角在 40°以上，或两者走向一致，且边坡倾向与岩层倾向相反或者两者倾向相同，但岩层倾角更大，则对开挖边坡的稳定较有利。

(3)对于隧道或道路工程线路等深埋地下工程，一般应布置在褶皱翼部。因为隧道通过均一岩层有利稳定，而背斜顶部岩层受张力作用可能塌落，向斜核部则是储水较丰富的地段。

任务五　认识断裂构造

断裂构造是地壳中岩层或岩体受力达到破裂强度，发生断裂变形而形成的构造。在地壳中分布很广。断裂构造的规模有大有小，巨型的可达几千米以上，微细的要在显微镜下才能看出。常见的断裂构造有节理和断层两类。

PPT：断层

一、节理

节理也称裂隙，是岩石中岩块沿破裂面没有显著位移的断裂构造。节理按成因分为两大类，一类是由构造运动产生的构造节理，它们在地壳中分布极广，且有一定的规律性，往往成群成组出现；另一类是非构造节理，如成岩过程中形成的原生节理及风化、爆破等作用形成的次生节理。非构造节理分布的规律性不是很明显，通常出现在较小范围内。以下只介绍构造节理。

(一)节理的分类

构造型节理按其形成时的力学性质，主要可分为由张应力形成的张节理和由剪应力形成的剪节理。

微课：断层

1. 张节理

张节理的主要特征是产状不是很稳定，延展不远；节理面粗糙不平，擦痕不发育，节理两壁裂开距离较大，且裂缝的宽度变化也较大，节理内常充填有呈脉状的方解石、石英，以及松散或已胶结的黏性土和岩屑等。当张节理发育于碎屑岩中时，常绕过较大的碎屑颗粒或砾石而不是切穿砾石。张节理一般发育稀疏，节理间的距离较大，分布不均匀。

2. 剪节理

剪节理的特征是产状稳定，在平面和剖面上延续均较长；节理面光滑，常具擦痕、镜面等现象，节理两壁之间紧密闭合。发育于碎屑岩中的剪节理，常切割较大的碎屑颗粒或砾石；一般发育较密，且常有等间距分布的特点；常成对出现，是两组共轭剪节理。

(二)节理统计

节理对工程岩体稳定和渗漏的影响程度取决于节理的成因、形态、数量、大小、连通及充填等特征。通过岩土工程勘察查明这些特征后，应对节理的密度和产状进行统计分析，以便评价它们对工程的影响。

节理统计图可以清晰、直观地表示统计地段各级节理的产状。常用的有节理玫瑰图、节理极点图和节理等密度图等，这里只介绍节理玫瑰图(图2-8)。

首先进行资料整理，将测点上所测的节理走向都换算成北东和北西象限的角度，按走向方位大小，以10°为一组统计各组节理条数；其次确定作图比例尺，以等长或稍长于按线条比例尺表示最多那一组节理条数的线段长度为半径，画一个上半圆，通过圆心标出来三个方向，并标出 $10°$ 倍数的方位角；最后将表示各级节理条数的点标在相应走向方位角中间值的半径上。如图 2-8 所示，走向北东 $41°$～$50°$ 的节理有 35 条，按比例点在北东 $45°$ 的半径上，连接相邻组的点即成节理走向玫瑰图。相同的方法也可得到节理倾向玫瑰图。

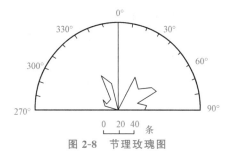

图 2-8　节理玫瑰图

二、断层

断层是破裂面两侧岩块有显著位移的断裂构造。断层往往由节理进一步发展而成。就其力学性质来源，它们并无本质区别。断层的规模可大可小，小的可出现在手标本上，大的长达几百千米甚至上千千米，宽可达几千米，且切割深度可能深达上地幔，对工程岩体的稳定有显著影响。

(一)断层的要素

1. 断层面和破碎带

断层面是指被错开的两部分岩块发生相对滑动的破裂面。断层面有的平坦光滑，有的粗糙，有的略显波状起伏。断层面的走向、倾向、倾角等产状要素的测定与岩层产状相同。有时断层两侧的运动并非沿一个面发生，而是沿着由许多破裂面组成的破裂带发生，这个带称为断层破碎带或断层带(图 2-9)。破碎带两侧还可能受断层影响，节理发育或发生牵引弯曲的部分叫作影响带。

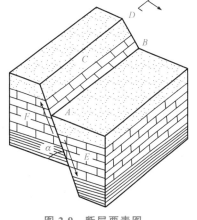

图 2-9　断层要素图

AB—断层线；C—断层面；

E、F—断盘；α—断层倾角

2. 断盘

断盘是断层面两侧相对移动的岩块。若断层面是倾斜的，则在断层面以上的断块叫作上盘；在断层面以下的断块叫作下盘。按两盘相对运动方向分，相对上升的一盘叫作上升盘；相对下降的一盘叫作下降盘。上盘既可以是上升盘，也可以是下降盘，下盘也如此。如果断层面直立就分不出上盘、下盘，如果岩块沿水平方向移动，也就没有上升盘和下降盘。

3. 断层线

断层线是断层面(或带)与地面的交线，即断层在地面的出露线。它既可以是一条平直的线，也可以是一条曲线。断层线的形状取决于断层面的产状和地形条件。

4. 断距

断距是指断层沿断裂面相对错开的距离，可以根据两盘中的相当点(在断层面上的点未断裂前为同一点)或相当层(未断裂前为同一层)进行测量或计算采取，即总断距。总断距的水平分量为水平断距；铅直分量为铅直断距。

(二)断层的分类

与构造节理相同，根据断层走向与两盘岩层产状的关系可将断层分为走向断层、倾向断层和斜交断层。根据断层与伴生褶皱(或区域构造)的关系可将断层分为纵断层、横断层和斜断层,如图 2-10 所示。以下介绍按两盘相对移动特点划分的断层的基本形态类型。

1. 正断层

正断层是指上盘岩块沿断层面相对下移,下盘相对向上移动的断层,如图 2-10(a)所示。其断层面一般较陡,倾角多在 45°～90°。正断层一般是由于地壳处于与断层走向线垂直方向的水平拉伸状态的结果。

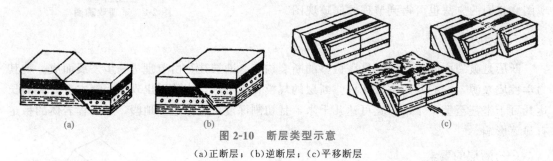

图 2-10 断层类型示意
(a)正断层;(b)逆断层;(c)平移断层

2. 逆断层

逆断层是指上盘沿断层面相对向上移动,下盘相对向下移动的断层,如图 2-10(b)所示。它一般是因为受到两侧近于水平的挤压应力作用形成的,故多与褶皱构造伴生。倾角大于 45°的称为高角度逆断层;倾角小于 45°的为低角度逆断层,也称为送掩断层;规模巨大且上盘沿波状起伏的低角度断层面作远距离(数千米至数十千米)推移的逆掩断层称为推覆构造或辗掩构造。

3. 平移断层

平移断层是指断层两盘基本上沿断层走向作相对水平移动的断层,如图 2-10(c)所示,也称走向滑动断层或平推断层。平移断层可能是由于水平挤压,顺剪裂面发育而成,也可能是由于不均匀的侧向挤压,使不同部分的岩块在垂直于纵向逆断层和褶皱枢纽的方向上做不同程度的向前推移而形成。平移断层有左旋和右旋之分。当对垂直断层走向进行观察时,对盘向左方移动(即逆时针方向旋转)的称为左旋平移断层;反之,对盘向右方移动(即顺时针方向旋转)的称为右旋平移断层。

由于断层两盘相对移动有时并非单一的沿断层面做上、下或水平移动,而是沿断层面做斜向滑动,需将正断层、逆断层和平移断层结合起来命名,如正—平移断层,表示上盘既有相对向下移动,又有水平方向相对移动,即斜向下移动,但以平移为主。而平移—正断层的上盘相对外向下运动是以向下移动为主。参考上述两种断层,逆—平移断层和平移—逆断层的相对移动特点也很容易判定。

(三)断层的组合类型

在一个地区断层往往是成群出现,并呈有规律的排列组合。常见的断层组合类型有下列几种。

1. 阶梯状断层

阶梯状断层是由若干条产状大致相同的正断层平行排列组合而成的,在剖面上各个断层的上盘呈阶梯状相继向同一方向依次下滑,如图 2-11 所示。

2. 地堑与地垒

地堑与地垒是由走向大致平行、倾向相反、性质相同的两条以上断层组成的(图 2-12)。如果两个或两组断层之间的岩块相对下降，两边岩块相对上升则叫作地堑；反之，中间上升，两侧下降，则称为地垒。两侧断层一般是正断层，有时也可以

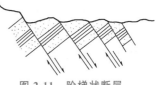

图 2-11　阶梯状断层

是逆断层。地堑比地垒发育更广泛，地质意义更重要。地堑在地貌上是狭长的谷地或成串展布的长条形盆地与湖泊，我国规模较大的有汾渭地堑等。

3. 叠瓦状构造

叠瓦状构造是指一系列产状大致相同呈平行排列的逆断层的组合形式，各断层的上盘岩块依次上冲，在剖面上是屋顶瓦片样依次叠覆(图 2-13)。

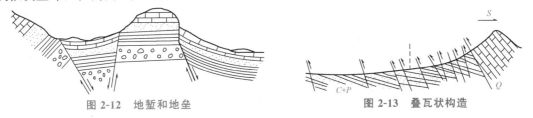

图 2-12　地堑和地垒　　　　　　　图 2-13　叠瓦状构造

(四)断层的野外识别标志

在自然界，大部分断层由于后期遭受剥蚀破坏和覆盖，在地表上暴露得不清楚，因此，需根据地层、构造等直接证据和地貌、水文等方面的间接证据来判断断层的存在与否及断层类型。

1. 构造线和地质体的不连续

任何线状或面状的地质体，如地层、岩脉、岩体、变质岩的相带、不整合面、侵入体与围岩的接触界面、褶皱的枢纽及早期形成的断层等，在平面或剖面上的突然中断、错开等不连续现象是判断断层存在的一个重要标志。断层横切岩层走向时，岩层沿走向突然中断。又由于该断层横切褶皱，致褶皱核部地层的宽度变化，背斜核部相对变窄的为下降盘，而向斜核部相对变窄的为上升盘。

2. 地层的重复与缺失

在层状岩层分布地区，沿岩层的倾向，原来层序连续的地层发生不对称的重复现象或某些层位的缺失现象，一般是走向正(或逆)断层造成的。地层重复与缺失的几种形式如图 2-14 所示。

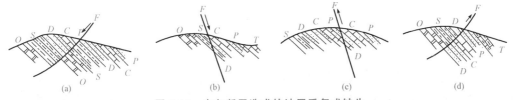

图 2-14　走向断层造成的地层重复或缺失

(a)、(c)—地层重复；(b)、(d)—地层缺失

断层造成的地层重复和褶皱造成的地层重复的区别是：前者是单向重复，后者为对称重复。断层造成的缺失与不整合造成的缺失也不同，断层造成的地层缺失仅限于断层两侧，而不整合造成的缺失有区域性特征。

3. 断层面(带)的构造特征

断层面(带)的构造特征是指由于断层面两侧岩块的相互滑动和摩擦,在断层面上及其附近留下的各种证据。

(1)擦痕和阶步。

(2)牵引构造。

(3)伴生节理。

(4)构造透镜体。

(5)断层岩。

(6)断层泥。

4. 地貌及其他标志

较大的断层由于断层面直接出露,在地貌上形成陡立的峭壁,称为断层崖。当断层崖遭受与崖面垂直的水流侵蚀切割后,可形成一系列的三角形陡崖,叫作断层三角面。断层的存在常常控制和影响水系的发育,并可引起河流通过断层面而急剧改向,甚至发生河谷错断现象。湖泊、洼地是串珠状排列,往往意味着大断层的存在;温泉和冷泉是带状分布,往往也是断层存在的标志;线状分布的小型侵入体也常反映断层的存在。

(五)断裂构造的工程评价

由于断裂构造的存在,破坏了岩体的完整性,加速风化作用、地下水的活动及岩溶发育,可能在以下几个方面对工程建筑产生影响。

(1)降低地基岩体的强度及稳定性。断层破碎带力学强度低、压缩性大,建于其上的建筑物由于地基的较大沉陷,易造成断裂或倾斜。断裂面对岩质边坡、坝基及桥基稳定常有重要的影响。

(2)跨越断裂构造带的建筑物,由于断裂带及其两侧上盘、下盘的岩性均可能不同,易产生不均匀沉降。

(3)隧道工程通过断裂破碎带时易发生坍塌。

(4)断裂带在新的地壳运动影响下可能发生新的移动,从而影响建筑物的稳定。

任务六　阅读地质图

一、地质图

地质图是指以一定的符号、颜色和花纹将某一地区各种地质体和地质现象(如各种地层、岩体、构造等的产状、分布、形成时代及相互关系)按一定比例尺综合概括地投影到地形图上的一种图件。除综合表示各基本地质现象的地质图外,还有着重表示某一方面地质现象的专门地质图件。如反映第四纪地层的成因类型、岩性和生成时代及地貌成因类型和形状特征的地貌及第四纪地质图;反映地下水的类型、埋藏深度和含水层厚度、渗流方向等的水文

PPT:地质图

地质图，以及综合表示各种工程地质条件的工程地质图等(图 2-15)。

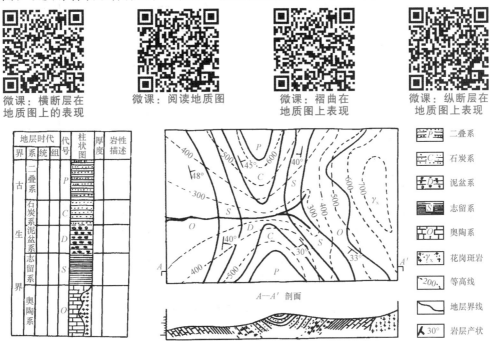

微课：横断层在地质图上的表现　微课：阅读地质图　微课：褶曲在地质图上表现　微课：纵断层在地质图上表现

图 2-15　综合地质图(平面图、剖面图、柱状图)

二、地质图的规格

一副正规的地质图应该有图名、比例尺、方位、图例和责任表(包括编图单位、负责人员、编图日期及资料来源等)，在图的左侧为综合地层柱状图，有时还在图的下方附剖面图。

比例尺的大小反映图的精度，比例尺越大，图的精度越高，对地质条件的反映越详细。比例尺的大小取决于地质条件的复杂程度和建筑工程的类型、规模及设计阶段。图例一般自上而下或自左而右按地层(上新下老或左新右老)岩石、构造顺序排列，所用的岩性图例、地质符号、地层代号及颜色都有统一规定。

三、地质条件在地质图上的反映

1. 不同产状岩层界线的分布特征

(1)水平岩层。水平岩层界线与地形等高线平行或重合。

(2)倾斜岩层。倾斜岩层的分界线在地质图上是一条与地形等高线相交的 V 形曲线。当岩层倾向与地面倾斜的方向相同时，在山脊处 V 形的尖端指向山麓，在沟谷处 V 形的尖端指向沟谷上游，但岩层界线的弯曲程度比地形等高线的弯曲程度要小，如图 2-16 所示；当岩层倾向与地形坡向一致时，若岩层倾角大于地形坡角，则岩层分界线的弯曲方向和地形等高线的弯曲方向相反；当岩层倾向与地形坡向一致时，若岩层倾角小于地形坡角，则岩层分界线弯曲方向和等高线相同，但岩层界线的弯曲度大于地形等高线的弯曲度。

(3)直立岩层。直立岩层界线不受地形等高线影响，沿走向呈直线延伸。

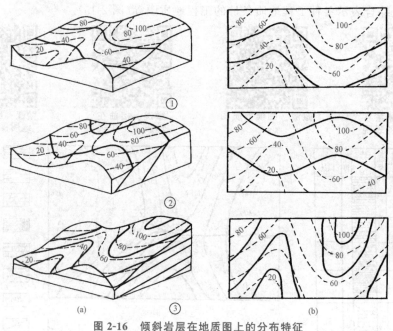

图 2-16　倾斜岩层在地质图上的分布特征

(a)立体图；(b)平面图

2. 褶皱

一般根据图例符号识别褶皱，若无图例符号，则需根据岩层的新、老对称分布关系确定。

3. 断层

一般根据图例符号识别断层，若无图例符号，则需根据岩层分布重复、缺失、中断、宽窄变化或错动等现象识别。

4. 地层接触关系

整合和平行不整合在地质图上的表现是相邻岩层的界线弯曲特征一致，只是前者相邻岩层时代连续，而后者则不连续。角度不整合在地质图上的特征是新岩层的分界线遮断了老岩层的分界线。侵入接触使沉积岩层界线在侵入体出露处中断，但在侵入体两侧无错动，沉积接触表现出侵入体被沉积岩层覆盖中断。

四、地质剖面图

正规地质剖面图常附有一幅或数幅切过图区主要构造的剖面图，置于图的下方。在地质图上标注出切图位置。剖面图所用的地层符号、色谱应与地质图一致。

五、综合地层柱状图

综合地层柱状图是按工作区所有涉及的地层的新、老叠置关系恢复成原始水平状态切出的一个具有代表性的柱形。在柱状图中表示出各地层单位、岩性、厚度、时代和地层间的接触关系等。地层柱状图可以附在地质图的左边，也可以单独成一幅图。比例尺可根据反映地层详细程度的要求和地层总厚度而定，如图 2-17 所示。

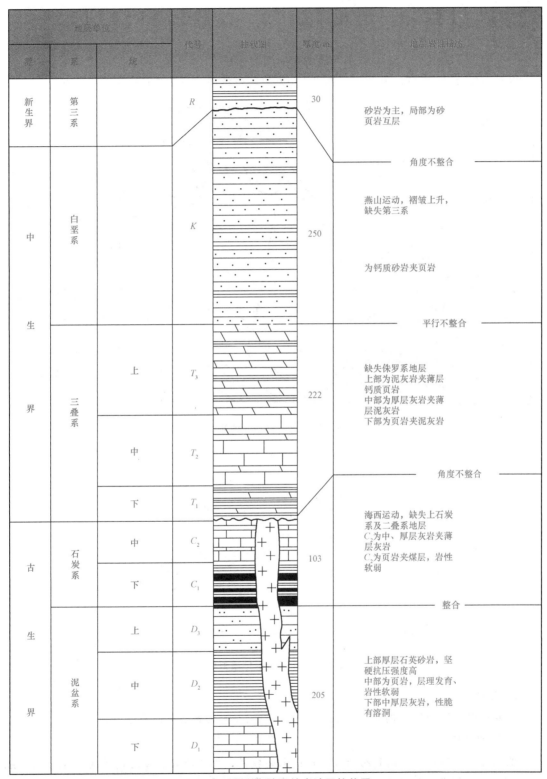

地层单位			代号	柱状图	厚度/m	地层岩性描述
界	系	统				
新生界	第三系		R		30	砂岩为主,局部为砂页岩互层
						——— 角度不整合 ———
中生界	白垩系		K		250	燕山运动,褶皱上升,缺失第三系 为钙质砂岩夹页岩
						——— 平行不整合 ———
	三叠系	上	T_3		222	缺失侏罗系地层 上部为泥灰岩夹薄层钙质页岩 中部为厚层灰岩夹薄层泥灰岩 下部为页岩夹泥灰岩
		中	T_2			
		下	T_1			——— 角度不整合 ———
古生界	石炭系	中	C_2		103	海西运动,缺失上石炭系及二叠系地层 C_2为中、厚层灰岩夹薄层灰岩 C_1为页岩夹煤层,岩性软弱
		下	C_1			——— 整合 ———
	泥盆系	上	D_3		205	上部厚层石英砂岩,坚硬抗压强度高 中部为页岩,层理发育、岩性软弱 下部中厚层灰岩,性脆有溶洞
		中	D_2			
		下	D_1			

图 2-17 黑山寨地区综合地层柱状图

地质图的阅读分析

以黑山寨地区地质图(图2-18、图2-19)为例,介绍阅读地质图的方法。

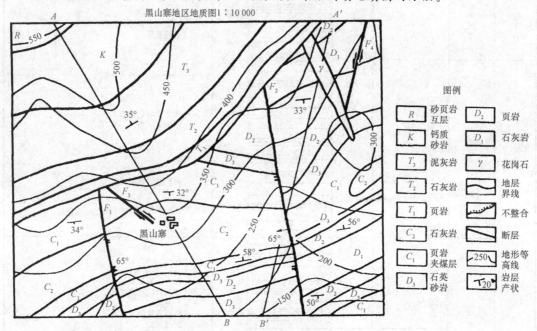

图 2-18　黑山寨地区地质图

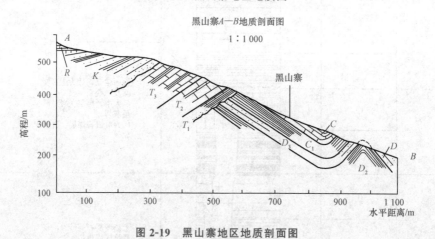

图 2-19　黑山寨地区地质剖面图

1. 比例尺

该地质图(图2-18)比例为1∶10 000,即图上1 cm代表实地距离100 m。

2. 地形地貌

本地区西北部最高,高程约为570 m;东南较低,约100 m。相对高差约为470 m。东部有一山岗,高程为300多米。顺地形坡向有两条北北西向沟谷。

3. 地层岩性

本地区出露地层从老到新有古生界——下泥盆统(D_1)石灰岩、中泥盆统(D_2)页岩、上泥盆统(D_3)石英砂岩。下石炭统(C_1)页岩夹煤层、中石炭统(C_2)石灰岩；中生界——下三叠统(T_1)页岩、中三叠统(T_2)石灰岩、上三叠统(T_3)泥灰岩，白垩系(K)钙质砂岩；新生界——第三系(R)砂页岩互层、古生界地层分布面积较大。中生界、新生界地层出露在北、西北部。

除沉积岩层外，还有花岗石脉侵入，出露在东北部。侵入在三叠系以前的地层中，属海西运动时期的产物。

4. 地质构造

(1)岩层产状。R 为水平岩层；T、K 为单斜岩层，产状 $330°\angle35°$；D、C 地层大致近东西或北东东向延伸。

(2)褶皱。古生界地层从 D_1 至 C_2 由北部到南部形成 3 个褶皱，依次为背斜、向斜、背斜。褶皱轴向为 $NE75°\sim80°$。

1)东北部背斜：背斜核部较老地层为 D_1，北翼为 D_2，产状 $345°\angle36°$；南翼由老到新为 D_2、D_3、C_1、C_2，岩层产状 $165°\angle36°$；两翼岩层产状时，称为直立褶皱。

2)中部向斜：向斜核部较新地层为 C_2，北翼即上述背斜南翼；南翼出露地层为 C_1、D_3、D_2、D_1，产状 $345°\angle56°\sim58°$；由于两翼岩层倾角不同，故为倾斜向斜。

3)南部背斜：核部为 D_1，两翼对称分布 D_2、D_3、C_1，为倾斜背斜。

这三个褶皱发生在中石炭世(C_2)之后，下三叠世(T_1)以前，因为从 D_1 至 C、D_2、D_3、C_1 的地层全部经过褶皱变动，而 T_1 以后的地层没有受此褶皱影响，但 T_1-T_3 及 K 地层是单斜构造产状与 D、C 地层不同，它可能是另一个向斜或背斜的一翼，是另一次构造运动所形成，发生在 K 以后，R 以前。

(3)断层。本地区有 F_1、F_2 两条较大断层，因岩层沿走向延伸方向不连续，断层走向 $345°$，断层面倾角较陡，F_1：$75°\angle65°$；F_2：$225°\angle65°$，两断层都是横切向斜轴和背斜轴的正断层。另从断层同侧向外核部 C_2 地层出露宽度分析，也可说明断层间的岩层相对下移，所以两断层的组合关系为地堑。

另外，还有 F_3、F_4 两条断层，F_3 走向 $300°$，F_4 走向 $30°$，为规模较小的平移断层。

断层也形成于中石炭世(C_2)之后，下三叠世(T_1)以前，因为断层没有错断 T_1 以后的岩层。

从该区褶皱和断层分布时间与空间来分析，它们是处于同一构造应力场，受到同一构造运动所形成。压应力主要来自北北西向，故褶皱轴向为北东东。F_1、F_2 两断层为受张应力作用形成的正断层，故断层走向大致与压应力方向平行，而 F_3、F_4 则为剪应力所形成的扭性断层。

5. 接触关系

第三系(R)与其下伏白垩系(K)的产状不同，为角度不整合接触。

白垩系(K)与下伏上三叠统(T_3)之间，缺失侏罗系(J)，但产状大致平行，故为平行不整合接触。T_3、T_2、T_1 之间为整合接触。

下三叠统（T_1）与下伏石炭系（C_1、C_2）及泥盆系（D）直接接触，中间缺失二叠系（P）及上石炭统（C_3），且产状呈角度相交，故为角度不整合接触。由 C_2 至 D_1 各层之间均为整合接触。

花岗石脉（γ）切穿泥盆系（D）及下石炭统（C_1）地层并侵入其中，故为侵入接触，因未切穿上覆下三叠统（T_1）地层，故 γ 与 T_1 为沉积接触，说明花岗石脉（γ）形成于下石炭世（C_1）以后，下三叠世（T_1）以前，但规模较小，是产状呈北北西—南南东分布的直立岩墙。

复习思考题

1. 用简图表示整合、平行不整合和角度不整合，并作简要说明。
2. 简述岩层相对年龄确定的方法；举例说明测定岩石绝对年龄的基本原理。
3. 熟记地质年代的顺序、名称和代号。
4. 什么是地质构造？
5. 简述岩层产状要素及其测定方法。
6. 褶曲按轴面及两翼岩层产状可分为哪些主要类型？
7. 什么是节理？节理按成因可分为哪些类型？简述各类节理的成因。
8. 解释断层面、断层线、断盘、断距和断层产状。
9. 断层可以划分为哪些基本类型？并用简明图式表示出来。
10. 在路基工程中应注意哪些地质构造方面的问题？为什么？
11. 地质构造对隧道工程有什么影响？
12. 判别不同地质情况在地质图中的表现特征。

项目三

地貌

学习内容

地貌的形成和发展、地貌的分级和分类、山岭地貌、河谷地貌、平原地貌。

学习目标

知识目标:

(1)了解地貌概况;

(2)掌握山岭地貌的要素、分类,垭口成因、分类及工程性质;

(3)掌握河谷地貌形态要素,河流阶地成因、分类及工程性质。

能力目标:

会分析山岭地貌、河谷地貌道路选线的可行性。

素质目标:

(1)独立思考、钻研创新、精益求精;

(2)热爱地质学科;

(3)具有职业素养;

(4)热爱祖国的河山。

任务一 了解地貌概念

地貌是指地球表面由于内力、外力地质作用的长期进行,形成的各种不同成因、不同类型、不同规模的起伏形态。地貌学是专门研究地壳表面各种起伏形态的形成、发展和空间分布规律的科学。

应当指出,随着地貌学的发展,人们对地形和地貌两个词已分别赋予了不同的含义。地形通常用来专指地表既成形态的某些外部特征,如高低起伏、坡度大小和空间分布等,它既不涉及这些形态的地质结构,也不涉及这些形态的成因和发展,一般只用等高线将这些形态特征表示出来,地形图通常反映的就是这方面的内容。地貌则含义广泛,它不仅包括地表形态的全部外部特征,如高低起伏、坡度大小、空间分布、地形组合及其与邻近地区地形形态之间的相互关系等,而且更为重要的是,还包括运用地质动力学的观点,分析和研究这些形态的成因与发展。这些内容仅靠地形图来表达无疑是困难的，因此就必须借助于地貌图。

地貌在人类的工程建设活动中是不可忽视的因素，地貌条件与公路工程建设有着密切的关系。公路是建设在地壳表面的线形建筑物，它常常穿越不同的地貌单元，在公路勘测设计、桥隧位置选择等方面，经常都会遇到各种不同的地貌问题。因此，地貌条件便成为评价公路工程地质条件的重要内容之一。为处理好工程建筑物与地貌条件之间的关系，提高公路的勘测设计质量，就必须学习和掌握一定的地貌知识。

一、地貌的形成和发展

(1)地貌形成和发展的动力。地壳表面的各种地貌都在不停地形成和发展变化着，促使地貌形成和发展变化的动力是内力、外力地质作用。

1)内力作用形成了地壳表面的基本起伏，对地貌的形成和发展起着决定性的作用。内力作用主要指的是地壳的构造运动和岩浆活动，特别是构造运动，它不仅使地壳岩层受到强烈的挤压、拉伸或扭动，形成一系列褶皱带和断裂带，而且还在地壳表面造成大规模的隆起区和沉降区，使地表变得高低不平。隆起区将形成大陆、高原、山岭，沉降区就形成海洋、平原、盆地。另外，地下岩浆的喷发活动对地貌的形成和发展也有一定的影响。裂隙喷发形成的熔岩盖，覆盖面积可达数百以至数十万平方千米，厚度可达数百、数千米，内蒙古的汉诺坝高原就是由熔岩盖形成高原的一个例子。内力作用不仅形成了地壳表面的基本起伏，而且还对外力作用的条件、方式和过程产生深刻的影响。例如，地壳上升，侵蚀、剥蚀、搬运；不仅河流的侵蚀、搬运和堆积作用如此，其他外力作用如暂时性流水、地下水、湖、海、冰川等的地质作用也均是如此。

2)外力作用则对内力作用所形成的基本地貌形态，不断地进行雕塑、加工，使之复杂化。外力作用总趋势是削高补低，力图把地表夷平。外力作用根据其作用过程，可分为风化作用、剥蚀作用、搬运作用、堆积作用和成岩作用。另外，还可以根据其动力性质分为风化作用、重力作用、风力作用、流水作用、冰川作用、冻融作用、溶蚀作用等。从这些外动力作用总的结果来说，也都在各自不断地进行着剥蚀、搬运和堆积的过程。也就是说，它们各自都在把由内力作用所造成的隆起部分进行剥蚀破坏，同时，把破坏了的碎屑物质搬运堆积到由内力作用所造成的低地和海洋中。但是，如同内力作用不断造成地表的上升或下降会不断地改变地壳已有的平衡，从而引起各种外力作用的加剧，当外力作用把地表夷平后，也会改变地壳已有的平衡，从而又为内力作用产生新的地面起伏提供条件。

由此可见，地貌的形成和发展是内、外力作用不断斗争的结果。由于内、外力作用始终处于对立统一的发展过程之中，因而在地壳表面便形成了各种各样的地貌形态。人们现在看到的各种地貌形态，就是地壳在内、外力作用下发展到现阶段的表现。

(2)地貌形成、发展的规律和影响因素。地貌的形成和发展虽然错综复杂，但却有其一定的规律。首先，它取决于内、外力作用之间的量的比例关系。例如，在内、外力作用这一矛盾斗争中，如果内力作用使地表上升的上升量大于外力作用的剥蚀量，则地表就会升高，最后形成山岭地貌；反之，如果内力作用使地表上升的上升量小于外力作用的剥蚀量，则地表就会降低或被削平，最后形成剥蚀平原。同样，如果内力作用使地表下降量大于外力作用所造成的堆积量，则地表就会下降，形成低地；反之，如果内力作用使地表下降的下降量小于外力作用所能造成的堆积量，则地表就会被填平甚至增高，形成堆积平原或各种堆积地貌。

另外，地貌的形成与发展也取决于地貌水准面。当内力作用造成地表的基本起伏后，如果地壳运动由活跃期转入宁静期，此时内力作用变弱，但外力作用并没有因内力作用的变弱而变弱，它仍在继续作用着，长此下去，最终将会把地表夷平，形成一个夷平面，这个夷平面就是高地被削平、凹地被填充的水准面，所以也称为地貌水准面。由于地貌水准面是外力作用力图最终达到的剥蚀界面，故在此过程中，由外力作用所形成的各种地貌，其形成和发展将无不受它的控制。地貌水准面并非一个，一般认为有多少种外力作用，就有多少相应的地貌水准面，这些地貌水准面可以是单因素的，但在更多情况下则常常是多种因素互相组合的，因为在同一地区各种外力作用常常是同时进行的。地貌水准面有局部地貌水准面和基本地貌水准面之分。如果地貌水准面不与海平面发生联系，则它只能控制局部地区地貌的形成和发展，这种地貌水准面称为局部地貌水准面。如果地貌水准面能够与海平面发生联系，那么海平面就成为控制整个地区地貌形成和发展的地貌水准面，所以，海平面也称为基本地貌水准面。当某一地区地貌的发展达到它的地貌水准面时，特别是当有许多河流穿插切割时，地表就会变成波状起伏的侵蚀平原，称为准平原。当准平原形成后，如果地壳运动由相对宁静期转入活跃期，则由于该地区地壳上升或海平面相对下降，就会使准平原遭到破坏，所以现在很难看到完整无缺的准平原，一般所看到的多是古准平原的残余。但这充分说明，地貌的发展是能够而且力图达到它的地貌水准面的。

地貌的形成和发展除受上述规律制约外，还受地质构造、岩性、气候条件等因素的影响。外力作用改造地表形态的能力常常是与地质构造和岩石性质相联系的。地质构造对地貌的影响明显地见于山区及剥蚀地区，例如，各种构造破碎带常常是外力作用表现最强烈的地方，而单斜山、桌状山等也多是岩层产状在地貌上的反映。岩性不同，其抵抗风化和剥蚀的能力也就不同，软者剥蚀，强者凸出，从而形成不同的地貌。影响岩石抵抗风化和剥蚀能力的主要因素是由岩石成分、结构和构造等所决定的。气候条件对地貌形成和发展的影响也是显著的。例如，高寒的气候地带常形成冰川地貌，干旱地带则形成风沙地貌等。另外，除重力作用外，任何一种外力作用所形成的地貌，也都在一定程度上受到气候条件的影响。

二、地貌的分级与分类

(一)地貌的相对等级

根据地貌组合的规模及形态的相对大小，以形成的主导因素为依据，地貌等级一般划分为下列四级。

1. 巨型地貌

巨型地貌如大陆与海洋，大的内海及大的山系。巨型地貌几乎完全是由内力作用形成的，所以又称为大地构造地貌。

2. 大型地貌

大型地貌如山脉、高原、山间盆地等，基本上也是由内力作用形成的。

3. 中型地貌

中型地貌如河谷及河谷之间的分水岭等，主要是由外力作用造成的。内力作用产生的基本构造形态是中型地貌形成和发展的基础，而地貌的外部形态则取决于外力作用的特点。

4. 小型地貌

小型地貌如残丘、阶地、沙丘、小的侵蚀沟等，基本上受外力作用的控制。

(二)地貌的形态分类

地貌的形态分类，就是按地貌的绝对高度、相对高度及地面的平均坡度等形态特征进行分类。表 3-1 是山地和平原的一种常见的形态分类方案。

表 3-1 山地和平原地貌的形态分类

形态类别		绝对高度 /m	相对高度 /m	平均坡度 /°	举例
山地	高山	>3 500	>1 000	>25	喜马拉雅山，天山
	中山	1 000~3 500	500~1 000	10~25	大别山，庐山，雪峰山
	低山	500~1 000	200~500	5~10	川东平行岭谷
	丘陵	<500	<200		闽东沿海丘陵
平原	高原	>600	>200		青藏，内蒙古、黄土、云贵高原
	高平原	>200			成都平原
	低平原	0~200			东北、华北、长江中下游平原
	洼地	低于海平面高度			吐鲁番洼地

另外，在表 3-1 中，公路选线人员常习惯地把丘陵进一步划分为重丘和微丘。其中，相对高度大于 100 m 的叫作重丘，小于 100 m 的叫作微丘。

(三)地貌的成因分类

目前还没有公认的地貌成因分类方案，根据公路工程的特点，这里只介绍以地貌形成的主导因素作为分类基础的方案，这个方案比较简单实用。

1. 内力地貌

内力地貌即以内力作用为主所形成的地貌，它又可分为以下几项：

(1)构造地貌。构造地貌是由地壳的构造运动所形成的地貌，其形态能充分反映原来的地质构造形态，如高地符合以构造隆起和上升运动为主的地区，盆地符合以构造拗陷和下降运动为主的地区，又如褶皱山、断块山等。

(2)火山地貌。火山地貌是由火山喷发出来的熔岩和碎屑物质堆积所形成的地貌，如熔岩盖、火山锥等。

2. 外力地貌

外力地貌即以外力作用为主所形成的地貌，根据外动力的不同，其可分为以下几项：

(1)水成地貌。水成地貌是以水的作用为地貌形成和发展的基本因素。水成地貌可分为面状洗刷地貌、线状冲刷地貌、河流地貌、湖泊地貌与海洋地貌等。

（2）冰川地貌。冰川地貌是以冰雪的作用为地貌形成和发展的基本因素。冰川地貌可分为冰川剥蚀地貌与冰川堆积地貌。前者如冰斗、冰川槽谷等；后者如侧碛、终碛等。

（3）风成地貌。风成地貌是以风的作用为地貌形成和发展的基本因素。风成地貌可分为风蚀地貌与风积地貌。前者如风蚀洼地、蘑菇石等；后者如新月形沙丘、沙垄等。

（4）岩溶地貌。岩溶地貌是以地表水和地下水的溶蚀作用为地貌形成和发展的基本因素。其所形成的地貌如溶沟、石芽、溶洞、峰林、地下暗河等。

（5）重力地貌。重力地貌是以重力作用为地貌形成和发展的基本因素。其所形成的地貌如崩塌、滑坡等。另外，还有黄土地貌、冻土地貌等。

任务二　认识山岭地貌

山地是大型地貌中的基本类型之一，它与大地构造单元密切相关。实质上山岭地貌是中、小型地貌在生成上具有内在联系的形态组合体。

一、山岭地貌的形态要素

山是陆地表面高度较大、坡度较陡、具有峰岭特征的隆起地貌。山岭地貌的特点是它具有山顶、山坡、山脚等明显的形态要素。

（1）山顶是山岭地貌的最高部分。山顶呈长条状延伸时叫作山脊，山脊标高较低的鞍部称为垭口。山顶的形状与岩性和地质构造等条件有着密切关系。一般来说，山体岩性坚硬、岩层倾斜或因受冰川的刨蚀时，多呈尖顶；在气候湿热、风化作用强烈的花岗石及其他松软岩石分布地区，多呈圆顶；在水平岩层或古夷平面分布地区，则多呈平顶。典型的方山、桌状山就都是平顶山。

（2）山坡是山岭地貌的重要组成部分。山坡的形状有直线形、凹形、凸形及复合形等各种类型，这取决于新构造运动、岩性、岩体结构及坡面剥蚀和堆积的演化过程等因素。

（3）山脚是山坡与周围平地的交接处。由于坡面剥蚀和坡脚堆积，使山脚在地貌上一般并不明显，在那里通常有一个起着过渡地带的作用，它主要由一些坡积裙、冲积锥、洪积扇，以及岩堆、滑坡堆积体等流水堆积地貌和重力堆积地貌组成。

二、山岭地貌的类型

（一）按形态分类

山岭地貌最突出的特点是它具有一定的海拔高度、相对高度和坡度。按其形态分类一般多是根据这些特点进行划分的。常用的分类方案见表3-1。

（二）按成因分类

根据动力因素，山岭地貌分类如下。

1. 构造变动形成的山岭

（1）单面山。单面山是由单斜岩层构成的沿岩层走向延伸的一种山岭（图3-1）。它常常出现在构造盆地的边缘和舒缓的背斜与向斜构造的翼部。其两坡一般不对称，与岩层倾向相反的一坡短而陡，称为前坡。前坡多是由外力的剥蚀作用所形成，故又称为剥蚀坡；与岩层走向一致的一坡长而缓，称为后坡或构造坡。如岩层倾角超过40°，则两坡的坡度和长度相差不大，其所形成的山岭外形很像猪背，所以又称猪背岭。

顺向坡（后坡）　　逆向坡（前坡）

图 3-1　单面山示意

单面山的前坡，由于地形陡峻，若岩层裂隙发育，风化强烈，则容易产生崩塌，且其坡脚常分布有较厚的坡积物和倒石堆，稳定性差，故对敷设线路不利。后坡由于山坡平缓，坡积物较薄，故常是敷设线路的理想部位。但是，在岩层倾角大的后坡上深挖路堑时，应注意边坡的稳定问题，因为开挖路堑后，与岩层倾向一致的一侧，会因坡脚开挖而失去支撑，特别是当地下水沿着其中的松软岩层渗透时容易产生顺层滑坡。

（2）褶皱山。褶皱山是由褶皱层所构成的一种山岭。在褶皱形成的初期往往是背斜形成高地，向斜形成凹地，地形是顺应构造的，所以称为顺地形。但随着外力剥蚀作用的不断进行，有时地形也会发生逆转现象，背斜因长期遭受强烈剥蚀而形成谷地，而向斜则形成山岭，这种与地质构造形态相反的地形称为逆地形。

（3）断块山。断块山是由断裂变动所形成的山岭。它可能只在一侧有断裂，也可能两侧均为断裂所控制。断块山在形成的初期可能有完整的断层面及明显的断层线，断层面构成了山前的陡崖，断层线控制了山脚的轮廓，使山地与平原或山地与河谷的界线相当明显，而且比较顺直。以后由于剥蚀作用的不断进行，断层面便可能遭到破坏而后退。

（4）褶皱断块山。上述山岭都是由单一的构造形态所形成。但在更多情况下，山岭常常是由它们的组合形态所构成，由褶皱和断裂构造的组合形态构成的山岭，称为褶皱断块山。

2. 火山作用形成的山岭

火山作用形成的山岭，其形态与熔岩的性质有关。常见者有锥状火山和盾状火山。锥状火山是多次火山活动造成的，其熔岩黏性较大，流动性小，冷却后便在火山口附近形成坡度较大的锥状外形；盾状火山是由黏性较小、流动性大的熔岩冷凝形成，故其外形呈基部较大、坡度较小的盾状。

3. 剥蚀作用形成的山岭

剥蚀作用形成的山岭是在山体地质构造的基础上，在相对稳定条件下，经长期外力剥蚀作用所形成的山岭。例如，地表流水侵蚀作用所形成的河间分水岭，冰川刨蚀作用所形成的刃脊、角峰，地下水溶蚀作用所形成的峰林等，都属于此类山岭。由于此类山岭的形成是以外力剥蚀作用为主，山体的构造形态对地貌形成的影响已退居不明显地位，所以，此类山岭的形态特征主要取决于山体的岩性、外力的性质及剥蚀作用的强度和规模。

三、垭口与山坡

在山区公路勘测中，经常会遇到选择过岭垭口和展线山坡的问题，因此，从工程地质角度分析垭口和山坡，对公路测设的质量和有效性是很重要的。

(一)垭口

山岭垭口是在山岭地质构造的基础上经外力剥蚀作用而形成的。山岭的岩性、地质构造和外力作用的性质、强度决定了垭口地貌的特点及其工程地质条件。根据垭口形成的主导因素，可以将垭口归纳为以下三个基本类型。

1. 构造型垭口

构造型垭口是由构造破碎带或松软岩层经外力剥蚀所形成的垭口。其常见者有下列三种：

(1)断层破碎带型垭口。断层破碎带型垭口的工程地质条件比较差。由于岩体破碎严重，不宜采用隧道方案，如采用路堑，也需控制开挖深度或考虑边坡防护，以防止边坡发生崩塌，如图 3-2 所示。

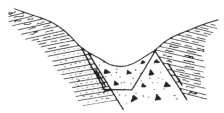

图 3-2　断层破碎带型垭口示意

(2)背斜张裂带型垭口。背斜张裂带型垭口虽然构造裂隙发育，岩层破碎，但工程地质条件较断层破碎带型好，这是因为两侧岩层外倾，有利于排除地下水以及边坡稳定，一般可采用较陡的边坡坡度，如图 3-3 所示。

(3)单斜软弱层型垭口。单斜软弱层型垭口主要由页岩、千枚岩等易于风化的松软岩层构成。两侧边坡多不对称，一坡岩层外倾可略陡一些。由于岩性松软，风化严重，稳定性差，故不宜深挖，否则须放缓边坡并采取防护措施，如图 3-4 所示。

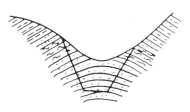

图 3-3　背斜张裂带型垭口示意

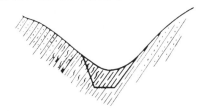

图 3-4　单斜软弱层型垭口示意

2. 剥蚀型垭口

剥蚀型垭口是以外力强烈剥蚀为主导因素所形成的垭口，其形态特征与山体地质结构无明显联系。此类垭口的共同特点是松散覆盖层很薄，基岩多半裸露。垭口的肥瘦和形态特点主要取决于岩性、气候及外力的切割程度等因素。岩石坚硬而切割较深时，垭口多瘦薄；反之，则肥厚。由石灰岩等构成的溶蚀性垭口也属于这种类型，在开挖路堑或隧道时需注意溶洞等的不利影响。

3. 剥蚀-堆积型垭口

剥蚀-堆积型垭口是在山体地质结构的基础上，以剥蚀和堆积作用为主导因素所形成的垭口。其开挖后的稳定条件主要取决于堆积层的地质特征和水文地质条件。这类垭口外形浑缓，垭口宽厚，松散堆积层的厚度较大，有时还发育有湿地或高地沼泽，水文地质条件较差，故不宜降低过岭标高，通常多以低填或浅挖的断面形式通过。

(二)山坡

山坡是山岭地貌形态的基本要素之一，是翻越垭口的必经之地，无论越岭线或山脊线，路线绝大部分都是设置在山坡或靠近岭顶的斜坡上的。所以，在路线勘测中总是把越岭垭口和展线山坡作为一个整体通盘考虑。

自然山坡是在长期地质历史过程中逐渐形成的。山坡的形态特征是新构造运动、山坡的地质结构和外动力地质条件的综合反映，对公路的建筑条件有着重要的影响。

山坡的外形包括山坡的高度、坡度及纵向轮廓等。山坡的外部形态是各种各样的，这里根据山坡的纵向轮廓和山坡的坡度，将山坡简略地概括为下面几种类型。

1. 按山坡的纵向轮廓分类

(1)直线形坡。在野外见到的直线形山坡，概括地说有三种情况：第一种是岩性单一，经过长期的强烈冲刷剥蚀，形成纵向轮廓比较均匀的直线形山坡，这种山坡的稳定性一般较高；第二种是由单斜岩层构成的直线形山坡，这种山坡在介绍单面山时曾经指出过，其外形在山岭的两侧不对称，一侧坡度陡峻，另一侧则与岩层层面一致，坡度均匀平缓，从地形上看，有利于布高线路，但开挖路基后遇到的均是顺倾向边坡，在不利的岩性和水文地质条件下，很容易发生大规模的顺层滑坡；第三种情况是由于山体岩性松软或岩体相当破碎，在气候干寒、物理风化强烈的条件下，经长期剥蚀碎落和坡面堆积而形成的直线形山坡，这种山坡在青藏高原和川西峡谷比较发达，其稳定性最差。

(2)凸形坡。凸形坡上缓下陡，坡度渐增，下部甚至呈直立状态，坡脚界线明显。这类山坡往往是由于新构造运动加速上升，河流强烈下切所造成。其稳定条件主要取决于岩体结构，一旦山坡变形，则会形成大规模的崩塌。

(3)凹形坡。凹形坡上部陡，下部急剧变缓，坡脚界线很不明显。山坡的凹形曲线可能是新构造运动的减速上升所造成，也可能是山坡上部的破坏作用与山麓风化产物的堆积作用综合的结果。分布在松软岩层中的凹形山坡，不少都是在过去特定条件下由大规模的滑坡、崩塌等山坡变形现象形成的，凹形坡面往往就是古滑坡的滑动面或崩塌体的依附面。从近年来我国地震后的地貌调查统计资料中可以明显看出，凹形山坡在各种山坡地貌形态中是稳定性比较差的一种。

(4)阶梯形坡。阶梯形山坡有两种不同的情况，一种是由软硬不同的水平岩层或微斜岩层组成的基岩山坡，由于软硬岩层的差异风化而形成阶梯状的山坡外形。这种山坡的稳定性一般比较高；另一种是由于山坡曾经发生过大规模的滑坡变形，由滑坡台阶组成的次生阶梯状斜坡。这种斜坡多存在于山坡的中下部，如果坡脚受到强烈冲刷或不合理的切坡，或者受到地震的影响，可能引起古滑坡复活，威胁建筑物的稳定。

2. 按山坡的纵向坡度分类

按山坡的纵向坡度，坡度小于 15°的为微坡；介于 16°～30°的为缓坡；介于 31°～70°的为陡坡；山坡坡度大于 70°的为垂直坡。

从路线角度来讲，坡度平缓，山坡稳定性高，对布设线路无疑是有利的。特别是对越岭线的展线山坡，坡度平缓不仅便于展线回头，而且可以拉大上下线间的水平距离，既有利于路基稳定，又可减少施工时的干扰。但平缓山坡特别是在山坡的一些坳洼部分，一则通常有厚度较大的坡积物和其他重力堆积分布，再则坡面径流容易在这里汇聚，当这些堆积与下伏基岩的接触面因开挖而被揭露后，遇到不良水文情况，很容易引起堆积物沿基岩顶面发生滑动。

任务三　了解平原地貌

平原地貌是大型地貌的基本形态之一，在地壳升降运动微弱或长期稳定的条件下，经外力作用的充分夷平或补平形成的。其特点是地势开阔平缓，地面起伏不大。

按高程，平原可分为高原、高平原、低平原和洼地（表 3-1）；按成因，平原可分为构造平原、剥蚀平原和堆积平原。

一、构造平原

构造平原主要是由地壳构造运动所形成的，共特点是地形面与岩层面一致，堆积物厚度不大。构造平原又可分为海成平原和大陆拗曲平原。前者是由地壳缓慢上升海水不断后退所形成的，其地形面与岩层面一致，上覆堆积多为泥沙和淤泥，并与下伏基岩一起微向海洋倾斜；后者是由地壳沉降使岩层发生拗曲所形成的，岩层倾角较大，平原面呈凹状或凸状，其上覆堆积物多与下伏基岩有关。

由于基岩埋藏不深，所以构造平原的地下水一般埋藏较浅。在干旱或半干旱地区如排水不畅，常易形成盐渍化。在多雨的冰冻地区则常易造成道路的冻胀和翻浆。

二、剥蚀平原

剥蚀平原是在地壳上升微弱的条件下，经外力的长期剥蚀夷平所形成，其特点是地形面与岩层面不一致，上覆堆积物常常很薄，基岩常常裸露地表，只是在低洼地段有时才覆盖有厚度稍大的残积物、坡积物、洪积物等。按外力剥蚀作用的动力性质不同，剥蚀平原又可分为河成剥蚀平原、海成剥蚀平原、风力剥蚀平原和冰川剥蚀平原。其中，较为常见的是前两种剥蚀平原。河成剥蚀平原是由河流长期侵蚀作用所造成的侵蚀平原，也称准平原，其地形起伏较大，并向河流上游逐渐升高，有时在一些地方则保留有残丘。海成剥蚀平原是由海流的海蚀作用所造成，其地形一般极为平缓，微向现代海平面倾斜。

剥蚀平原形成后，往往因地壳运动变得活跃，剥蚀作用重新加剧，使剥蚀平原遭到破坏，故其分布面积常常不大。剥蚀平原的工程地质条件一般较好。

三、堆积平原

堆积平原是在地壳缓慢而稳定下降的条件下，经各种外力作用的堆积填平所形成的。其特点是地形开阔平缓，起伏不大，往往分布有厚度很大的松散堆积物。按外力堆积作用的动力性质不同，堆积平原又可分为河流冲积平原、山前洪积冲积平原、湖积平原、风积平原和冰碛平原。其中较为常见的是前三种。

（1）河流冲积平原。河流冲积平原是由河流改道及多条河流共同沉积形成。它大多分布于河流的中、下游地带，因为在这些地带河床常常很宽，堆积作用很强，且地面平坦，排水不畅，每当雨季洪水易泛滥，其所携带的大量碎屑物质便堆积在河床两岸，形成天然堤。当河水继续向河床以外广大面积淹没时，流速锐减，堆积面积越来越大，堆积物越来越细，久而久之，便形成广阔的冲积平原。

河流冲积平原地形开阔平坦，为工程建设提供了良好条件，对公路选线也十分有利。但其下伏基岩往往埋藏很深，第四纪堆积物很厚，且地下水一般埋藏较浅，地基土的承载力较低，在冰冻潮湿地区道路的冻胀翻浆问题比较突出。另外，还应注意，为避免洪水淹没，路线应设在地形较高处，而在淤泥层分布地段，还应注意其对路基、桥基的强度和稳定性的影响。

（2）山前洪积冲积平原。山前洪积冲积平原是暂时性流水搬运的碎屑物质组成的沉积层，当洪流冲出沟口后，因地势开阔，水流分散，流速锐减，将粗大的石块、岩屑、砂砾等堆积于沟口，将细小的泥沙等带到沟口呈扇状堆积，年复一年地扩大，形成山前洪积冲积平原。山前洪积冲积平原地势较平缓，有利于公路布线。洪积层顶部孔隙大、透水性强，地下水埋藏较深，压缩性小，承载力较高，是良好的天然地基。洪积层下部边缘地带，沉积物细，若黏土颗粒发生凝聚，遇水容易软化。洪积层中部过渡地带，有地下水溢出，水文地质条件不好，容易发生地表翻浆或盐渍化现象，对工程建设不利。另外，还应重视洪流及洪积物对路基、桥涵的冲毁和淤塞等危害。

（3）湖积平原是由河流注入湖泊时，将所挟带的泥沙堆积湖底，泥沙逐渐淤高，湖水溢出、干涸所形成。其地形之平坦为各种平原之最。

湖积平原中的堆积物，由于是在静水条件下形成的，故淤泥和泥炭的含量较多，其总厚度一般也较大，其中往往夹有多层呈水平层理的薄层细砂或黏土，很少见到圆砾或卵石，且土颗粒由湖岸向湖心逐渐由粗变细。

湖泊平原地下水一般埋藏较浅。其沉积物由于富含淤泥和泥炭，常具可塑性和流动性，孔隙度不大，压缩性高，故承载力很低。

任务四　认识河谷地貌

一、河谷地貌的形态要素

河谷是经常性流水造成的长度远远超过宽度并且弯曲的洼地。由于路线沿河谷布设，可使路线具有线形舒顺、纵坡平缓、工程量小等优点，所以，河谷通常是山区公路争取利用的一种有利的地貌类型。

PPT：河谷地貌

微课：河谷地貌

微课：河流阶地

典型的河谷地貌一般都具有图 3-5 所示的几个形态要素。

1. 谷底

谷底是河谷地貌的最低部分，地势一般比较平坦，其宽度为两侧谷坡坡麓之间的距离。谷底上分布有河床及河漫滩。河床是在平水期间为河水所占据的部分。河漫滩是在洪水期间才被河水淹没的河床以外的平坦地带。其中，每年都能为洪水淹没的部分称为低河漫滩；仅为周期性多年一遇的最高洪水所淹没的部分称为高河漫滩。

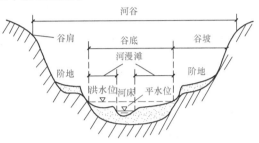
图 3-5　河谷形态要素示意

2. 谷坡

谷坡是高出于谷底的河谷两侧的坡地。谷坡上部的转折处称为谷缘；下部的转折处称为坡麓或坡脚。

3. 阶地

阶地是沿着谷坡走向呈条带状分布或断断续续分布的阶梯状平台。阶地可能有多级，从河漫滩向上依次称为一级阶地、二级阶地、三级阶地等。每一级阶地都有阶地面、阶地前缘、阶地后缘、阶地斜坡和阶地坡麓等要素。阶地面就是阶地平台的表面，它实际上是原来老河谷的谷底，它大多向河谷轴部和河流下游微作倾斜。阶地面并不十分平整，因为在它的上面，特别是在它的后缘，常常由于崩塌物、坡积物、洪积物的堆积而呈波状起伏。另外，地表径流也对阶地面起着切割破坏作用。阶地斜坡是指阶地面以下的坡地，是河流向下深切后所造成。阶地斜坡倾向河谷轴部，并常被地表径流所切割破坏。

在通常情况下，阶地面有利于布设线路，但有时为了少占农田或受地形等限制，也常在阶地坡麓或阶地斜坡上设线。

还应指出，并不是所有的河流或河段都有阶地，由于河流的发展阶段及河谷所处的具体条件不同，有的河流或河段并不存在阶地。

二、河谷地貌的类型

(一)按发展阶段分类

河谷的形态是多种多样的，按其发展阶段可分为未成形河谷、河漫滩河谷和成形河谷三种类型。

1. 未成形河谷

未成形河谷也称 V 形河谷。在山区河谷发育的初期，河流处于以垂直侵蚀为主的阶段，由于河流下切很深，故常形成断面为 V 形的深切河谷。其特点是两岸谷坡陡峻甚至壁立，基岩直接出露，谷底较窄，常被河水充满，谷底基岩上缺乏河流冲积物。

2. 河漫滩河谷

河漫滩河谷断面呈 U 形。它是河谷经河流侵蚀，使谷底拓宽发展而形成的。其特点是谷底不仅有河床，而且有河漫滩，河床只占据谷底的最低部分。

3. 成形河谷

成形河谷是河流经历了比较漫长的地质时期后，具有复杂形态的河谷。阶地的存在就是成形河谷的显著特点。关于河流阶地的成因问题，后面将作详细论述。

(二)按河谷走向与地质构造的关系分类

1. 背斜谷

背斜谷是沿背斜轴伸展的河谷，是一种逆地形。背斜谷多是沿张裂隙发育而成，虽然两岸谷坡岩层反倾，但因纵向构造裂隙发育，谷坡陡峻，故岩体稳定性差，容易产生崩塌。

2. 向斜谷

向斜谷是沿向斜轴伸展的河谷，是一种顺地形。向斜谷的两岸谷坡岩层均属顺倾，在不良的岩性和倾角较大的条件下，容易发生顺层滑坡等病害。但向斜谷一般都比较开阔，使路线位置的选择有较大的回旋余地。

3. 单斜谷

单斜谷是沿单斜岩层走向伸展的河谷。单斜谷在形态上通常具有明显的不对称性，岩层反倾的一侧谷坡较陡，顺倾的一侧谷坡较缓。

4. 断层谷

断层谷是沿断层走向延伸的河谷。河谷两岸常有构造破碎带存在，岸坡岩体的稳定性取决于构造破碎带岩体的破碎程度。

三、河流阶地

(一)阶地成因

河流阶地是在地壳的升降运动与河流的侵蚀、堆积作用等的综合作用下形成的。当河漫滩河谷形成之后，由于地壳上升或侵蚀基准面相对下降，原来的河床或河漫滩便受到下切，而没有受到下切的部分就高出于洪水位之上，变成阶地。于是，河流又在新的水平面上开辟谷地。此后，当地壳构造运动处于相对稳定期或下降期时，河流纵剖面坡度变小，流水动能减弱，河流垂直侵蚀作用变弱或停止，侧向侵蚀和沉积作用增强，于是又重新拓宽河谷，塑造新的河漫滩。在长期的地质历史过程中，如地壳发生多次升降运动，则引起河流侵蚀与堆积交替发生，从而在河谷中形成多级阶地。因此，河流阶地的存在就成为地壳新构造运动的有力证据。不难理解，紧邻河漫滩的一级阶地形成的时代最晚，依次向上，阶地的形成时代越老。

(二)阶地的类型

根据阶地的成因、结构和形态特征可将阶地分为以下三种主要类型。

1. 侵蚀阶地

侵蚀阶地主要是由河流的侵蚀作用形成的，多由基岩组成，所以又称基岩阶地，如图3-6所示。

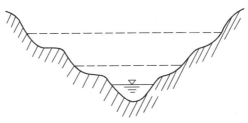

图 3-6 侵蚀阶地示意

2. 堆积阶地

堆积阶地是由河流的冲积物组成的，所以又称冲积阶地或沉积阶地。当河流侧向侵蚀拓宽河谷后，由于地壳下降，逐渐有大量的冲积物发生堆积，待地壳上升，河流在堆积物中下切，因而形成了堆积阶地，如图3-7所示。

第四纪以来形成的堆积阶地，除更新的冲积物具有较低的胶结成岩作用外，一般的冲积物都呈松散状态，容易遭受河水冲刷，影响阶地稳定性。

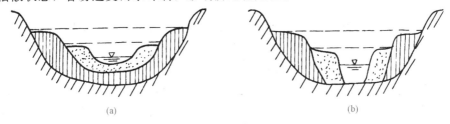

(a)   (b)

图 3-7 堆积阶地示意

堆积阶地根据形成方式可分为以下几项：

(1)上叠阶地。河流在切割河床堆积物时，切割的深度逐渐减小，侧向侵蚀也不能达到它原有的范围，这种形式的堆积阶地称为上叠阶地。

(2)内叠阶地。河流在切割河床堆积物时，切割的深度超过了原有堆积物的厚度，甚至切割了基岩，这种形式的堆积阶地称为内叠阶地。

3. 侵蚀-堆积阶地(基座阶地)

侵蚀-堆积阶地是在地壳相对稳定、下降和再度上升的地质过程中逐渐形成的。在地壳运动相对稳定阶段，河流的侧蚀形成了宽广的河谷，由于地壳下降而宽广的河谷中形成冲积物的堆积，随着地壳再次上升，河床下切至基岩内部，这样就形成了在阶地下部的基岩顶面覆盖有冲积层的侵蚀-堆积阶地。可以看出侵蚀-堆积阶地是由基岩和冲积层两部分组成的，基岩上部冲积物覆盖厚度一般比较小，整个阶地主要由基岩组成，所以其又称为基座阶地，如图3-8所示。

从上述情况可以看出，河谷地貌是山岭地区向分水岭两侧的平原作缓慢倾斜的带状谷地，由于河流的长期侵蚀和堆积，成形的河谷一般都有不同规模的阶地存在，它一方面缓和了山谷坡脚地形的平面曲折和纵向起伏，有利于路线平纵面设计和减少工程量；另一方面又不易遭受山坡变形和洪水淹没的威胁，容易保证路

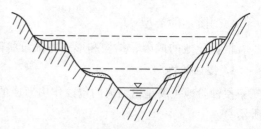

图 3-8　基座阶地示意

基稳定。所以，在通常情况下，阶地是河谷地貌中敷设路线的理想地貌部位。当有几级阶地时，除考虑过岭标高外，一般以利用一级、二级阶地敷设路线为好。

以上所讲的阶地，都是顺着河流方向延伸的阶地，也称为纵阶地。另外，还有与河流方向垂直的阶地，称为横阶地。严格地说，横阶地并不能算作阶地，它只不过是河谷中一种具有一定高差的跌水或瀑布地形，但是人们已习惯地这样称呼它。高差很大的横阶地，多由横贯河谷垂直断距很大的断裂构造形成，另外，如河床岩性软硬不同，由于河流的差异侵蚀，也能形成一些高差不大的横向阶地。横向阶地在河谷中的分布不具普遍性，只有在一定的岩性和构造条件下才能形成，且多出现在山区河谷或河流上游部分。横向阶地对沿河路线的纵坡设计是一种障碍，因为地势突然升高，坡度过分集中，如不及早提坡，就要增大局部路线纵坡，这对路线的纵坡设计显然是不利的。

拓展训练

根据观察，某河谷地貌，在河漫滩以上的不同高度上有 2 个断断续续的台阶，台阶全部由基岩构成，判断该地区自河谷形成后，经历了怎样的地壳运动。

解答：不同高度的台阶为河流阶地，本河谷有两级河流阶地，顺序依次为靠近谷底为一级阶地，上面的为二级阶地。本地貌形成过程：河漫滩河谷形成之后，地壳上升，河流下切，河漫滩高出洪水位，形成阶地，河流侧蚀加强，谷底再次加宽，再次形成河漫滩，地壳第二次上升，河流下切，河漫滩高出洪水位，形成新一级阶地，原来的阶地变成二级阶地。

复习思考题

1. 什么是地貌？地形和地貌在概念上有何不同？

2. 影响地貌发育的基本因素有哪些？并略加分析。

3. 什么是单面山？其地貌形态与地质构造具有哪些特征？在单斜谷中布设路线，应注意哪些问题？

4. 常见的构造型垭口有几种（要绘出简明图示）？并试从工程地质条件方面作出评价。

5. 什么是河谷？用简图标明河谷形态要素，并略加说明。

6. 什么是河流阶地？按成因其可分为哪些不同的类型？试用略图表示它们的区别。

7. 河流阶地对公路工程的测设有何意义？在不同阶地面上布设公路应注意哪些工程地质问题？

项目四

认识常见不良地质现象

学习内容

崩塌的定义、形成条件、防治措施；滑坡的定义、形成条件、防治措施；泥石流的定义、形成条件、防治措施；岩溶的定义、形成条件、防治措施。

学习目标

知识目标：

(1)了解崩塌、滑坡、泥石流、岩溶等不良地质现象形成的基本条件、工程地质特性、分类；

(2)掌握各种不良地质现象对道路工程的危害及防治原则和措施。

能力目标：

初步认识崩塌、滑坡、泥石流、岩溶不良地质现象。

素质目标：

(1)独立思考、钻研创新、精益求精；

(2)热爱地质学科；

(3)具有职业自豪感和使命感。

公路是一种延伸很长，且以地壳表层为主的线形建筑物，它常常要穿越许多自然条件不同的地段。尤其是山区公路建设，地质条件更为复杂，常因岩体或土体受重力作用而产生一些不良地质现象，给道路、桥涵、隧道等建筑物的施工和正常使用造成很大的威胁；或者因勘测设计不周密，当建筑物建成以后，在其自身因素的影响下引起不良地质现象的发生。为了提高公路工程的质量，本项目将对常见不良地质现象进行分析。

任务一　认识崩塌

一、崩塌的一般概念

在陡峻斜坡或悬崖上的岩、土体，由于裂隙发育或其他因素的影响，在重力作用下突然而急剧地向下崩落、翻滚、坍塌，在坡脚形成倒石堆或岩堆的现象，称为崩塌。崩塌物下坠的速度很快，一般为 $5\sim200$ m/s，有的可达自由落体的速度。崩塌的规模以体积来确定，由小于 1 m^3 到数十亿立方米。

在山区，规模巨大的崩塌称为山崩。在陡崖上，个别较大的岩块崩落、翻滚而下则称为落石。斜坡上，岩体在强烈物理风化作用下，较细小的碎块、岩屑沿坡面坠落或滚动的现象，称为撒落。在河岸、湖岸、海岸受水流波浪的冲刷、掏蚀而使岸坡发生水毁崩塌称为坍岸或塌方。如果崩塌是由于地下溶洞、潜蚀穴或采空区所引起的，则称为坍陷或塌陷。

崩塌是山区公路常见的一种突发性的病害现象，可以由自然因素激发产生，也可以由人为因素激发产生。它破坏公路、桥梁，击毁行车，有时崩积物堵塞河道，引起路基水毁，严重影响交通营运及安全。

二、崩塌发生的条件

1. 坡面条件

在山区，斜坡越高陡，越容易发生崩塌。一般在陡崖临空面高度大于 30 m，坡度大于 45°的凸形坡或阶状坡地段的山体最不稳定，最易发生崩塌。

2. 岩性条件

在硬软岩互层的悬崖上，因差异风化，硬质岩层常形成凸出的悬崖，软质岩层易风化形成凹崖坡，使其上硬质岩失去支撑而引起崩塌(图 4-1)。

由质坚而性脆的岩层，如厚层石灰岩、花岗石、砂岩及玄武岩等构成的河谷地段，当其被坡面流水切割，山体遭受强烈风化，自然稳定度遭到破坏时就要发生崩塌。

3. 构造条件

自然界的山坡，多由不同性质的岩层及各种不同的构造和产状组合而成。当其软弱结构面倾向于临空面且倾角

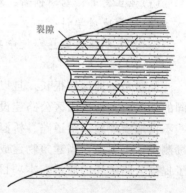

图 4-1　软硬互层岩质边坡

较大时，易于发生崩塌；或者坡面上两组呈楔形相交的节理，虽不倾向临空面但其组合交线倾向临空面，也易发生崩塌。

4. 其他因素

岩石强烈的物理风化如剥离、冰胀、植物根压等都能促使斜坡上岩体发生崩塌。暴雨或久雨之后，岩体的重力加大，松软夹层受水软化，裂隙松动使岩体失稳发生崩塌。地震的惯

性冲击波使山体振荡而发生崩塌。人为不合理的工程活动也是造成崩塌不可忽视的条件。

作为公路工程技术人员，还应注意在山区修筑公路，如果改变了原来较稳定的斜坡外形，使斜坡变陡，当某些松软结构面裸露或使部分被切割的岩体失去支撑时，也会引起崩塌。另外，因坡顶弃方荷载过大，或不妥当的爆破施工等也会引起崩塌。

三、崩塌的防治措施

由于崩塌发生得突然而猛烈，治理比较困难而且复杂，所以一般多采取以防为主的原则。

1. 防治原则

(1)在选线时，应注意根据斜坡的具体条件，认真分析崩塌的可能性及其规模。对有可能发生大、中型崩塌的地段，有条件绕避时，宜优先采用绕避方案。若绕避有困难时，可调整路线位置，离开崩塌影响范围一定距离，尽量减少防治工程，或考虑其他通过方案(如隧道、明洞等)，确保行车安全。对可能发生小型崩塌或落石的地段，应视地形条件，进行经济比较，确定绕避还是设置防护工程。

(2)在设计和施工中，避免使用不合理的高陡边坡，避免大挖大切，以维持山体的平衡。在岩体松散或构造破碎地段，不宜使用大爆破施工，以防止岩体震裂而引起崩塌。

2. 防治措施

(1)清除坡面危石。

(2)坡面加固。如采用坡面喷浆、抹面、砌石铺盖等以防止松软岩层进一步风化；采用灌浆、勾缝、镶嵌、锚栓以恢复和增强岩体的完整性。

(3)危岩支顶。如用石砌或用混凝土作支垛、护壁、支柱、支墩、支墙以增加斜坡的稳定性。

(4)拦截防御。如修落石平台、落石网、落石槽、拦石堤、拦石墙等。

(5)调整水流。如修筑截水沟，堵塞裂隙，封底加固附近的灌溉引水、排水沟渠，防止水流大量渗入岩体而恶化斜坡的稳定性。

任务二 认识滑坡

斜坡上不稳定的岩体或土体在重力作用下，沿一定的滑动面(或带)整体向下滑动的物理地质现象，称为滑坡。有些滑坡初期滑动缓慢，后期突然变快，表现为急剧的山坡变形。滑坡体内部有部分土(或岩)体形成翻倾，而其大部分作整体移位，这种先缓后急的滑坡现象称为崩塌性滑坡。

滑坡是山区公路的主要病害之一。由于山坡或路基边坡发生滑坡，常使交通中断，影响公路的正常运输。大规模的滑坡能堵塞河道、摧毁公路、破坏厂矿、掩埋村庄，对山区建设和交通设施危害很大。我国西南地区(云、贵、川、藏)是我国滑坡分布的主要地区，不仅规模大，类型多，

微课：滑坡

而且分布广泛，发生频繁，危害严重。在东南、中南的山岭、丘陵地区滑坡也较多。西北黄土高原及青藏高原和兴安岭的多年冻土地区，也有不同类型的滑坡分布。

为了正确地识别滑坡的存在，必须了解有关滑坡的形态特征、形成机理、类型，以便制定出防治措施。

一、滑坡的形态

发育完整的滑坡，一般都有下列的基本组成部分(图 4-2)。

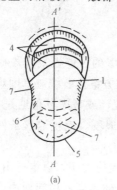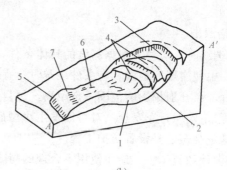

(a)   (b)

图 4-2 滑坡形态要素图示

(a)平面图；(b)块状图

1—滑坡体；2—滑动面和滑坡床；3—滑坡后壁；4—滑坡台阶；

5—滑坡舌；6—滑坡鼓丘；7—滑坡裂缝；AA'—滑坡轴

1. 滑坡体

滑坡体是斜坡上向下滑动的那部分岩土体，简称滑体。滑体内部一般仍保持着未滑动前的层位和结构，但要产生许多滑动引起的裂隙，个别部位会遭到较强的扰动。滑体的规模大小不同，大者达几亿立方米到十几亿立方米。

2. 滑动面、滑动带和滑坡床

滑体沿着某一软弱结构面移动，这一软弱结构面称为滑动面。滑动面以上，被揉皱了的厚度为数厘米至数米的结构扰动带，称为滑动带。在滑动面下部滑体滑动时所依附的不动的岩土体称为滑坡床。滑动面在均质黏性土和软质岩体中，常是弧形；在层状岩体中多呈直线或折线形。滑动面常常可见到磨光面和擦痕。滑动面往往是潮湿的，滑体前缘常有泉水出露。

3. 滑坡后壁

滑坡发生后，滑体的后缘和斜坡未动部分脱开的陡壁称为滑坡后壁。有时可见擦痕，以此识别滑动方向。滑坡后壁在平面上多呈圈椅状，后壁高度自几厘米到几十米，陡坡一般为$60°\sim80°$。

4. 滑坡台阶

滑体由于各段滑动速度的差异，在滑体上所形成的阶梯状的错台称为滑坡台阶。台阶前缘的陡壁也称为滑坡台阶。

5. 滑坡舌

滑体的前部，形如舌状伸出的部分称为滑坡舌。

6. 滑坡鼓丘

滑体向前滑动时，因前部受阻而形成隆起状的小丘称为滑坡鼓丘。

7. 滑坡裂缝

滑体在滑动时，由于各部分移动的速度不等，在其内部及表面所形成的裂缝，称为滑坡裂缝。根据受力状态可将滑坡裂缝分为拉张裂缝、剪切裂缝、鼓张裂缝、扇形裂缝四种。

8. 滑坡轴

滑坡轴即图 4-2 中的 AA' 轴线，又称主滑线，为滑体滑动速度最快的纵向线。它代表整个滑坡滑动的方向，一般位于推力最大、滑床凹槽最深（即滑体最厚）的纵断面上；在平面上可以是直线或曲线。

较老的滑坡由于风化、水流冲刷、坡积物覆盖，使原来的构造、形态特征往往遭到破坏，不易被观察。但在一般情况下，必须尽可能地将其形态特征识别出来，以助于确定滑坡的性质和发展状况，为整治滑坡提供可靠的资料。

二、滑坡发生的条件

1. 岩性

滑坡常发生在易于亲水软化的土层和一些软质岩层中；当坚硬岩层或岩体内存在着有利于滑动的软弱结构面时，在适当的条件下也可能形成滑坡。

亲水软化的土层中发生的滑坡，主要是与土中的黏土矿物有关，特别是与蒙脱石、伊利石等的关系密切。这些黏土矿物具有扁平的晶形和特强的亲水性，使其内摩擦角 φ 值很小，故易产生滑坡。

一些软质岩层的基岩滑坡，主要与软弱质岩层有关，如千枚岩、页岩、泥灰岩、云母片岩、滑石片岩等。由于其遇水容易软化，使抗剪强度降低，因此易产生滑坡。

2. 构造

滑坡和构造的关系主要体现在两个方面：一是软弱结构面，无论是土层还是岩层，滑动面常发生在顺坡的层面、大节理面、不整合面、断层面（带）等软弱构造面上，因其抗剪强度一般都较低，当斜坡受力情况突然改变时，都可能成为滑动面；二是上部为透水层、下部有不透水层（隔水层）的单斜构造地段，当地下水沿隔水层顶板活动时，在其两个层面间产生润滑作用，改变了两者之间的内摩阻力，就有可能失去平衡而发生滑坡。

3. 水

水对斜坡土石的作用是滑坡产生的重要条件。地表水可以改变斜坡的外形，当水渗入岩土层的孔隙、裂隙中，或形成含水层时，它能降低岩（土）的黏聚力 C 值，甚至发生软化、膨胀、崩解，削弱抗剪强度，使抗滑阻力 τ_f 减小，同时水充填于岩土孔隙，使之重度增大，从而加大了岩土的下滑力 T；另外，在含水层中，潜水面的变化产生动水压力和静水压力，改变了斜坡的稳定性，大大降低了摩阻系数，也加大了岩土体的下滑力。这些都能导致滑坡的发生。

大气降水是地下水的主要来源，阵发性的降水大量增加地下水量会引起滑坡的产生。据统计，90％以上的滑坡与降雨有关，故有"大雨大滑、小雨小滑、无雨不滑"之说。

4. 地震

强震(7级以上)是导致滑坡发生的诱发性因素,尤其在山区最为普遍。地震能直接破坏斜坡上岩石的结构,甚至可使某些地层因震动而发生液化,降低了抗剪强度;还可能因震波附加给岩土的巨大惯性力破坏了稳定性,促使滑坡产生。如 1970 年云南昭通地震,引起昆河线南段很多古滑坡复活;1973 年四川炉霍地震造成了 223 个滑坡,其中有 139 个是直接由这次地震引起的。

5. 人为因素

在工程活动中,由于人工不合理地开挖高陡边坡,破坏了自然斜坡的稳定状态;在斜坡上方或坡顶任意堆填土石方、盖房而加大坡顶荷载;斜坡上方植被遭到破坏,引起地表水下渗及排水不畅,使坡体内水量增大;不适当地大爆破施工,震松了山体结构;水库蓄水后坡脚被掏空,使斜坡土体失去支撑等,都是诱发滑坡产生的人为因素。

三、滑坡的类型

为了正确地反映出不同滑坡的特征及其发生发展规律,以便有效地采取预防和整治措施,需要对滑坡进行分类。按照不同的分类目的、原则,滑坡被划分为不同的类别。

1. 按滑坡形成的年代分类

(1)新滑坡:新近形成的滑坡;

(2)古滑坡:过去已存在的滑坡。

2. 按滑坡体的厚度分类

(1)浅层滑坡:滑体厚度小于 6 m 的滑坡;

(2)中层滑坡:滑体厚度为 6～20 m 的滑坡;

(3)深层滑坡:滑体厚度大于 20 m 的滑坡。

3. 按滑坡体的规模分类

(1)小型滑坡:滑坡体积小于 3 万 m³;

(2)中型滑坡:滑坡体积在 3 万～50 万 m³;

(3)大型滑坡:滑坡体积在 50 万～300 万 m³;

(4)巨型滑坡:滑坡体积大于 300 万 m³。

4. 按滑坡体的岩土性质分为土层滑坡和岩层滑坡

(1)土层滑坡:发生于基岩之上的土层中,因土质松软,连结力弱,甚至呈流塑状态,常易形成滑坡,有时成群出现。土层滑坡又可分为碎石土滑坡、黄土滑坡、黏土滑坡,如图 4-3 所示。

(2)岩层滑坡:发生于岩层中的滑坡,其中以软质岩居多。岩层滑坡又可分为均质层滑坡,即发生在较均一的软质岩层中的滑坡;切层滑坡,即滑动面与层面相切的一种滑坡;顺层滑坡,即沿层面滑动的一种滑坡,如图 4-4 所示。

5. 按滑坡的力学条件分类

(1)牵引式滑坡:主要是由于斜坡坡脚处任意挖方、切坡或被流水冲刷,下部失去原有岩土的支撑而丧失其平衡引起的滑坡。

（2）推移式滑坡：主要是由于斜坡上方给予不恰当的加载(修建建筑物、填方、堆放重物)使上部先滑动，挤压下部，因而使斜坡丧失其平衡引起的滑坡。

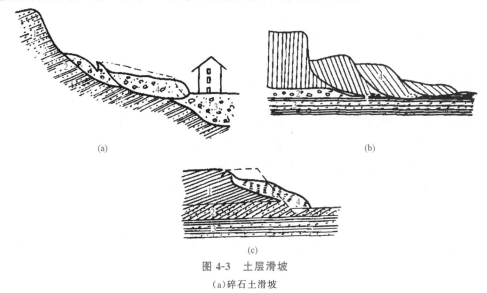

图 4-3　土层滑坡

(a)碎石土滑坡

1—砾石；2—砂岩与黏土页岩互层；3—松散碎石土；4—滑动的碎石土体

(b)黄土滑坡

1—黄土层；2—含水砂砾层；3—砂、页岩互层；4—滑落黄土和砾层

(c)黏土滑坡

1—具有裂隙的黏土；2—砂砾层；3—页岩；4—滑落黏土

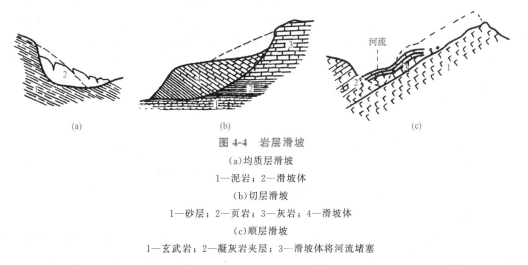

图 4-4　岩层滑坡

(a)均质层滑坡

1—泥岩；2—滑坡体

(b)切层滑坡

1—砂层；2—页岩；3—灰岩；4—滑坡体

(c)顺层滑坡

1—玄武岩；2—凝灰岩夹层；3—滑坡体将河流堵塞

四、滑坡的野外识别

在路线勘测工作中，预测斜坡滑动的可能性、识别滑坡的存在，并初步判断其稳定程度，是合理布设路线、拟订防治方案的基本前提。

1. 古滑坡外貌特征的识别

在发生滑坡的谷坡上，必然要留下地形、地貌、地层及地物等方面的标志：山坡变形，后壁陡崖因拉破呈圈椅状；滑体上地形等高线向谷坡下弯凸，滑坡舌向河心凸出呈河谷不协调现象；沿滑体两侧切割较深，常出现双沟同源；沟的源头在后壁下方的反坡高地或湿地、池沼；滑体中部常有一级或多级不规则的反坡台阶；滑体下部因受推挤力而呈现微波状鼓丘及滑坡裂缝；凸向谷岸的滑体前缘的坡脚地带常有泉水渗出或为湿地；滑体表面的植物因受不匀速滑移呈零散状分布，树木东倒西歪成醉林状，时间更老的滑坡体上还会出现"马刀树"；若滑动前滑体上曾建有建筑物，会出现开裂、倾斜、错位等现象。岩质滑坡的地层产状与原生露头有明显的变化，其整体连续性遭到破坏，出现层位缺失或有升降、散乱的现象，如图4-5所示。

2. 滑坡先兆现象的识别

在河谷地带的路线勘测中，除应识别古滑坡的存在外，还应注意分析研究有可能发生滑坡的地段。

斜坡上滑坡发生之前，常有一些先兆，如地下

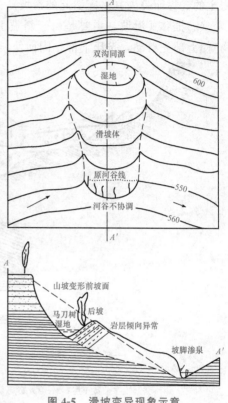

图4-5 滑坡变异现象示意

水水位发生显著变化，干涸的泉水重新出水并混浊，坡脚附近湿地增多、范围扩大；斜坡前缘土石零星掉落，坡脚附近土石被挤紧，并出现大量鼓胀裂缝；斜坡上部不断出现弧形裂缝；坡面上树木逐渐倾斜，建筑物开始开裂变形；斜坡上出现弧形拉裂缝隙。另外，还可以发现山坡农田变形、水田漏水成为旱地，山坡上堰沟变形或断裂等现象，这些均说明该处滑坡在缓慢滑动阶段。

五、滑坡的防治

滑坡的防治，要贯彻以防为主、整治为辅的原则。在选择防治措施前，要查清楚滑坡的地形、地质和水文地质条件，分析滑坡的性质及其所处的发展阶段，了解滑坡产生的主、次要因素，结合公路的重要程度、施工条件及其他情况综合考虑。

1. 防治原则

(1)由于大型滑坡的整治工程量很大，技术上也很复杂，因此，在测设时应尽可能采用绕避方案。若建成后路基不稳，是治是绕还得周密分析其经济和安全两个方面的得失。

(2)对中、小型滑坡的地段，一般情况下不必绕避，但应注意调整路线平面位置，以求得工程量小、施工方便、经济合理的路线方案。

(3)路线通过古滑坡时，应对滑体的结构、性质、规模、成因等作详细勘测后，再对路线的平、纵、横作出合理布设；对施工中开挖、切坡、弃方、填土等都要作通盘考虑，稍有

不慎即可能引起滑坡的复活。对变形严重、移动速度快、危害性大的滑坡或崩塌性滑坡，应尽早采取切实有效的措施，以防止滑体进一步恶化。

2. 整治滑坡的措施

整治滑坡的措施，通常采用排、挡、减、固等。

(1)排：是排除地表水和疏干地下水，增强抗滑力。在滑体上方和两侧设置截水沟，在滑体上布置树枝状排水沟，使地表水不能进入或渗入滑体内。对于滑体内部的地下水，通常用盲沟、盲洞来疏导、引流，如图4-6所示。目前有采用打"水平钻孔群"引流的新技术。

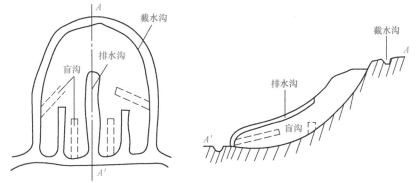

图 4-6　排除滑坡地表水和地下水示意

(2)挡：是修建支挡建筑物，改善滑坡体的力学平衡条件，提高滑体的抗滑阻力。这类工程措施主要是在滑体的下部修筑支挡建筑物，如抗滑挡土墙(图4-7)、抗滑片石垛、抗滑桩等。靠近河岸地段的滑坡，为了防止河水对滑体下方的冲刷或掏蚀，通常修筑防护(浪)堤，或称防滑堤或"丁坝"(图4-8)。

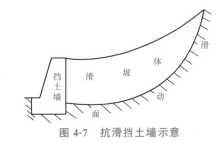

图 4-7　抗滑挡土墙示意

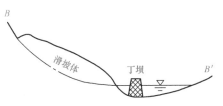

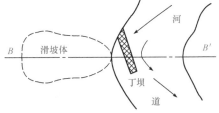

图 4-8　河岸防护堤示意

(3)减：是在滑坡体上方"滑动部分"刷方减重，减小下滑力。对于圆弧面滑床上的滑体，应根据其力学平衡的原理，如图4-9所示。在其"滑动部分"的上部刷方减重，可减小"滑动力矩"的数值，就可加大稳定系数。如果将刷方转到"随动部分"，则起到填方加压的作用，更能促使滑坡体趋于稳定。

(4)固：是使滑体固定或胶结在滑床上以增大抗滑

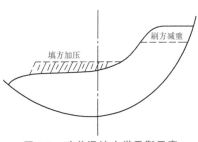

图 4-9　改善滑坡力学平衡示意

阻力。对于较大的滑坡体,目前国内外大量应用钢筋混凝土浇灌而成的锚固桩[图 4-10(a)];对于单斜构造的岩层滑坡可采用锚杆锚固[图 4-10(b)];还可采用焙烧(>800 ℃)滑面土体使之胶结,裂隙土和大孔隙土可用水泥浇灌或沥青胶结。

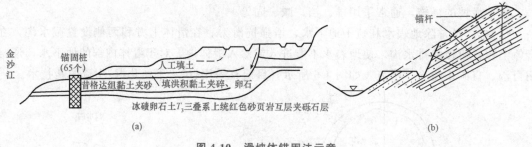

图 4-10　滑坡体锚固法示意
(a)某铁路 103 车站滑坡整治措施示意;(b)抗滑锚杆

任务三　认识泥石流

　　泥石流是山区特有的一种不良地质现象,是一种突然暴发的挟带大量泥砂、石块等固体物质,具有强大破坏力的一种特殊洪流。

　　泥石流是一种水、泥、石的混合物,其重度可达 1.8 t/m³,对公路的危害性很大,它能堵塞、淤埋、冲毁路基、桥涵。泥石流常有一定的流域性,其流域的特征勾划分为形成区、流通区和堆积区。现以四川理县日底寨沟的泥石流为例说明,如图 4-11 所示。

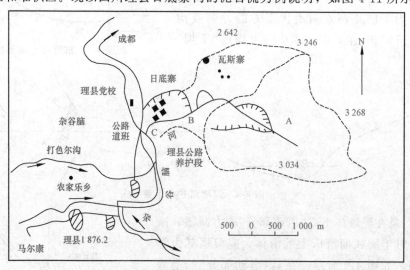

图 4-11　日底寨沟泥石流流域图

　　1985 年 4 月 25 日和 5 月 4 日,四川理县城区以东 2 km 发生了两次黏性泥石流,阻塞流量为 120 m³/s 的杂谷脑河,回水至打色尔沟口,长为 500 多米,淹成(都)阿(坝)公路长 300 多米,水深为 0.7~1.7 m,公路道班和理县公路养护段大院部分被淹。泥石流堵河形成一个临时水库，蓄水约11万立方米。堵坝溃决后，大量泥砂冲下，使堵坝下游25 m左右的成阿公路桥下河床垫高1～2 m，威胁到桥的安全。

一、泥石流的形成条件

泥石流的形成和发展与流域的地质、地形和水文气象条件有密切的关系。必须具备以下几个条件。

1. 地形条件

山高沟深，地形陡峻，河床纵坡大，流域上游汇水区多为三面环山的瓢状或漏斗状地形。图4-11中虚线所圈的范围，即日底寨泥石流的流域边界，其流域面积达4.83 km²，主沟全长为4.1 km。源头最高海拔3 490 m，沟口与杂谷脑河交汇处海拔1 815 m，流域内最大相对高差达1 675 m，主沟纵坡比降平均为398.8‰。山坡陡（一般大于30°，最大在43°以上），谷床纵坡比降大，有利于降雨径流和固体破碎物的汇流，即图中的"A"区为泥石流物质的形成区或供给区。中游地段，即图中的"B"区为流通区，地势狭窄、高岸深谷，使上游汇集到此的泥石流形成迅猛直泻之势。下游，即图中"C"区为堆积区，地势开阔平缓，使倾泻下来的泥石流到此堆积起来。

2. 地质条件

地质条件主要是指地质构造复杂，断层、裂隙、片理等构造发育，岩层硬软相间且十分破碎的地区。上述地形条件，为泥石流的形成提供了大量的固体物质。如日底寨地区，地层褶皱倒转，岩体十分破碎，风化很深；第四纪中晚期该沟发育过古冰川，坡地上覆盖着大片黄土，以及残留的古冰川终碛堤和富含黄土的古泥石流沉积物；坡地上残积、坡积物厚达3～5 m，加之近期沟谷中下游发生多处浅层滑坡，这些地质因素给泥石流形成提供了大量的物质。

3. 水文气象条件

水既是泥石流的组成部分，又是搬运泥石流物质的基本动力。泥石流的发生与短时间内的大量流水汇集密切相关，没有足够量的流水，泥石流是形成不了的。因此，泥石流的形成需要有强度较大的暴雨，或冰川、积雪的强烈消融，或高山湖泊、水库的突然溃决等。另外，由于季节长，持续高温干燥，也可加速岩体的风化破碎。仍以日底寨沟泥石流为例：理县多年平均降水量为580.9 mm，主要集中在4—10月，又以5、6、9三个月最为集中，占全年降雨量的47.7%，而在7、8月常多伏旱。年雨日可达162天。河谷年均温为11.5 ℃。6—8月最高温33.5 ℃，1月最低温为－11.0 ℃。加之从汶川到理县杂谷脑河两岸森林伐尽，呈现人为干热河谷景象。这种半干旱河谷，中雨即可促成泥石流的产生。同时，因冬春时节高山积雪消融，常常造成泥石流在雨季前就有一触即发之势。

4. 人为因素

良好的植被可以减弱剥蚀过程，延缓径流汇集，防止冲刷，保护坡面。在山区建设中如果滥伐山林，将导致泥石流逐渐形成，或促进那些已退缩的泥石流又有重新发展。日底寨沟流域中上游地区，1958年特别是1980年以来的森林过伐，是促成近期泥石流暴发的一个重要原因。

二、泥石流的类型

泥石流的分类,目前尚不统一,现根据泥石流的形成、发展和运动规律,结合防治措施的需要,介绍以下两种主要分类系统。

1. 按泥石流的物质组成分类

(1)泥流。泥流中所含固体物质主要以黏土、粉土为主,仅有少量岩屑碎石,黏度大,呈稠泥状,有时出现"泥球"。这种泥流主要分布在我国西北黄土高原地区。

(2)泥石流。典型的泥石流是由含有大量细粒物质,如粉砂、黏土等及巨大石块、漂砾组成。西藏波密、四川西昌、云南东川和甘肃武都等地区的泥石流,均属此类。

(3)水石流。水石流主要由大石块和水或稀泥浆组成。它是石灰岩、大理石、白云岩和玄武岩分布地区常见的泥石流,如华山、太行山、北京西山等地区的泥石流。

2. 按泥石流的性质分类

(1)黏滞性泥石流。黏滞性泥石流又称结构型泥石流,其固体物质含量达 $40\% \sim 60\%$,最高可达 80%,密度大于 $1.6\ \mathrm{t/m^3}$,最高可达 $2.3\ \mathrm{t/m^3}$,呈可塑性流动。日底寨泥石流即属此种类型。

这种泥石流以黏土等细粒物质为主,固体物质含量超过水所饱和的程度,由于其密度和黏滞性大,因而提高了它携带巨大石块的能力。黏滞性泥石流在缓坡、比较狭窄的地带并不发生散流,仍做直线状流动;流体的横剖面顶部微微凸起、两侧呈陡急的小斜坡。由于其前锋增凝,而且具有较大的动量,所以很容易破坏流路上所遇到的障碍物。当这种泥石流停止流动时,仍保持其黏滞结构,并不分散,堆积物一般具棱角状、无分选性,常堆积成波浪式垄丘,其间有小型积水洼地。

(2)稀释性泥石流。稀释性泥石流又称紊流型泥石流,其固体物质占 $10\% \sim 40\%$,黏土、粉土含量一般小于 5%,密度为 $1.3 \sim 1.7\ \mathrm{t/m^3}$,搬运介质为浑水或稀泥浆。砂粒、石块在搬运介质中滚动或跃移前进,浑水或泥浆流速大于固体物质运动的速度,运动过程中发生垂直交换,具紊流性质。停积后固液两相立即离析,堆积物呈扇形散流,有一定分选性,堆积地形较平坦。

三、泥石流的防治

防治泥石流的原则是以防为主,全面考虑,本着因地制宜和就地取材的原则。具体措施如下。

1. 预防

在上游汇水区,做好水土保持工作,如植树造林、种植草皮等;调整地表径流,修横向导流堤、筑排水沟,使水不沿坡度较大处流动,以降低流速;加固岸坡,以防岩上冲刷垮塌,尽量减少固体物质的来源。

2. 拦截

在中游流通区,设置一系列拦截构筑物,如拦截坝、拦栅、溢流坝等,以阻挡泥石流中挟带的物质。用改变沟床坡降(如修建不太高的挡墙,筑导流堰堤、丁坝等)降低泥石流速度的方法，防止沟床下切。

3. 排导

在泥石流下游设置排导措施，使泥石流顺利排除，如修排洪道、导流坝、急流槽等，用固定的沟槽，约束水流，改变沟床平面，或者引导泥石流避开建筑物使之安全地泄走。

任务四　认识岩溶

岩溶原称喀斯特（Karst——原南斯拉夫西北沿海一带石灰岩高原的地名），是可溶性岩层，如碳酸盐类岩层（石灰岩、白灰岩、白云质灰岩）或硫酸类岩层（石膏）、氯盐（岩盐）等，由于流水的长期化学作用和机械作用，以及由这些作用所产生的特殊地貌形态和水文地质现象等的总称。

岩溶现象在我国分布甚广，其中在桂、黔、滇、川东、川南、鄂西、湘西、粤北等地区连片分布的就达 55 万平方千米，尤以桂林山水、路南石林闻名于世。

在岩溶地区，由于地上地下的岩溶形态复杂多变，给公路测设定位带来相当大的困难。对于现有公路，还会因地下水的涌出、地面水的消水洞被阻塞而导致路基水毁；或因溶洞的坍顶，引起地面路基坍陷、下沉或开裂。但有时可利用某些形态，如利用"天生桥"跨越河道、沟谷、洼地；利用暗河、溶洞以扩建隧道。因此，在岩溶地区修建公路，应认真勘察岩溶发育的程度和岩溶形态的空间分布规律，以便充分利用某些可利用的岩溶形态，避让或防治岩溶病害对路线布局和路基稳定造成的不良影响。

一、岩溶形成的基本条件

1. 可溶性岩体的存在

可溶性岩体是岩溶形成的物质基础，因为岩溶主要是通过水对岩石溶解形成的。如果没有可溶性岩体，水就不可能对岩石进行溶蚀，岩溶区无从产生，因此，岩溶是可溶性岩层分布地区的独特现象。

2. 岩体的透水性

岩体必须具有透水性，水才能与岩体接触产生溶解和冲蚀作用，使岩溶得以发育。岩层透水性越好，岩溶发育也越强烈。而岩层的透水性又取决于裂隙和孔洞的多少与连通情况。所以，岩石中裂隙的发育情况往往控制着岩溶的发育程度和形态。其中，孔隙的透水与裂隙水比较，孔隙水仅占次要地位。

3. 有溶解能力的地下水活动

岩溶的形成必须有有溶解能力的地下水的作用和活动。纯净的水对岩石的溶解能力很微弱，而当水中含有 CO_2 时，其溶解能力便可增加，因此，水的溶解能力随水中 CO_2 含量的增加而加强。在水中 CO_2 的参与下，难溶的碳酸盐转变为易溶的重碳酸盐。其反应式如下：

$$CaCO_3 + H_2O + CO_2 = Ca^{2+} + 2HCO_3^-$$

式中，碳酸钙（石灰岩）与水中游离的 CO_2 作用生成易溶的重碳酸钙被水带走，石灰岩即被溶蚀了。水中侵蚀性 CO_2 含量越多，则溶解能力越强。

由于溶解作用消耗了 CO_2，若要水继续具备溶解能力，就需要补充 CO_2，这种补充是由水的流动即循环交替来完成的。由此，从空气、大气降水和土壤、植物及生物化学作用中获得 CO_2 的地下水不断地更替，水对可溶岩的溶蚀就能长期持续地进行，从而使岩溶得以不断发展。

二、岩溶地貌

可溶性岩层经过溶蚀作用可形成许多奇特的地貌形态，根据岩溶发育的空间位置，可将岩溶地貌分为地表形态和地下形态两大类，如图 4-12 所示。与公路工程有密切关系的形态主要有以下几项。

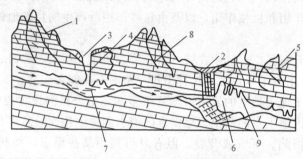

图 4-12 岩溶地貌形态组合剖面图示

1—石芽、石林溶槽；2—塌陷、洼地；3—漏斗；4—落水洞；
5—溶沟；6—溶洞；7—暗河；8—溶蚀裂隙；9—钟乳石

1. 地表岩溶地貌

(1)溶沟与石芽。地表水沿可溶性岩层的裂隙进行溶蚀、冲蚀，使岩层表面形成大小不同的浅槽状溶沟。这种沟槽一般只有数厘米至数十厘米深，槽底常有蚀余物充填(如黄色黏土之类的物质)。石芽就是溶沟间残留的凸起石脊，因其形状如芽、大小不一而得名。

(2)漏斗。漏斗可分为溶蚀漏斗和塌陷漏斗。溶蚀漏斗呈碟状或圆锥状，宽度大于深度，一般宽数十米，大的可达数百米；深度为数米至数十米，底部常有垂直裂隙或溶蚀管道与地下暗河相通。塌陷漏斗是地下洞穴的顶板塌陷的结果，其特点是漏斗内壁较陡，底部有较多的崩落石块堆积。

(3)落水洞与竖井。落水洞与竖井常由岩溶水长期溶蚀和塌陷作用而形成。形如漏斗的颈部，其宽度比深度小得多，宽度很少超过 10 m，深度多在十余米至数十米，最深者可达百米以上。落水洞是地表水通向地下水、溶洞的通道，常沿裂隙发育，可以是垂直的、倾斜的或弯曲的。洞壁直立的井状管道，称为竖井。若落水洞或竖井的消水通道被阻塞，就可能成为积水坑。

(4)石林与峰林。石林与峰林都是由产状平缓的厚层碳酸盐岩地区溶蚀作用沿纵向裂隙发育而成的。石林可视为大型"石芽"，如路南石林，高达 50 m，形态尖峭似剑。还有高大呈圆筒形或圆锥形的石峰，分散或成群出现，远望如林者称为峰林，如桂林的伏波山。

(5)溶蚀洼地及坡立谷。岩溶作用形成的小型封闭洼地，称为溶蚀洼地。它的周围常分布着陡峭的峰林，面积一般只有几平方千米到几十平方千米，底部都有残积-坡积物，且高低不平，常附生着漏斗。波立谷又称溶蚀盆地，大部分沿构造线发育，呈长条形或椭圆形展布，它是多个溶蚀洼地连片发展的结果，长可达几十到几百千米，面积可达几十到几百平方千米，又称溶蚀平原。底部平坦常有地下河出没，局部还有河流冲积层，是岩溶地区的主要农业区，谷底散布着溶蚀残丘和孤峰。

2. 地下岩溶地貌

(1)溶洞。溶洞是地下水沿可溶性岩体的各种构造面(层面、节理面、裂隙面)进行化学溶蚀和流水冲蚀的结果，大致是水平状的溶蚀洞穴，常形成于地下水水位季节变化地带，洞顶和洞底可能与落水洞相通。溶洞的形态除一小部分或局部的洞身顺直、断面规则外，其他大部分溶洞的通道都是曲折的，支洞很多，其断面形态极不规则，这是因受地质构造的制约及洞内坍塌作用造成的。

(2)暗河与天生桥。暗河是岩溶地区地下水汇集、排泄的主要通道，其中一部分暗河常与干谷伴随存在，通过干谷底部一系列的漏斗、落水洞，使两者相连通，可大致判明地下暗河的流向。近地表的溶洞或暗河顶板塌陷，有时残留一段未塌陷洞顶，形成横跨水流呈桥状形态，故称为天生桥，也称天然桥。

(3)土洞。在坡立谷和溶蚀平原内，可溶性岩层常被第四纪土层覆盖。由于地下水水位降低或水动力条件改变，在真空吸蚀、淋滤、潜蚀、搬运作用下，使上部土层下陷、流失或坍塌，形成大小不同、形状不同的土洞。

三、岩溶地区路基的整治措施

在岩溶地区的路桥工程一般采用堵、疏、跨、固等措施。

1. 堵塞

对一般干涸无水的地下岩溶，可用堵塞法。例如，对路基底部不太大的溶洞，用片岩填塞，洞口用浆砌块石或混凝土封闭；对挡土墙基部的空洞，用混凝土灌注；若洞内有松散充填物时，则应先清除后浇灌。

2. 疏导

对经常有水或季节性有水的岩溶空洞，一般宜疏不宜堵。路基底部若有周期性冒水的孔洞，应增设排洪槽或涵洞。

3. 跨越

路基底部遇有暗河，其顶板薄且破碎，则应炸开顶板，以桥涵跨越。

4. 清基加固

对桥涵基础下的岩溶化岩体，应将上部多溶孔、洞穴的岩体揭开，清除充填物，使桥涵直接修建在完整的基岩上；或在洞穴内填以片石，灌注混凝土，再加钢筋混凝土盖板，桥基建于盖板上。洞穴较深者可用黏土、混凝土灌浆压注。若路基基底溶洞顶板薄时，可采用爆破清除的方法处理。

隧道工程中的岩溶处理较为复杂，隧道内常有岩溶水的活动，若水量很小，可在衬砌背后压浆以阻塞渗透；对成股水流，宜设置管道引入隧道侧沟排除；若水量较大，可另开横洞

（泄水洞）；长隧道可利用平行导坑（在进水一侧）以截除涌水。

在建筑物使用期间，应经常观测岩溶发展的方向，以防岩溶作用继续发生。

拓展训练

某公路挖方路段，边坡坡度较陡，边坡岩性为砂岩与页岩互层，边坡形状阶梯形，分析该路段发生哪一种地质灾害的概率更大？

解答：边坡为软硬岩岩石互层，页岩抗风化能力较砂岩差，风化速度快，边坡上风化速度慢的岩层容易出现凌空或者陡坎，出现崩塌的机率大。

复习思考题

1. 简述崩塌的一般概念、发生的条件及防治原则。
2. 滑坡的形态包括哪些组成部分？
3. 滑坡的发生必须具备哪些条件？其中最重要的条件是什么？为什么？
4. 简述滑坡的防治原则和整治措施。
5. 什么是泥石流？泥石流的形成必须具备哪些条件？
6. 通常对泥石流怎样进行分类？各类泥石流各有什么重要特征？
7. 什么是岩溶？岩溶的形成必须具备哪些条件？
8. 岩溶地区有哪些地貌形态？它们之间有什么规律性？对公路测设有什么影响？
9. 在岩溶地区的路基中可能遇到一些什么问题？应采取哪些相应的措施？

项目五

土的组成与结构

学习内容

土的三相组成、土的成分、土中水及土的结构。

学习目标

知识目标：

(1)了解土的三相组成；

(2)掌握土的粒组划分、粒度成分分析和表示方法；

(3)了解土的矿物成分及土中水的分类；

(4)了解土的结构形式。

能力目标：

会用筛分法分析土的粒度成分。

素质目标：

(1)独立思考、相互协作、精益求精；

(2)热爱地质学科；

(3)具有职业素养；

(4)具有工匠精神。

任务一 认识土

一、土的概念

土是地壳表层母岩经强烈风化作用而成为大小不等、未经胶结的一切松散物质，它包括土壤、黏土(泥巴)、砂、岩屑、岩块和砾石等。

土总的特性是颗粒与颗粒之间的联结强度较土粒本身强度低，甚至没有联结性。根据土粒之间有无联结性，大致可将土分为砂类土(砾石、砂)和黏性土两大类。因土质松散对建筑物的承载能力较差，受荷载后易于变形，对建筑物的稳定性有很大的影响。

土从外观的颜色上看，较为复杂，但以黑、红、白为基本色调。颜色是土粒成分的直观反映，黑色是由所含有机物的腐化（腐殖质）染色而成的；白色常来自石英和高岭石的本色；红色主要是由高价氧化铁染色而成的。土的颜色随着土的成土环境不同，呈现多种多样的颜色。为了识别土的颜色递变规律和能较正确地进行描述，现将土的颜色递变规律用图示介绍（图5-1）。

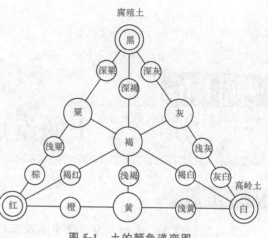

图 5-1　土的颜色递变图

土是地壳表层广泛分布着的物质，几乎无处不有。平原、海滨、河谷等处的土层厚度很大，在这些地区，人类的工程活动处处要遇到土的问题，因而，对土的研究在工程地质中占有十分重要的地位。陆地上所见的土，多为陆相沉积物，只在滨海地区才有陆海交互相或浅海相沉积物。陆相沉积物的相变剧烈，土层在水平方向上延伸不远即行尖灭，层位厚度有很大变化，其性质也发生变化；在垂直方向上则形成不同土层互相穿插，交替频繁，其性质极不均一。因此，在评价建筑地基时，所涉及的就不是均匀土层，而是厚薄不等、性质各异的许多土层组合的土体。

二、土的三相组成

土的三相是指土的固相、液相和气相。土的矿物颗粒是构成土的主体部分，为土的固态相，它是土的"骨架"，也叫作土粒。

作为土的骨架的土粒与土粒之间存在孔隙，如果孔隙全部被气体所充斥，就构成了土的气态相部分；如果孔隙全部被水所充满，就构成土的液态相部分。前者称为干土；后者称为饱和土。干土和饱和土分别是由固相和气相、固相和液相组成，故都称为二相体系。

土粒之间的孔隙中，如果既有液态相的水，又有气态相的空气，这种土称为湿土。湿土介于饱和土和干土之间，由固相、气相和液相组成，故称为三相体系。

当孔隙中的水有一部分结冰时，也可看作四相体系，属于特殊情况。

总的来说，一般土都是由固态相的土粒、液态相的水和气态相的空气所组成，故合称为土的三相组成部分。

土的相系组成与土的状态和性质有着密切关系。如砂土，由土粒和空气组成二相体系的干砂土是松散的；由土粒和水组成的二相体系的饱水砂土也是松散的；而三相体系的湿砂土则具有一定程度的联结性。黏性土随着相系组成的不同，其状态和性质的变化更为明显。

三、土的相系组成之间的相互作用

1. 固态相与液态相的相系组成

固态相与液态相的相系组成中，土粒的矿物成分、颗粒形状、大小及其组织结构，对土的工程性质有着决定性的影响。然而，当土粒之间有水存在时，则水对土粒间所起的作用就显得更为重要。一般来说，由于细小的土粒表面具有带游离价的原子或离子绕其周围，而形成静电引力场(图5-2)。因水分子为偶极体，以 O^{2-} 为阴极、H^+ 为阳极，在土粒表面静电引力场的作用下，产生"同号电荷相斥，异号电荷相吸"的效应，且随场强距离由近而远，其活动能力由小变大。越靠近土粒表面，水分子排列得越紧密而整齐，几乎完全失去了自由活动的能力。距土粒表面渐远，其强度渐小，水分子也逐渐不那么整齐、紧密了，但仍不能完全自由。只有在场强之外，水分子才具自由活动能力，称为自由液态水。这些部分或完全地失去自由活动能力的水分子，在土粒四周所形成的一层水膜，称为水化膜。水化膜受静电引力的影响，其密度比一般自由液态水大，越靠近土粒表面密度越大，其力学性质也与自由液态水不同，有的似固态相，故将水化膜列为固态相与液态相的过渡型。两个相邻的土粒比较靠近时，各自形成的水化膜就有一部分重合起来，形成公共水化膜(图5-3)。公共水化膜对细粒土的性质有很大的影响，因为它能把相邻的土粒牢固地联结在一起，尤其是当水中含有盐类时，它们的离子也参与到公共水化膜中去，其联结能力就会更强。相邻土粒通过公共水化膜所形成的这种比较牢固的联结关系，称为水胶联结。这同沉积岩的碎屑颗粒之间通过胶结物联结起来成为坚硬岩石，在性质上是类似的，只是联结物及其牢固程度有所不同罢了。水胶联结力的强度与土粒的大小有着很密切的内在联系。水胶联结力与土粒表面积成正比，而与土粒体积成反比。通常把土粒的表面积与土粒体积的比率，称为比表面积，也简称比面积(或单位质量颗粒状物质的总表面积)，即联结力与比面积成正比。比面积越大，联结力也越大；而比面积和土粒直径成反比，即

$$比面积(A_R) = \frac{土粒的表面积}{土粒的体积} = \frac{\pi d^2}{\frac{1}{6}\pi d^3} = \frac{6}{d} \tag{5-1}$$

式中，d 为土粒直径，可知直径越小，其比面积越大，联结力越强。含细小颗粒较多的黏性土，因水胶联结力强，故能成块。当黏性土中含水率减少时，孔隙中自由液态水逐渐减少，土粒逐渐靠近，水胶联结力逐渐增强，土的体积不断收缩、干硬，表面常因收缩而出现裂缝。许多黏土沉积物表面的龟裂纹，就是这样形成的。反之，当黏土中的水分不断增加时，它的联结力便会变小、变软，体积膨胀；当其自由液态水超过饱和时，则公共水化膜减少，土粒间甚至会完全失去联结力使之软化、崩解。

"黏性土"这个名词的来源，就是因为它含有较多的细小土粒，使之具有较大的水胶联结力而表现为有较强的黏着性而得名。

至于砂土，由于土粒的直径大，质量相对较大，比面积较小，微弱的水胶联结力不足以黏持土粒的重力，土粒间有相互脱离的趋势，故二相系的干砂土和饱和砂土都呈松散状态，无黏着力。

2. 固态相、液态相与气态相

在三相体系中，土的孔隙里既有水又有空气，三者交界处存在着一个弯曲的界面。在液—气之间，水分子受液体内部水分子的吸引使液体趋向收缩而产生表面张力。在固—液—气三相界面处的水分子，由于靠近土粒而受密度较大的水化膜的牵引，并在表面张力作用下，其接触处便形成弯曲的自由液面，称为弯液面。由弯液面产生的力，称为"毛细力"。可见，在三相体系中由于气态相的存在使粒间的联结力有所增加，这对于三相体系的湿砂而言，虽水胶联结力不足以克服砂的重力，但由于公共水化膜的力量再加上毛细力，故也能将

砂粒联结起来。人们把砂粒间的这种松散的联结关系，称为"水联结"。湿砂土之所以用锹能挖成团的道理即如此。

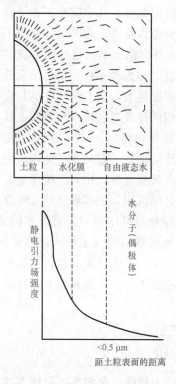

图 5-2　土粒与水相互作用示意

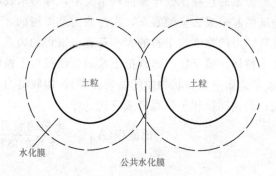

图 5-3　公共水化膜

　　至于比砂粒更大的土粒，如砾石，即使是三相体系，由于体积大，比面积相对太小，毛细力也不能起什么作用了。这种有水参与的联结力已不足以克服土粒自身的重力，人们把这一现象称为"不联结"或"无联结"。

　　由上述可知，土的相系之间的相互作用，随着土粒的大小不同而具有不同的联结关系。黏性土为水胶联结，砂土为水联结，砾石等粗大颗粒的土为无联结。除土粒的大小外，影响水化膜厚度的因素还有土的矿物成分和化学成分等。

任务二　分析土的组成

　　土的成分包括粒度成分、矿物成分和化学成分三个方面。

一、粒度成分

　　土的粒度成分是决定土的工程性质的重要内在因素之一，因而也是土的类别划分的依据。

微课：土的粒度成分

1. 粒组及其划分方案

为了便于研究土粒的大小，通常按土粒的直径（简称"粒径"，以 mm 为单位）来划分为几个粒径区段；每一粒径区段中包括大小比较相似且工程地质性质基本相同的颗粒，称为"粒组"。每个粒组的区间内，常以其粒径的上、下限给粒组命名，如砾粒、砂粒、粉粒、黏粒等。各组内还可细分为若干亚组。我国常用粒组划分方案如图 5-4 所示。

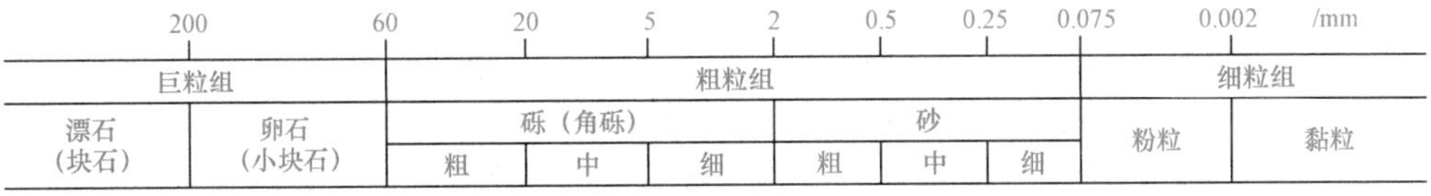

200		60	20	5	2	0.5	0.25	0.075	0.002	/mm

巨粒组		粗粒组							细粒组	
漂石（块石）	卵石（小块石）	砾（角砾）			砂			粉粒	黏粒	
		粗	中	细	粗	中	细			

图 5-4　粒组划分图

粒组划分的方案，从工程地质角度来看，应考虑的原则有以下三个：

(1)应符合粒径量变到质变的规律。例如，以 2 mm 粒径为土粒有无毛细力的界限，大于 2 mm 的土粒上没有毛细力，粒间也无联结力。以 0.074 mm 粒径为土粒有无水联结和有无黏着力的界限，0.074～2 mm 粒径为砂粒组成的土，具有毛细力，粒间具有水联结，但不具黏力。以 0.002 mm 粒径为土粒有无黏着力的界限，0.002～0.074 mm 粒径为粉粒组成的土，有黏着力，失水时联结力递减而导致尘土飞扬；小于 0.002 mm 粒径为黏粒组成的土，具有强黏着力，失水时联结力递增、变硬。

(2)应与现代粒度分析的观测技术水平相适应。例如，对大于 2 mm 的粒组可用肉眼观察或粗筛分析；0.074～2 mm 的砂粒组可用放大镜观察或细筛分析；小于 0.074 mm 的粉粒、黏粒组则可用显微镜或用 X 射线、电子显微镜观察，还可根据土粒在静水中的沉积速度来进行分析。

(3)应力求使粒组的界限值服从简单的数学规律，以便于记忆和应用。表 5-1 中从粗大的漂（块）石至细小的黏粒，其各粒组间的界限值是 200～20～2～0.5～0.075～0.002，即 200×1，20×1，2×1，1/2，1/14，1/500。

关于划分粒组的名称，已被我国目前工程地质学界广泛采用。至于对粒组划分的粒径界限值，至今尚无完全统一的标准，各个国家，甚至一个国家各个部门也有不同的规定，但总的来看，仍可认为是大同小异。现将我国交通运输部所编制的土工试验规程或手册中，关于主要粒径划分的界限值与欧美、日本等国家的分类法——对照供参考，见表 5-1。

表 5-1　主要粒组划分对照表

土分类法	粒组名称	卵石	砾石	砂粒	粉粒	黏粒
中国	公路土工试验规程(JTG 3430—2020)	60	2	0.075	0.002	
	铁道部工程地质手册(2004)	20	2	0.05	0.005	
	水电部土工试验规程(1999)	60	2	0.05	0.005	
美国	ASTM(1975)		2	0.074	0.005	
日本	统一土质分类法	7 5	2	0.074	0.005	
英国	分类法(B-177-610)		652	0.06	0.002	

2. 粒度成分及粒度分析

粒度成分就是干土中各粒组的质量占总质量的百分比。或者说土是由不同粒组以不同数量的配合，故又称为颗粒级配。如某砂黏土，经分析，其中含黏粒 25%、粉粒 35%、砂粒 40%。粒度成分可用来描述土中各种不同粒径土粒含量的配合情况。

为了准确地测定土的粒度成分所采用的各种手段，统称为粒度分析或颗粒分析。目前所采用的方法可归纳为两大类：一是利用各种方法把各个粒组按粒径分离开来，直接测出各粒组的百分比含量，称为直接测定法，如筛分法、沙巴宁法（双洗法）、移液管法、虹吸比重瓶法、离心机法等；二是根据各粒组的某些不同特性（如塑性、密度、透光度等），间接地判定土中各粒组的含量，称为间接测定方法，如肉眼鉴定法、比重计法、光电效应法及塑性指标法、塑性图法等。

目前，我国常用的粒度分析方法有：对于粗粒土，粒径大于 0.1 mm 的用筛分法直接测定；对于粒径小于 0.1 mm 的细粒土（黏性土），主要用沉降分析法；若土中粗细粒兼有，则可联合使用上述两类方法。

（1）筛分法。用一套不同孔径的标准筛，将所取的风干土样，称重后放入筛中振筛，然后分层测定各筛中土粒的质量，即不同粒径粒组的土质量，并计算出每一粒组占土样总质量的百分数。

（2）沉降分析法。将黏性土样经研磨、浸泡和煮沸，使土粒充分分散，置于水中混合成液，使之沉降，按土粒在液体中的沉降速度与粒径大小的关系来进行分析。根据斯笃克斯定律，土粒下沉速度与土粒粒径的平方成正比；或粒径与沉降速度的平方根成正比。如下式：

$$v = \frac{\rho_s - \rho_w}{18\eta} d^2 \tag{5-2}$$

或

$$d = \sqrt{\frac{18\eta}{\rho_s - \rho_w}} \cdot \sqrt{v} \tag{5-3}$$

式中　v——球形颗粒在流体中的稳定沉降速度（m/s）；

d——球形颗粒的直径（mm）；

ρ_s——土粒密度（g/cm³）；

ρ_w——水的密度（g/cm³）；

η——液体的黏滞度（Pa·s）。

令 $k = \sqrt{\dfrac{18\eta}{\rho_s - \rho_w}}$ 为沉降常数，则式（5-3）可简写为

$$d = k\sqrt{v} \tag{5-4}$$

如近似地取：$\rho_w = 1.0 \times 10^3$ kg/m³；$\rho_s = 2.6 \times 10^3$ kg/m³；$\eta = 0.001\,14$ Pa·s（15 ℃时水溶液的黏滞度）。则式（5-4）为

$$d = 0.001\,27\sqrt{v}\,(\text{m})$$

以 mm 计为

$$d = 1.27\sqrt{v}\,(\text{mm}) \tag{5-5}$$

若令 $v=\dfrac{L}{t}$，即某时间内土粒下沉的距离，则式(5-5)应写为

$$d=1.27\sqrt{\dfrac{L}{t}}$$

应当指出，土粒并不是刚性的球形颗粒，因此，用斯笃克斯公式求得的颗粒并不是实际土粒的尺寸，而是与土粒有相同沉降速度的理想直径，被称为水力直径。

在进行粒度分析时，取一定质量的干土 m_s(g)配制成一定体积的悬液，搅拌均匀后，在刚停止搅拌的瞬时，各种粒径的土粒在悬液中呈均匀状分布，不同深处的浓度(单位体积悬液内含有的土粒重力)都是相等的。静置一段时间 t_i(s)后，悬液中粒径为 d_i 的颗粒以相应的沉降速度 v_i 下沉。较粗的颗粒在悬液中沉降较快，较细的颗粒则沉降较慢。

在 t_i 时间内，直径相当于 d_i 的沉降速度 $v_i=L_i/t_i$，于是，$d_i=1.27\sqrt{\dfrac{L_i}{t_i}}$ (mm)。所有大于 d_i 的土粒，其沉降速度必然大于 v_i，这表明在 L_i 深度范围内，肯定已没有大于 d_i 的土粒。如在 L_i 深度外有一个小区段，则 $m-n$ 段内的悬液中只有不大于 d_i 的土粒，而且不大于 d_i 土粒的浓度与开始均匀状悬液中不大于 d_i 土粒的浓度相等。如果悬液体积为 1 000 cm^3，其中所含不大于 d_i 的土粒的质量为 m_{si}(g)，则在一段内悬液的密度为

$$\rho_i=\dfrac{1}{1\,000}\left[m_{si}+\left(1\,000-\dfrac{m_{si}}{\rho_{so}}\right)\rho_{wo}\right] \tag{5-6}$$

式中　ρ_i——悬液密度(g/cm^3)；

　　　m_{si}——悬液中不大于 d_i 土粒的质量(g)；

　　　ρ_{so}——土粒密度(g/cm^3)；

　　　ρ_{wo}——水的密度(g/cm^3)。

悬液中不大于 d_i 土粒的质量 m_{si} 占土粒总质量的百分比 P_i 为

$$P_i=\dfrac{m_{si}}{m_s}\times100\% \tag{5-7}$$

式(5-6)中的悬液密度 ρ_i 可用比重计测读，也可用吸管吸取 $m-n$ 段内的悬液试样测定。

3. 粒度成分的表示方法

粒度成分经分析后，常用的表示方法有表格法、累积曲线法。

(1)表格法。将上述粒度分析的成果，按粒径由大到小划分的各粒组及其所测定的质量百分数，用表格的形式直接表达其颗粒级配情况(表 5-2)。同一表格中可以表示出多种土样粒度成分分析的成果，将它用于粒度成分的分类是十分方便的。此方法简单、直观。

表 5-2　土的粒度成分表格法

粒组/mm		粒组成分(以质量记)/%		
		土样 A	土样 B	土样 C
砾粒	5～10	—	25	—
	2～5	3.1	20	—
	1～2	6	12.3	—

粒组/mm		粒组成分(以质量记)/%		
		土样 A	土样 B	土样 C
砂粒	0.5～1	14.4	8	—
	0.25～0.5	41.5	6.2	—
	0.10～0.25	26	4.9	8
	0.05～0.10	9	4.6	14.4
粉粒	0.01～0.05	—	8.1	37.6
	0.005～0.01	—	4.2	11.1
黏粒	0.002～0.005	—	5.2	18.9
	<0.002	—	1.5	10

（2）累积曲线法。通常用半对数坐标纸绘制。横坐标（按对数比例尺）表示粒径 d_i；纵坐标表示小于某一粒径的累积百分数 p_i。采用半对数坐标，可以把细粒的含量更好地表达清楚，如采用直角坐标系的纸，就无法体现。

在半对数坐标纸上点出各粒组累积百分数的对应坐标，然后将各点连成一条平滑曲线，即得该土样的累积曲线，如图 5-5 所示，表示表 5-2 提供的 A、B、C 三个土样的粒度成分的累积分布曲线。

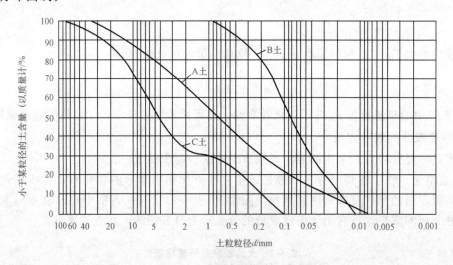

图 5-5　粒度成分累积曲线

1）累积曲线的用途有以下三个方面：

①从累积曲线的形态及其分布的粒组区间，可判断土的粒度成分的级配特征。

②利用累积曲线可以求得有关土粒的级配指标：不均匀系数 C_u 和曲率系数 C_c。

③通过累积曲线可以查知各粒组的相对含量，给土进行定名。

2)土粒的级配指标：

不均匀系数：

$$C_u = \frac{d_{60}}{d_{10}} \tag{5-8}$$

曲率系数：

$$C_c = \frac{(d_{30})^2}{d_{10} \cdot d_{60}} \tag{5-9}$$

式中，d_{10}、d_{30}、d_{60} 分别为粒径曲线纵坐标上累积百分含量 10％、30％、60％所对应在横坐标上的粒径值。d_{10} 称为有效粒径，d_{60} 称为限制粒径。

C_u 值越大，曲线越平缓，表明土粒大小分布范围大，土的级配良好；C_u 值越小，曲线愈陡，表明土粒大小相近似，土的级配不良。一般认为，$C_u < 5$ 时，属于均粒土，其级配不良；$C_u \geqslant 5$ 的土为不均粒土，级配良好。实际上仅单靠 C_u 值来判定土的级配情况是不够的，还必须分析 C_c 值。C_c 值越高，表明土的均匀程度高；反之，均匀程度低。一般认为 $C_c = 1 \sim 3$，土的级配较好；$C_c < 1$ 或>3，累积曲线呈明显弯曲；而是阶梯状时，说明粒度成分不连续，即主要由大颗粒和小颗粒组成，缺少中间颗粒，表明土的级配不好，其工程地质性质也较差。

在工程上，常利用累积曲线法及其中的两个指标值来判定土的级配优劣情况。根据工程经验，只有同时满足 $C_u \geqslant 5$ 和 $C_c = 1 \sim 3$ 这两个条件时，土为级配良好的土；如不能同时满足这两个条件的土，则为级配不良的土。

在图 5-5 中，曲线 A 土样，$d_{10} = 0.11$ mm；$d_{30} = 0.23$ mm；$d_{60} = 0.39$ mm。代入式(5-8)：$C_u = 3.55$；代入式(5-9)：$C_c = 1.23$。由此判定土样 A 为级配不良的土。

以上是从"粒度成分"方面探讨了固体土粒的大小变化对土质的意义，下面再从土粒的矿物组成方面作进一步分析。

二、矿物成分

1. 土的矿物类型

土是矿物、岩石风化的产物。它与岩石一样，也是由矿物组成的，随着矿物的特性不同，土的物理力学性质也不同。风化是土形成的主要因素。按风化的性质可将组成土的矿物成分分为如下几个组成部分(图 5-6)：

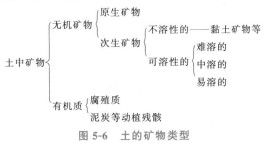

图 5-6 土的矿物类型

(1)原生矿物。原生矿物是直接由母岩经物理风化而来，其化学性质未发生改变的矿物，如石英、长石、云母等。这类矿物的化学性质稳定，具较强的抗水性和抗风化能力，亲水性弱。它们是在物理风化的机械破坏作用下所形成的土粒，一般较粗大，是砂类土和粗碎屑土（砾石类土）的主要组成矿物。

（2）次生矿物。次生矿物主要是受化学风化而产生的新矿物。母岩在化学风化作用下，一部分可溶性物质被水溶走，在其他处沉淀为土中的"可溶性次生矿物"；另一部分不溶性物质残留下来，成为土中的"不溶性次生矿物"。

（3）有机质。由于动植物有机体的繁殖、死亡和分解，常使土中含有有机质。因分解程度不同，常以腐殖质、泥炭及生物遗骸等状态存在。腐殖质是土壤中常见的有机质，其黏性和亲水性更胜于黏粒。泥炭土疏松多孔，压缩性高，抗剪强度低。生物遗骸的分解程度更差，随着分解度增高，使土的工程性质也随之发生变化。

2. 土的矿物成分与粒度成分的关系

土是地质作用的产物，在其形成的长期过程中，一定的环境生成一定类型的土。因而，各类土在具有一定的粒度成分的同时，也必然具有一定的矿物成分。而且两者之间存在着极其密切的内在联系，特别明显地表现在粒组与矿物成分的关系方面。

（1）粒径大于 2 mm 的砾粒组，包括砾石、卵石等岩石碎屑，它们仍保持原有矿物的集合体，常是多矿物的，有时是单矿物的。

（2）粒径为 0.074～2 mm 的砂粒组，其颗粒与岩石中原生矿物的颗粒大小差不多。砂粒多是单矿物，以石英最为常见，有时为长石、云母及其他深色矿物。在某些情况下，还可能有白云石组成的砂粒。

（3）粒径为 0.002～0.074 mm 的粉粒组，由一些细小的原生矿物，如粉粒状的石英和难溶的方解石、白云石构成。

（4）粒径小于 0.002 mm 的黏粒组，主要是由一些不可溶性的次生矿物，如黏土矿物类、倍半氧化物、难溶盐矿、次生二氧化硅及有机质等构成。

综上可见，一定大小的粒组，反映着一定的矿物成分。粗大的粒度成分多由原生矿物组成，细小的粒度成分（黏粒）多为次生矿物和有机质，因此，土的粒度成分间接反映了矿物成分的特性，也是决定土的工程地质性质的重要指标。

3. 矿物成分对土的工程性质的影响

土的粒度成分与矿物成分是土最重要的物质基础，它们对土的工程地质性质有着很大影响。随着组成土的矿物成分不同，其工程性质也有所差异。

（1）原生矿物：石英、长石、云母。

1）塑性：黑云母最大，石英无。

2）毛细上升高度：颗粒粒径大于 0.1 mm 时，云母＞浑圆石英＞长石＞尖棱石英；颗粒粒径小于 0.1 mm 时，云母＞尖棱石英＞长石＞浑圆石英。

3）孔隙度的变化：云母＞长石＞尖棱石英＞浑圆石英。

4）渗透系数：石英＞长石＞尖棱石英。

5）内摩擦角：尖棱石英＞浑圆石英＞云母。颗粒粒径小于 0.1 mm 时，各种矿物的内摩擦角十分近似。

（2）次生矿物：不溶性黏土矿物。

1）亲水性：蒙脱石＞水云母＞高岭石。

2）渗透性：水云母＞高岭石＞蒙脱石。

3）压缩性：蒙脱石＞高岭石。

4）内摩擦角：蒙脱石的内摩擦角小，在石英中加入百分之几的蒙脱石，则石英的内摩擦角可降低到原来的 1/3 或更小。

（3）次生可溶盐：从存在的状态看，固态的难溶盐（碳酸盐类）起胶结作用，把土粒胶结起来，孔隙度减小，强度增加。但是，要注意其分布是否均匀，有时是结核状的、斑白状的，其影响不同。液态的难溶盐包围着土的颗粒，在其周围起介质作用。

黏性土的工程性质随着碳酸盐含量的增加而起着重大变化，颗粒增大，压缩性减小，抗剪强度增加。

三、化学成分

关于土的化学成分，一般只研究土粒和土中水溶液的化学成分。对于气相的化学成分，只在特殊情况下，如开凿隧道等地下工程时，才分析有无有害气体的逸出。

土的固相化学成分，主要是描述组成土的原生矿物、次生不溶性矿物和难溶盐等的化学性质，它们是决定土的工程性质变化的依据。一般认为，组成粗粒土的原生矿物其化学性质较为稳定。组成细粒土的次生不溶性黏土矿物，多为黏粒、胶体颗粒，因粒径小，比表面积大，表面能大。它与液态相组成了分散相，具有一系列胶体化学特性，决定着土的工程性质。

难溶盐 $CaCO_3$ 也是固相化学成分的组成部分。它能使土粒牢固地胶结在一起，即使在饱水时也不失其胶结力。当一部分 $CaCO_3$ 溶于孔隙溶液中，呈游离的 Ca^{2+} 和 CO_3^{2-} 时，则黏粒的胶体化学性质发生变化，从而影响着土的工程性质。

易溶盐常以固态和液态二相存在，它们的变化对土的工程力学性质有极大的影响，故在研究土的化学成分时，常以易溶盐为其研究的主要对象。当土处于干燥状态时，易溶盐则晶化为团相，对土粒起胶结作用；当土中含有较多水分时，易溶盐则潮解于水溶液中被淋溶或流失，从而削弱了土的联结力。

土中液相化学成分，除水分多少与土粒相互作用所产生的不同状态外，主要还是水中易溶盐的化学成分、浓度、pH 值等对黏粒的胶体化学性质的影响。

总之，只要人们对自然界土的化学成分及其变化规律有了认识和重视，在工程实践中，做了充分地调查、分析，并针对不同土质采取了不同的相应措施，就能于工程建筑物竣工之前防止和消除隐患。

任务三　认识土中的水

一、土中水的工程地质分类

土中的水以不同形式和不同状态存在着，其性质也不是单一的。它们对土的工程性质的形成，起着不同的作用和影响。土中的水按其工程地质的性质可分为两大类，即矿物（土粒）内部结合水和孔隙水。

矿物内部结合水也称为矿物成分水或化学结合水，以不同形式存在于矿物内部不同位置，构成了矿物分子的一部分，又可分为结构水、结晶水和沸石水三种，如图 5-7 所示。

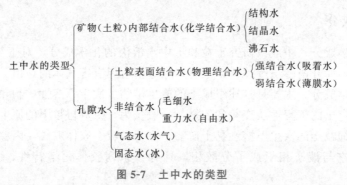

图 5-7　土中水的类型

孔隙水是指土粒之间的孔隙中存在的液态水、气态水和固态水。而土中液态水按它们与土粒的相互作用，又可分为土粒表面结合水（也称物理结合水）和非结合水。

在上述各种类型的水中，对工程地质性质较为重要的是土粒（矿物）表面结合水、毛细水和重力水。

二、土粒表面结合水的特性

1. 强结合水

强结合水（又称吸着水）紧附于土粒表面，受到约 1 000 MPa（1 万个大气压）的静电引力，使水分子紧密而整齐地排列在土粒表面不能自由移动。吸着水的性质接近于固体：密度为 $1.2 \sim 2.4\ \text{g/cm}^3$，平均为 $2.0\ \text{g/cm}^3$，具有极大黏滞性、弹性和抗剪强度，其剪切弹性模量达 20 MPa。它不受重力影响，没有溶解能力，不传递静水压力，不导电，$-78\ ℃$ 低温才冻结成冰。

2. 弱结合水

弱结合水（又称薄膜水）仍明显地受到土粒吸引力作用的制约，存在于吸着水外围呈薄膜状，水分子排列也较紧密，密度为 $1.3 \sim 1.7\ \text{g/cm}^3$，仍大于普通液态水，也具有较高的黏滞性和抗剪强度。薄膜水的厚度变化较大，水分子有从厚膜处向较薄处缓慢移动的能力，在其最外围有成为普通液态水的趋势。薄膜水不传递静水压力，其冰点在 $-30 \sim -20\ ℃$。

三、非结合水

非结合水是土粒水化膜以外的液态水,虽土粒的吸引力对它有所影响,但主要是受重力作用的控制。按其受结合水影响的程度可将非结合水分为毛细水和重力水。

1. 毛细水

在土粒细小孔隙中,存在于固—液—气三相界面处的水,因受"毛细力"的影响而产生毛细水。因毛细作用而高出地下水自由水面之上,是介于结合水与重力水之间的一种过渡型水。但是,毛细水要能克服重力产生毛细现象,只是相对的、有条件的,因为毛细现象与孔隙大小有关,见表5-3。

表5-3仅按孔隙孔径大小,未考虑矿物成分及水溶液的化学成分等因素的影响。根据测定,亚毛细孔隙存在于黏性土中,因孔径过小,全被结合水充填,所以没有毛细水,但却有毛细现象;超毛细孔储存于砾石类土中,有毛细水而无毛细现象。只有在毛细孔隙的砂土及粉土中,才既有毛细水又有毛细现象。

表 5-3 毛细水与毛细现象相对性对照

孔隙名称	孔隙/mm	毛细水	毛细现象
亚毛细孔隙	<0.002	无	有
毛细孔隙	0.002~0.5	有	有
超毛细孔隙	>0.5	有	无

毛细水的水分子排列的紧密程度介于结合水和普通液态水之间,其冰点也在普通水之下。毛细水还具有极微弱的抗剪强度,在剪应力较小的情况下会立刻发生流动。

2. 重力水

重力水(又称自由水)是存在于较粗颗粒的孔隙中,具有自由活动能力,在重力作用下产生流动的水。重力水是只受重力控制、水分子不受土粒表面吸引力影响的普通液态水。在重力水中能传递静水压力,并具有溶解土中可溶盐的能力。在具有超毛细孔隙的粗碎屑土中总是存在重力水的;在亚毛细孔隙的黏性土中重力水没有存在的空间。前者可以成为透水层或蓄水层;后者则可成为隔水层或防水层。

四、气态水和固态水

气态水是以水气状态存在于孔隙中的水。它能从气压高的空间向气压低的空间运移,并可在土粒表面凝聚转化为其他各种类型的水。气态水的迁移和聚集使土中水与气体的分布状态发生变化,可使土的性质改变。

固态水即冰,是土中的水当温度降低至0 ℃以下时冻结而成。固态水在土中起着冻融作用,对土层产生破坏力,大大降低土层的强度和稳定性。土质学中,通常将含有固态水的土列为四相体系的特殊土——冻土。

任务四　了解土的结构

一、概述

土的结构是指土粒的大小、形状、表面特征、相互排列及其联结关系等方面的综合反映。

土粒的大小可由粒度成分反映出来，正如在讲述"粒度成分"时所提到的不同粒径的土有着不同的工程地质性质。土粒的相对大小表现为粗细颗粒混杂程度，土粒的形状如浑圆状、尖棱状、粒状、片状或长柱状等和土粒表面是粗糙的还是光滑的等，都决定着土的结构性质、类型。

土的排列方式表现为土粒之间孔隙的疏密、大小、数量等的状况，它影响着土的透水性、压缩性等物理力学性质。

土粒间的联结关系，在前面分析"土的三相组成"时已经提到，这里只从不同的联结关系来概述对联结关系不同土的结构的影响。

1. 水胶联结

水胶联结（又称结合水联结）是黏性土所特有的联结形式，使土具有黏着性。但这种联结力常要随土的干、湿状态而发生变化。它是黏性土力学强度的主导因素。

2. 水联结

水联结（也称毛细水联结）是砂土和粉土常具有的一种联结形式；是毛细力所形成的微弱的暂时性联结力。一般认为，砂土中含水率为 4%～8% 时毛细水联结为最强。但随着砂土的失水或饱和，这种联结力即行消失为水联结。

3. 无联结

砾石多为粗碎屑土，因颗粒的质量大，水胶联结力和水联结大都无法使粒间形成联结关系，表现为松散无联结状态。

4. 胶结联结

胶结联结是含可溶盐较多或土层中常见的一种联结形式，如盐渍土和黄土即属此种联结。这种联结的干土其强度较大，但遇水后土中的盐类易被淋溶或流失，土的联结即行削弱，土的强度也随之降低。

5. 冰冻联结

冰冻联结是冻土所特有的一种联结形式。土的强度随着冻结和融化发生很大的变化，土层极不稳定，也使土的工程性质复杂化。工程上，常利用"冻结法"来处理软土、流砂等某些特殊地质问题。

上述五种联结形式，无一不与水有关。尤其是细粒土，随着含水率的变化，使土的结构与水化膜之间发生变化，土由联结力决定的强度也发生变化。可见水对土的结构及其工程地质性质有着重大的影响。

明确了上述概念后，再来分析粗粒土和细粒土的结构类型及其特征。

二、粗粒土结构

粗粒土的颗粒较大，比面积较小，颗粒间没有联结或只有极微弱的水联结，相互间以单一的颗粒堆砌在一起形成"散粒结构"，或称"单粒结构"。由于在地质成因上堆积速度的不同，所以颗粒间在相互排列方式和紧密程度上有所不同，而形成了不同的结构。因此，可将粗粒土的散粒结构分为松散结构和紧密结构两种。

1. 松散结构

松散结构是在河水泛滥或山崩时，颗粒迅速堆积而成的一种散粒结构，颗粒大小较均匀。多是棱角状，排列松散。土粒间的孔隙大，其体积可占整个主体的46.7%。松散结构的土，在静止荷载的作用下，压缩不大，但在动力荷载或其他震动作用下，土粒易于变位，压密孔隙度降低，地基发生突然沉陷，导致建筑物遭到破坏，因而在工程地质勘测时必须特别注意这类土的结构特点。尤其是具有松散结构的砂土，在饱水情况下受震动时，会变成流动状态，对建筑物的破坏性更大。

2. 紧密结构

紧密结构是在流水动荡或其他动力作用下，搬运物被反复推移缓慢堆积而成的一种散粒结构。例如，海滨、湖岸等地带颗粒被波浪涌来涌去，互相嵌砌堆在一起，形状浑圆而表面光滑的颗粒，在其大小混杂的情况下，颗粒堆砌的孔隙被细小的颗粒充填，使孔隙度降低，易于形成紧密结构。

从工程地质观点来看，紧密结构是最理想的结构。具有紧密结构的土层，在建筑物的静止荷载下不会压缩沉陷，在动力荷载或震动的情况下，孔隙度的变化也很小，不致造成破坏。紧密结构的砂土只有在侧向松动，如开挖基坑后才会变成流砂状态。

三、细粒土结构

细粒土(黏性土)由于颗粒细小，具胶结特性，比面积大，联结力强，在水中一般不能以单个颗粒下沉，而是凝聚成较复杂的集合体进行沉积。这些黏粒集合体呈团状，简称团聚体，因而构成黏性土壤结构上的最大特征"团聚结构"，如图5-8所示。这种结构按团聚的特征及组成关系，又可分为以下几项。

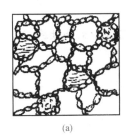 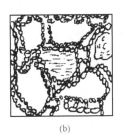 

(a) (b) (c)

图 5-8 黏性土的团聚结构示意
(a)蜂窝状结构；(b)絮状结构；(c)非均质细胞状结构

1. 蜂窝状结构

蜂窝状结构(又称一级海绵结构)主要是颗粒细小的黏性土具有的结构形式[图 5-8(a)]。据研究,当粒径在 0.002~0.02 mm,土粒在水中沉积时,由于土粒间的相互引力大于其重力,因此土粒就停留在最初接触点上不再下沉,逐渐由单个土粒串联成小链状体,边沉积边围合而成内包孔隙的似蜂窝的结构,因是单粒联成的链状,故也称一级海绵状结构。这种结构的孔隙一般远大于土粒本身尺寸,如沉积后的土层没有受过比较大的上覆压力,在建筑物的荷载作用下会产生较大沉降。

2. 絮状结构

絮状结构(又称二级海绵结构)是颗粒最细小的黏土特有的结构形式,如图 5-8(b)所示。当粒径小于 0.002 mm 时,土粒能在水中长期悬浮,不因自重而下沉。当水中加入某些电解质后,颗粒间的排斥力削弱,运动着的土粒便凝聚又联成絮状物,并内包着大小不同的孔隙逐渐下沉而成为絮状结构,因串联成的土链由多土粒凝聚,故也称为二级海绵结构。这种絮状物中含有大小两种孔隙,其中较大的可能比蜂窝状结构中的孔隙还小,但它的四壁却是由具有更小孔隙的链状体构成的。因此,絮状结构比蜂窝状结构常具有更大的孔隙率,在荷载作用下可能产生更大的沉降。

上述两种结构,相对而言,都是当土粒比较均匀时所形成的,故有时合称为均粒集合结构。

3. 非均质细胞状结构

非均质细胞状结构多半是粉质黏土所具有的结构形式,如图 5-8(c)所示。因粉质黏土中既含黏粒也含粉粒和砂粒,在较粗的颗粒上黏土粒附着成膜,或者粗颗粒分布在黏粒形成的海绵状基底上,于是形成了"非均匀质细胞状结构"。在这种粗细相间的结构中,由于粗粒的重力影响,往往具有较致密的结构形式。

应该指出,黏性土具有相当复杂的结构,它不仅与土粒大小、粒度成分及原来的联结形式等有关,而且容易受外界条件影响而发生变化,如受压缩、剪切、加热、干燥、浸湿等作用及水溶液离子成分、浓度、pH 值等,都可能使其结构发生变化。从而引起土的性状改变。因此,在研究与土的结构有关的性质时常要求用保持天然结构和天然含水率的原状土来进行试验,以测得与实际尽量相符或相近的指标,供设计和施工时参考。

拓展训练

某土样筛分后土的粒度成分的百分含量,见表5-4,试用累积曲线法表示,并确定土的级配指标不均匀系数和曲率系数。

表 5-4　某土样筛分后土的粒度成分的百分含量

粒组/mm		粒组成分百分含量 （以质量记）/%	粒组成分累积百分含量 （以质量记）/%
		土样 a	土样 b
砾粒	大于 10	0	100
	5～10	10	95
	2～5	16	87
	1～2	18	78
砂粒	0.5～1	24	66
	0.25～0.5	22	55
	0.075～0.25	38	36
	小于 0.075	75	

解答：(1)计算累积百分含量填入表 5-4 中。

(2)在单对数坐标纸上绘制累积曲线，如图 5-9 所示。

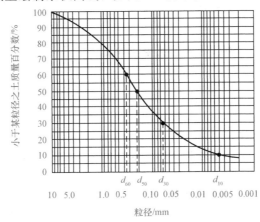

图 5-9　土的粒度成分累积曲线

由图 5-9 上的数据可知，不均匀系数 $C_u = d_{60}/d_{10} = 0.35/0.005 = 70$

曲率系数 $C_c = d_{30}^2/(d_{60} \times d_{10}) = 0.065^2/(0.005 \times 0.35) = 2.4$

复习思考题

1. 工程上给土和土体是怎样定义的？
2. 什么是土的三相体系？土的相系组成对土的状态和性质有何影响？
3. 什么是粒度成分和粒度分析？简述筛分法和沉降分析法的基本原理。
4. 累积曲线法在工程上有何用途？
5. 试比较累积曲线法与表格法的异同。
6. 粗粒土和细粒土的结构各分为哪些类型？具有什么特征？应注意哪些工程地质问题？

项目六

土的工程性质

土的物理性质、土的水理性质和工程分类。

学习目标

知识目标：

(1)掌握土的物理指标定义式；

(2)掌握土的物理指标计算方法；

(3)掌握黏性土的稠度、塑性的概念及分析方法；

(4)掌握土的分类方法。

能力目标：

(1)会计算物理指标；

(2)会测定土的物理指标；

(3)会测定土的界限含水率并进行土的工程分类。

素质目标：

(1)独立思考、相互协作、精益求精；

(2)热爱地质学科；

(3)遵守规范、具有职业素养；

(4)具有工匠精神。

任务一　确定土的物理性质

土的物理性质是指土的各组成部分(固相、液相和气相)的数量比例、性质和排列方式等所表现的物理状态，如轻重、干湿、松散程度等。土的物理性质是土最基本的工程地质性质，它在工程地质中，不仅要结合土的成分、结构、含水、含气的情况来了解其物理性质的特点和变化规律，而且还要通过试验取得其物理性质各项指标的数据，以作为工程设计的依据。

土的物理性质指标就是指土中固相、液相、气相三者在体积和质

PPT：土的物理性质

量方面的相互配比的数值。为了分析和计算方便，一般将土的三相关系用简图加以表达，如图 6-1 所示。

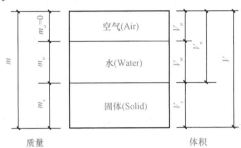

微课：土的物理性质

图 6-1　土的三相示意

关于土的物理性质，可将其分为以下四个问题来讨论。

一、土的密度和重度

1. 土的相对密度(G)和土粒重度

(1)土的相对密度及土粒质量。土的相对密度是土粒的质量与土粒的体积之比，即在 105～110 ℃下烘干至恒量时土的质量与同体积 4 ℃蒸馏水质量的比值（旧称比重）。土粒密度是土粒的质量与土粒体积之比，在数值上与土的比重相同。其计算公式如下：

$$G = \frac{m_s}{m_w(4\ ℃)} \text{ 或 } \rho_s = \frac{m_s}{V_s} \tag{6-1}$$

式中　G——土粒的密度；

　　　m_s——土粒的质量(g)；

　　　$m_w(4\ ℃)$——同体积 4 ℃蒸馏水的质量(g)；

　　　V_s——土粒的体积；

　　　ρ_s——土粒密度。

(2)土粒重度。土粒重度是土粒的重力与土粒的体积之比。

$$\gamma_s = \frac{w_s}{v_s} \tag{6-2}$$

式中　γ_s——土粒重度；

　　　w_s——土粒重力；

　　　v_s——土粒体积。

土的密度常用"比重瓶法""浮称法"与"虹吸筒法"进行测量。

土的密度只与组成土粒的矿物成分有关，而与土的孔隙大小及其中所含水分多少无关。其实，所测定的数值应为土粒中所含各种矿物的平均值。若所含镁、铁质矿物多，其相对密度值就较大；含有机质多的相对密度值就小。粒度成分对土的相对密度也有影响，例如，砂土的相对密度一般在 2.65，这是因为砂土是由石英、长石、云母等矿物组成的；黏土中因含倍半氧化物，所以比重偏高，轻质黏土和黏土可达 2.75；含腐殖质多的黏性土相对密度较小，约为 2.60。

2. 土的天然密度(ρ)和天然重度

(1)天然密度。天然密度(也称湿密度)是指天然状态下，土的单位体积的质量，即土粒的质量和孔隙中天然水分的质量。其计算公式如下：

$$\rho = \frac{m}{V} \qquad (6\text{-}3)$$

式中 ρ——天然密度(g/cm^3)。

其他符号的意义，如图6-1所示。

(2)天然重度。天然重度是指天然状态下，土的单位体积的重力，即土粒的重力和孔隙中天然水分的重力。其计算公式如下：

$$\gamma = \frac{w}{V} \text{ 或 } \gamma = g \cdot \rho \qquad (6\text{-}4)$$

式中 γ——土的天然重度；

w——土的总重力；

V——土的总体积；

g——重力加速度($9.8\ kN/m^3$)。

土的密度与土的结构和所含水分的多少及矿物成分有关，所以，在测定土的天然密度时，必须用原状土样(即其结构未受扰动破坏)，以保持其天然结构状态下的天然含水率。如果土的结构破坏了或水分变化了，则土的密度也就改变了，这就不能正确测得真实的天然密度，用这种指标进行工程计算，就会得出错误的结果。

可见，土的密度与土粒密度不同，密度要用原状土样，而比重则可以用扰动土样法，因为它与土的结构和含水率无关，即不考虑土的孔隙性，在工程地质上把这类指标称为属性指标；而把与土的结构和含水率有关的指标，如土的密度，称为状态指标。

用原状土样测定土的密度，通常用"环刀法"。

土的孔隙中含水率的多少，对土的密度影响很大。随含水率的不同，土的密度值一般在 $1.60 \sim 2.20\ g/cm^3$ 变化，随黏粒含量的增加密度也增加。

3. 干密度(ρ_d)和干重度

干密度是指干燥状态下单位体积土的质量，即土中固体颗粒的质量(m_s)与土的体积的比值。其计算公式如下：

$$\rho_d = \frac{m_s}{V} \qquad (6\text{-}5)$$

干重度计算公式为：

$$\gamma_d = g \cdot \rho_d \qquad (6\text{-}6)$$

土的干密度实际上是土中完全没有天然水分的密度，是土的密度的最小值。某一土样的干密度值的大小主要取决于土的结构，因为它在这一状态下与含水率无关，加之土粒部分的矿物成分又是固定的，因此，土的结构，即孔隙度的大小，影响着干密度值，一般规律是土的干密度值越大，土越密实，孔隙度也就越小。干密度在一定程度上反映了土粒排列的紧密程度。在工程中，常用它来作为人工填土压实的控制指标。一般认为，ρ_d 在 1.60 以上，土就比较密实了。

4. 饱和密度(ρ_f)

饱和密度是指土的孔隙中全被水充满的情况下，单位体积土的质量。其计算公式如下：

$$\rho_f = \frac{m_s + V_n \cdot \rho_w}{V} \tag{6-7}$$

式中　ρ_f——土的饱和密度(g/cm^3)。

饱和重度计算公式为：

$$\gamma_{sat} = g \cdot \rho_f \tag{6-8}$$

土的饱和密度是土的密度的最大值。可见，饱和密度的大小与土的孔隙体积及土的密度密切相关，孔隙体积小，密度大，饱和密度就大；反之则小。含有机质较多的淤泥质土，孔隙体积特大，其饱和密度就小，一般只有 $1.4 \sim 1.6$ g/cm^3。对饱和密度这一指标不用实测，往往用其他指标推导求得。

5. 水下密度(ρ')

水下密度也称浮密度或侵水密度，是指土在地下水面以下，单位体积的质量。因土处于水面以下，孔隙全被水充满，同时又受到水的浮力作用，使土粒质量被减轻。其计算公式如下：

$$\rho' = \frac{m_s + V_n \cdot \rho_w - V \cdot \rho_w}{V} = \rho_f - \rho_w \tag{6-9}$$

浮重度计算公式为：

$$\gamma' = \gamma_{sat} - \gamma_w \tag{6-10}$$

在工程计算中，地下水水位以下土层的密度，都要采用浮密度指标。砂性土和碎卵石在自由水中，便受到同体积水重的浮力；而黏性土因含有结合水，具黏滞性，有固体特征，结合水对黏土颗粒没有浮力作用。因水下黏土所承受的浮力并非同体积水重之浮力，计算时应视其紧密程度折减。如果粗略地计算，土的水下密度值可取 1 g/cm^3。

二、土的含水率

土的含水率是指土的孔隙中所含水分的数量，它是土的基本物理指标之一，能反映土的含水情况和土的状态。表示土中含水情况的指标有天然含水率和饱和度。

1. 天然含水率

天然含水率是在天然状态下土中所含水分的数量，简称含水率，即土的孔隙中水分的质量(m_w)与土中所含土粒质量(m_s)的比值，一般用百分数表示。其计算公式如下：

$$w = \frac{m_w}{m_s} \times 100\% \tag{6-11}$$

含水率越大，表明土中水分也越多。不同的土，含水率的变化范围很大。一般情况下，砂土的天然含水率不超过 40%，多为 $10\% \sim 30\%$；黏性土为 $20\% \sim 50\%$。

土的含水率是一个实测指标。它只能表明土中固相与液相之间的数量关系，而不能描述有关土中水的性质；只能反映孔隙中水的绝对值，而不能说明其充满程度。

土的含水率测定的方法常用烘干法或酒精焙烧法直接测定。

2. 饱和度 (S_r)

饱和度也称饱水系数，是土中天然含水率的体积 (V_w) 与土的全部孔隙 (V_n) 的比值，表示孔隙被水充满的程度，用小数表示。其计算公式如下：

$$S_r = \frac{V_w}{V_n}$$
(6-12)

由于 S_r 为 0～1，不会大于 1（砂性土）。在工程地质学中将土划分为三种状态：

$0 < S_r \leqslant 0.5$ 稍湿的

$0.5 < S_r \leqslant 0.8$ 很湿的

$0.8 < S_r \leqslant 1$ 饱和的

颗粒较粗的砂性土，对含水率的变化不敏感，当发生某种改变时，它的物理力学性质变化不大，所以，对砂性土的物理状态可以用 S_r 来表示。但对黏性土而言，它对含水率的变化十分敏感，随着含量增加体积膨胀，结构也发生了改变。当处于饱和状态时，其力学性质可能降低为 0；同时还因黏粒间多是结合水，而不是普通液态水，这种水的密度大于 1 g/cm^3，则 S_r 值也偏大，故对黏性土一般不用 S_r 这一指标。

三、土的孔隙性

土不是致密无隙的团体，而是土粒间存在着孔隙的物体，土的孔隙性是指孔隙的大小、形状、数量及连通情况等特征。土的孔隙性取决于土的粒度成分和土的结构，即土粒排列的松紧程度。

土的孔隙性，通常用孔隙度和孔隙比两个指标来表示。这两个指标只能反映土内孔隙总体积的大小，而不能反映出单个孔隙的大小。在具有同样孔隙性的不同土中，孔隙的大小可能不同，显然孔隙性指标相同，则孔隙大的土，单个孔隙数量就少；孔隙小的土，单个孔隙的数量就多。

可见，土的孔隙性指标只反映土的结构而与土中含水多少无关，所以，它不仅是状态指标，而且还是结构指标。

下面分别对孔隙性的两个指标进行分析。

1. 孔隙度 (n)

在天然状态下，土的单位体积中孔隙的总体积，称为孔隙度或孔隙率。即某一土样中孔隙的体积 (V_n) 与该土样的总体积 (V) 的比值，用百分数表示。其计算公式如下：

$$n = \frac{V_n}{V} \times 100\%$$
(6-13)

在工程计算中，n 是常用指标，计算时可将百分数化为小数，常见值为 30%～50%。

具有散粒结构的土，由于颗粒排列松紧不同，孔隙度也有变化，排列紧密的孔隙度小，排列松散的孔隙度大。粒度成分对孔隙度也有很大的影响，不均粒土的孔隙度要小于均粒土的孔隙度。

具有海绵结构的黏性土，单个孔隙很小，但数量很多。水在其中为结合水，所以，黏性土的孔隙度可以大于 50%，即 V_n 可能大于 V_s。

当土的结构因受外力而改变时，孔隙度也随之而改变，即 V 和 V_n 都在改变，故往往要用孔隙比来说明。

2. 孔隙比（e）

孔隙比是指土中孔隙的体积（V_n）与土粒的体积（V_s）的比值，常用小数表示。其计算公式如下：

$$e = \frac{V_n}{V_s} \qquad (6\text{-}14)$$

土的孔隙比可直接反映土的密实程度，孔隙比越大，土越疏松；孔隙比越小，土越密实，常见值为 0.5～1.2。一般在天然状态下的土，若 $e < 0.6$，可作为良好的地基；若 $e > 1$，表明土中 $V_n > V_s$，是工程性质不良的土。

n 与 e 都是反映孔隙性的指标，但在应用上却有所不同。凡是用于与整个土的体积有关的测试时，一般用 n 较为方便；但若要对比一种土的变化状态时，则用 e 较为准确。由于 V_s 是不变的，可视为定值，土在荷载作用下引起变化的是 V_n，而 e 的变化直接与 n 的变化成正比，所以 e 能更明显地反映孔隙体积的变化。在工程设计和计算中常用 e 这一指标。

由于土的粒度成分和疏密程度差别很大，其 n 和 e 的变化范围也大，分别为 20%～80% 和 0.25～4。一般无黏性土的 n 为 33%～45%，e 为 0.5～0.8；而黏性土的 n 为 40%～55%，e 为 0.67～1.2。

n 和 e 不是实测指标，而是利用它们与 G、ρ、w 三项实测指标的关系来推导出的。

3. 砂类土的密实度（D_r）

密实度是反映砂类土松紧状态的指标，也称为无凝聚性土相对密度。砂类土天然结构（即土粒排列松紧）的状况，对其工程地质性质有极大影响。砂土在最松散状况下的孔隙比值为最大孔隙比 e_{max}；经震动或捣实后，砂粒间相互靠拢压密，其孔隙比为最小 e_{min}；在天然状态下的孔隙比为 e。由此，砂土在天然状态下的紧密程度，可用密实度来求得。

密实度是指最大孔隙比和天然孔隙比之差与最大孔隙比和最小孔隙比之差的比值。D_r 值一般用小数或百分数表示。其计算公式如下：

$$D_r = \frac{e_{max} - e}{e_{max} - e_{min}} \qquad (6\text{-}15)$$

当 $D_r = 0$，即 $e = e_{max}$ 时，表示砂土处于最疏松状态；当 $D_r = 1$，即 $e = e_{min}$ 时，表示砂土处于最紧密状态。

按《公路桥涵地基与基础设计规范》（JTG 3363—2019）中规定，用 D_r 来确定砂土的紧密程度，将砂土分为四级，见表 6-1。

应当指出，表 6-1 的分级办法具有一定的意义，也是合理的。但由于目前对 e_{max}、e_{min} 尚难准确测定，加之要取原状砂土的土样也十分困难。因此对砂土 D_r 值所测定的误差也很大。对此在实际工程中常利用标准贯入试验法或静力触探试验法，在现场测定其近似值，以作为 D_r 分级的参考。标准贯入试验法是用 63.5 kg 的铁锤，悬高 76 cm 自由下落，把"标准贯入器（外径 50 mm，内径 35 m，长 500 mm）"打入土层中 15 cm 后开始记数，直至贯入 30 cm 深处所需的锤击数 N，对照表 6-1 中的分级标准来鉴定该土层的密实程度。例如，某砂土层在现场的锤击数 N 为 18，其 D_r 应为 0.33～0.67，该砂土层应为中密砂土。

表 6-1　砂土密实度划分表

分级		密实度 D_r	标准贯入平均击数 N(63.5 kg)
密实		$D_r \geqslant 0.67$	30~50
中密		$0.33 < D_r < 0.67$	10~29
松散	稍松	$0.20 \leqslant D_r \leqslant 0.33$	5~9
	极松	$D_r < 0.20$	<5

鉴于 D_r 分级还有不足之处，也有根据天然孔隙比，将砂土的密实程度分为三类并给出砂土粒度成分的名称，见表 6-2。

表 6-2　按天然孔隙比 e 对砂土密实度分类

孔隙比　　　　　密度 砂土名称	密实的	中密的	松散的
砾砂、粗砂、中砂	$e < 0.55$	$0.55 \leqslant e \leqslant 0.65$	$e > 0.65$
细砂	$e < 0.60$	$0.60 \leqslant e \leqslant 0.70$	$e > 0.70$
粉砂	$e < 0.60$	$0.60 \leqslant e \leqslant 0.80$	$e > 0.80$

四、土的物理性质指标的换算

1. 土的物理性质指标

上述有关土的物理性质的各项指标，实质上就是土的固相、液相和气相三者在质量和体积方面不同组合上所构成的不同比值，即三者之间的质量与质量、质量与体积、体积与体积相互组成的不同性质的指标。这些指标正好从数理的角度反映出不同性质的概念。在工程地质的测设中，只有准确地掌握了这些概念，才能正确地评价土质。

为了进一步了解各指标的内容及其相互关系，现将上述各项指标的定义、指标来源及对指标的实际应用等方面，归纳为"土的物理性质主要指标一览表"，供对照参考，见表 6-3。

表 6-3　土的物理性质主要指标一览表

指标名称	表达式	参考数值	指标来源	实际应用
相对密度 G （比重）	$G = \dfrac{m_s}{V_s \cdot \rho_w}$	2.65~2.75	由试验测定	1. 换算 n、e、ρ_d； 2. 工程计算
密度 ρ /(g·cm^{-3})	$\rho = \dfrac{m}{V}$	1.60~2.20	由试验测定	1. 换算 n、e； 2. 说明土的密度
干密度 ρ_d /(g·cm^{-3})	$\rho_d = \dfrac{m_s}{V}$	1.30~2.00	$\rho_d = \dfrac{\rho}{1+\omega}$	1. 换算 n、e、S_r； 2. 粒度分析、压缩试验资料整理

指标名称	表达式	参考数值	指标来源	实际应用
饱和密度 ρ_f /(g·cm^{-3})	$\rho_f = \dfrac{m_s + V_n\rho_w}{V}$	1.80~2.30	$\rho_f = \dfrac{\rho(G-1)}{G(1+\omega)} + 1$	
水下密度 ρ' /(g·cm^{-3})	$\rho' = \dfrac{m_s - V_s\rho_w}{V}$	0.80~1.30	$\rho' = \dfrac{\rho(G-1)}{G(1+\omega)}$	1. 计算潜水面以下地基自重应力; 2. 分析人工边坡稳定
天然含水率 w	$w = \dfrac{m_w}{m_s}$	0<w<1	由试验测定	1. 换算 S_r、ρ_d、n、e; 2. 计算土的稠度指标
饱和含水率 w_g	$w_g = \dfrac{V_n\rho_w}{m_s}$		$w_g = \dfrac{G(1+w) - \rho}{G\rho}$	
饱和度 S_r	$S_r = \dfrac{V_w}{V_n}$	0~1	$S_r = \dfrac{G \cdot \rho \cdot w}{G(1+w) - \rho}$	1. 说明土的饱水状态; 2. 砂土、黄土计算地基承载力
天然孔隙度 n	$n = \dfrac{V_n}{V}$		$n = 1 - \dfrac{\rho}{G(1+\omega)}$	1. 地基承载力; 2. 土估计密度和渗透系数; 3. 压缩试验整理资料
天然孔隙比 e	$e = \dfrac{V_n}{V_s}$		$e = \dfrac{G(1+\omega)}{\rho} - 1$	1. 说明土中孔隙体积 2. 换算 e 和 ρ'

在表 6-3 中，G、ρ、w 是通过试验直接测定的，称为三项实测指标；其他的如 ρ_d、ρ_f、ρ'、w_g、S_r、n、e 七项指标可用实测指标进行换算导出，故称为导出指标。但是，如果其中 ρ_d 为实测时，则 w 就可列为导出指标。

2. 土的常用物理指标的换算

在土样试验中，对某些项目通过实测后，即可推导、计算出其他几项指标。这就要运用一些特定公式进行推导。除在表 6-3 中给定了七项导出指标的来源外，另有十项指标相互对应求导的公式约有百式[略。请参见《公路土工试验规程》(JTG 3430—2020)中附录 A 中表 A2]。

作为工程技术人员，不必死记这些换算公式，只要掌握上述十项指标的物理意义，即各项指标的"表达式"的内涵，可结合三相图法的运用，就能导出所有的公式。

下面介绍"三相图法"导出公式的基本思路。无论已知哪些条件，求哪些指标，都要想办法求出三相的质量和体积，然后根据上述指标的定义式，即可求出来。

如图 6-2 中的两种求解法。如图 6-2(a)所示，如已知 ρ、G、w 时，可假设土的总体积 $V=1$，由 $\rho = \dfrac{m}{V}$，得 $m = \rho$。

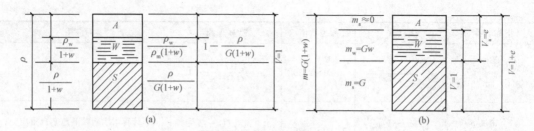

图 6-2 三相图法与导出公式

又由 $w=\dfrac{m_w}{m_s}=\dfrac{\rho-\rho_d}{\rho_d}$，由此而得：$m_s=\rho_d=\dfrac{\rho}{1+w}$；$m_w=m_s \cdot w=\dfrac{\rho \cdot w}{1+w}$。

于是，$V_s=\dfrac{\rho}{(1+w) \cdot G}$；$V_n=V-V_s=1-\dfrac{\rho}{(1+w) \cdot G}$。

至此，图 6-2(a) 中的各相的质量和体积均已确定，即可导出表 6-3 中各指标的换算公式。

如图 6-2(b) 所示，如已知 G、w、e 时，则可令土粒的体积 $V_s=1$，由 $e=\dfrac{V_n}{V_s}$，得 $V_n=e$；于是，土的总体积为 $V=V_s+V_n=1+e$。

又由 $G=\dfrac{m_s}{V_s}$，得：$m_s=G$。

又由 $w=\dfrac{m_w}{m_s}$，得：$m_w=G \cdot w$。

于是，土的总质量为 $m=m_s+m_w=G+G \cdot w=G(1+w)$。

至此，图 6-2(b) 中，各相的质量和体积也均已确定，即可导出《公路土工试验规程》(JTG 3430—2020) 中附录 A 表 A2 的各换算公式。

还应指出，当孔隙中完全充满水时，即 $V_w=V_n$，则 $S_r=1$。

于是，$V_w=S_r \cdot V_n=S_r \cdot e(\rho_w=1)$。

任务二　确定土的水理性质

土的水理性质是指土中固体颗粒与水相互作用所表现的一系列的性质，如土在孔隙中的运动规律，即土的透水性和毛细性，黏性土的稠度、塑性等特性。

一、土的透水性

1. 渗透的概念

土中的自由液态水在重力作用下沿孔隙发生运动的现象，称为渗透。土能使水透过孔隙的性能称为土的透水性。

土的透水性强弱主要取决于土的粒度成分及其孔隙特征，即孔隙的大小、形状、数量及连通情况等。粗碎屑土和砂土都是透水性良好的土，细粒土为透水性不良的土，而黏土因有较强的结合水膜，若再加上有机质的存在，则自由水不易透过，则可视为不透水层，即在"地下水概论"中所讲的"隔水层"。隔水只是相对的，黏性土也不是绝对不透水的，自然界的黏性土层的透水性具有各向异性的特征，如带状结构的黏性土，其水平方向的透水性大于垂直方向；黄土类土，由于垂直节理发育，故在垂直方向的透水性大于水平方向。

土的透水性是实际工程中不可忽视的工程地质问题。如路基土的疏干、桥墩基坑出水量的计算，饱和黏性土地基稳定时间的计算，河滩路堤填料的渗透性等，将在"地下水运动的基本规律"中讲述。

2. 黏性土的相对不透水性

在前面"渗透概念"中曾指出"黏土有较强的结合水膜，自由水不易透过，可视为不透水层"，但这并不是绝对的。

在黏性土中，由于黏粒（尤以其中含有胶粒时）的表面能很大，使其周围的结合水具有极大的黏滞性和抗剪强度。结合水的黏滞性对自由水起着黏滞作用，使其不易形成渗流现象，故把黏性土的透水性能相对地称为不透水性。也正由于这种黏滞作用，自由水在黏土层中必须具备足够大的水头差（或水力梯度），克服结合水的抗剪强度才能发生渗流。

3. 影响土的渗透性的因素

（1）土的粒度成分及矿物成分。土粒的大小、形状及级配等决定着土粒间孔隙的大小，因而影响着土的渗透性。土粒粗大、浑圆、均匀的土，其渗透性就大；砂土中混有粉土及黏土时，其渗透系数会大大降低。土的矿物成分对粗碎屑土甚至粉土的渗透性影响不大；但黏土中含有亲水性较强的黏土矿物（如蒙脱石）或有机质时，使土粒遇水膨胀，大大降低了透水性；有机质含量较多的淤泥几乎是不透水的。

（2）土粒表面的结合水膜。黏性土中结合水膜较厚时，其较强的水胶连结力会阻塞自由水的渗透。如含钠黏土，钠离子使土粒的静电引力场扩大，水化膜增厚，则透水性很低；如黏土加入高价的电解质（如 Al、Fe 等）时会使水化膜变薄，黏粒凝聚成粒团，土的孔隙增大，则土的透水性也增强。

（3）土的结构构造。天然土层通常是各向异性，即在不同方向上具有不同的渗透性，黄土垂直方向的渗透性大于水平方向；带状黏土水平方向的透水性大于垂直方向，其渗透系数相差可达数倍到数十倍。因而，土的结构构造影响着土的透水性。

（4）水的黏滞度。渗透速度与水的黏滞度和重度有关，这两个值随水温而变化。在天然土层中，因表土层以下的温度变化很小，可不予考虑，但在室内做渗透试验时，同一种土在不同温度下会得到不同的渗透系数值，故应考虑温度的影响。一般以水温为 10 ℃时的渗透系数 K_{10} 的黏滞度为 1。根据试验证明，水的黏滞度的比值在水温为 -10 ℃时为 1.988，水温 40 ℃时为 0.502。由此可见，水的黏滞度随水温的降低而增大；反之，水温增高时，则水的黏滞度减小。

（5）土孔隙中的气体。土孔隙中气体的存在可减少土体实际渗透面积，同时气体随渗透水压的变化而胀缩，成为影响渗透面变化的不定因素。当土孔隙中存在密闭气泡时，会阻塞自由水的渗流而降低土的渗透性。有的密闭气泡是由溶解于水中的气体分离出来而形成的，故在室内试验时，规定要用不含溶解有空气的蒸馏水。

二、土的毛细性

土的毛细性是指土中的毛细孔隙能使水产生毛细现象的性质。毛细现象是指土中水受毛细力作用沿着毛细孔隙(孔径为 0.002~0.5 mm)向上及向其他方向运移的现象。

毛细水的上升可能引起道路翻浆、盐渍化、冻害等,导致路基失稳。因此,了解和认识土的毛细性,对公路工程的勘测、设计有着重要的意义。

1. 毛细水上升高度及速度

关于毛细水上升的高度和速度,通过物理试验即可得到证明,如图 6-3 所示。用一毛细管插入水中,当弯液面与管壁的湿润角(也称接触角)$\theta < 90°$时,毛细管内液体沿管壁上升。因水具表面张力,管中弯液面沿管壁周边的表面张力 σ 的方向垂直向上,其合力也是垂直向上的,这个合力的大小等于弯液面周边长 πd 与水表面张力 σ 的乘积,即 $\sigma \cdot \pi d$ 为拉应力。于是,弯液面力(p)为毛细管内液体向上的拉力($\sigma \cdot \pi d$)与该毛细管横截面面积$\left(\frac{1}{4}\pi d^2\right)$的比值。其计算公式如下:

$$p = \frac{\sigma \cdot \pi d}{\frac{1}{4}\pi d^2} = \frac{4 \cdot \sigma}{d} \qquad (6\text{-}16)$$

式中 p——毛细管内弯液面应力(N/m^2);

  d——毛细管直径(mm);

  σ——水的表面张力,水温为 10 ℃时,$\sigma_{10} = 7.40$ N/m。

将 σ_{10} 的值代入式(6-16),则:

$$p = \frac{4 \times 7.40}{d} = \frac{29.60}{d} \qquad (6\text{-}17)$$

由此可知,在同一温度条件下,σ 值可视为常数,若湿润角 $\theta < 90°$时,则毛细管内弯液面上的应力大小与毛细管直径的大小成反比。即毛细管越细弯液面力越大。

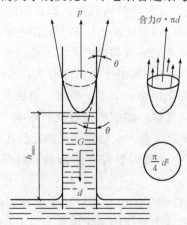

图 6-3 表面张力对毛细管内液体的作用

但是在天然土层中,由于土中的孔隙是不规则的,与圆柱状毛细管根本不同,特别是土颗粒与水之间的物理化学作用，使天然土层中的毛细现象比毛细管的情况要复杂得多。

在实际工程中，常采用经验公式来估算毛细水上升的高度，如海森(A. Hazen)经验公式：

$$h_c = \frac{C}{ed_{10}} \tag{6-18}$$

式中　h_c——毛细水上升高度(m)；

　　　e——孔隙比；

　　　d_{10}——有效粒径(mm)；

　　　C——土粒表面光净系数，$C = 1 \times 10^{-5} \sim 5 \times 10^{-5}$ m^2。

在黏性土中，由于黏粒或胶粒周围存在着结合水膜，它影响着毛细水弯液面的形成，减小土中孔隙的有效直径，使毛细水的活动受到很大的阻滞力，毛细水上升速度很慢，上升的高度也受影响；当土粒间全被结合水充满时，虽有毛细现象，但毛细水已无法存在。

关于毛细水上升的速度，与上升高度相同，也与土粒及其粒间孔隙大小密切相关。根据试验：用人工制备的石英砂，以不同粒径的土测试其毛细水上升速度与上升高度的关系，结果如图 6-4 所示。

(1)0.005～0.05 mm 粉土，上升的最大高度可达 200 cm 以上，其上升速度开始为 175 cm/h，100 h 以后毛细水上升速度明显减慢，约为 0.17 cm/h，直到达到最大高度为止。

(2)0.06～0.1 mm 极细砂土，开始以 4.5 cm/h 速度上升，20 h 以后上升速度骤减，以 0.125 cm/h 上升，在 80 h 内毛细水仅上升 10 cm。

(3)0.1～0.2 mm 细砂及中砂土，毛细水上升的最大高度约为 20 cm，开始以 5.5～6 cm/h 速度上升很快，在数小时即可接近最高值，然后以极慢的速率上升直到最高值。

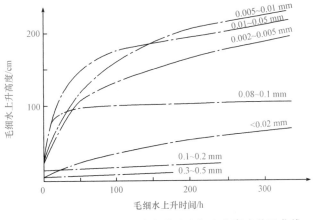

图 6-4　不同粒径的毛细水上升速度与上升高度关系曲线

总的来说，毛细水在土中不是匀速上升的，而是随着高度的增加而减慢，直至接近最大高度时，渐趋近于零。再从粒径而言，毛细水上升的速度也是先快后慢，虽然其速率都比较小，但持续时间长，于是上升高度大。

2. 土层中毛细水的分布

在工程上，不仅要计算土层中毛细水上升的速度及上升的高度，而且还要调查了解毛细水在土层中的分布状况。把土层中被毛细水所润湿的范围，称为毛细水带。按毛细水带的形成及其分布特征，可将土层中的毛细水划分为毛细饱和带、毛细网状水带和毛细悬挂水带三个带(图 6-5)。

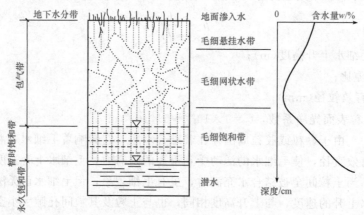

图 6-5 土层中毛细水的分布

（1）毛细饱和带（又称正常毛细水带）。毛细饱和带位于包气带下部及潜水永久饱和带上部，其分布范围大致与潜水暂时饱和带相同，并稍偏其上；受地下水水位季节性升降变化的影响很大。这一毛细水带主要由潜水面直接上升而形成的，毛细水几乎充满了全部孔隙。

（2）毛细网状水带。毛细网状水带位于土层包气带的中部、毛细饱和带之上。当重力水下渗时，有一部分被局部毛细孔隙所"俘获"而成毛细水；或因地下水水位降时，残留于毛细孔隙中而成毛细水。但在土层的超毛细孔隙中，除土粒表面有结合水外，毛细水随重力水下渗，在孔隙中留下空气泡。在这一带内，分布于局部毛细孔隙中的毛细水，被大量的空气泡所隔离，使之呈网状。毛细网状水带中的水，可以在表面张力和重力作用下向各个方向移动。

（3）毛细悬挂水带（又称上层毛细水带）。毛细悬挂水带位于土层包气带的上部。这一带的毛细水是由地表水渗入而形成的，受毛细力的牵引，悬挂于包气带的最上层。它不与中部或下部的毛细水相连。上层毛细水带受地面温度和湿度的影响很大，常发生蒸发与渗透的"对流"作用，使土的表层结构遭到破坏。当地表有大气降水补给时，上层毛细水在重力作用下向下移动。

上述三个毛细水带不一定同时存在，当地下水水位很高时，可能只有正常毛细水带，而没有毛细悬挂水带和毛细网状水带；反之，当地下水水位较低时，则可能同时出现三个毛细水带。总之，土层中毛细水呈带状分布的特征，完全取决于当地的水文地质条件。

还应指出的是，由于土层中毛细水呈带状分布的特征，决定了包气带中土层含水率的变化。图 6-5 右侧含水率分布曲线表明：自上而下含水率逐渐减小，但到毛细饱和带后含水率随深度的增加而加大。调查了解土层中毛细水含水率的变化，对土质路基、地基的稳定分析有着重要的意义。

三、黏性土的稠度和塑性

1. 黏性土的稠度及界限含水率

稠度是指黏性土随含水率多少而表现出的稀稠程度。黏性土在不同稠度时所呈现的物理

114

状态，如固态、塑态、液态等，称为稠度状态。黏性土的稠度状态表征着土中含水率在不同情况下，固体颗粒的活动程度和土抵抗外力的能力。

在黏性土中，当只含强结合水时，土呈固态，能够抵抗较大的外力而不变形；当土中含水率加大，含有弱结合水时，土呈半固态，在外力作用下易变形；当土中含水率加大到出现极弱结合水时，土呈塑性状态，在外力作用下易变形但不发生断裂；当土中含有自由液态水时，黏粒间距离较大，水胶联结力几乎消失，则土呈液性状态，在土的自重作用下即可发生液流现象。

相邻的两种稠度状态虽有明显的区别，但并无截然划分的标准，而是一个连续渐变的过程，当含水率变化到一定界限时，就会出现质的变化。通常将土从一种稠度状态变为另一种稠度状态的界限，称为稠度界限。由于稠度界限是用含水率表示的，故又称为界限含水率，见表6-4。

液限（w_L）——又称塑性上限或液性下限，是指土的液态和塑态之间的界限含水率。

塑限（w_P）——又称塑性下限，是塑态与半干硬状态之间的界限含水率。

缩限（w_S）——在干硬状态范围内，是半干硬状态与干硬状态之间的界限含水率；为土的体积收缩与不收缩之间的转变点。

因为黏性土的软硬状态直接决定它的力学性质（变形与强度特征等），故在工程中，测试黏性土的这些界限点，了解其稠度状态是十分重要的。

表6-4 土的稠度及界限含水率

稠度状态	稠度特征	界限含水率	（稠度界限）	含水率减少方向　土体积缩小方向		
流塑的	呈层状流动	液限 w_L				
可塑的	塑性变形	塑限 w_P	（塑性上限）			
半干硬的	不易变形	缩限 w_S	（塑性下限）			
干硬的	坚硬难变形			土体积不变		

2. 黏性土的塑性及其指标

塑性状态是黏性土的一种特殊状态。因此，黏性土又称为塑性土。土的塑性是指土在一定外力作用下可以塑造成任何形状而不改变其整体性。当外力取消后在一段时间内仍保持其已变形后的形态而不恢复原状的性能，也称为土的可塑性。

测定可塑性强弱的指标是塑性指数（I_P），即土的液限与塑限两个界限含水率之差。其计算公式如下：

$$I_P = w_L - w_P \qquad (6\text{-}19)$$

塑性指数 I_P 值越大，可塑性越强；反之，则越小。

黏性土的塑性指数大小主要取决于土中黏粒、胶粒的含量及矿物成分的亲水性。即土中黏粒、胶粒含量越多，亲水性越强，土的塑性指数越大；反之则越小。在工程地质实践中，常用 I_P 值对黏性土进行分类和命名，见表6-5。

黏性土界限含水率的测试方法很多，过去常用锥式液限仪测定液限，用搓条法测定塑限。现在，通常用液塑限联合测定仪同时测定液限和塑限。

表 6-5　土按塑性指数(I_P)的分类

土的名称	砂土 (无塑性土)	粉质砂土 (低塑性土)	粉质黏土 (中塑性土)	黏土 (高塑性土)
塑性指数	$I_P < 1$	$1 < I_P \leqslant 7$	$7 < I_P \leqslant 17$	$I_P > 17$

为了反映黏性土在天然情况下的稠度状态,可以用液性指数(I_L)来表示,即土的天然含水率和塑限之差与塑性指数的比值。其计算公式如下:

$$I_L = \frac{w - w_P}{I_P} = \frac{w - w_P}{w_L - w_P} \tag{6-20}$$

或者,用相对稠度(I_C)来表示,即土的液限和天然含水率之差与塑性指数的比值。其计算公式如下:

$$I_C = \frac{w_L - w}{I_P} = \frac{w_L - w}{w_L - w_P} \tag{6-21}$$

由式(6-20)和式(6-21)可知,若某黏性土的 w_L 和 w_P 为已知,则土的稠度状态可用 I_L 或 I_C 求得。式(6-20)中,当 $w = w_P$ 时,$I_L = 0$;当 $w = w_L$ 时,$I_L = 1$。式(6-21)中,当 $w = w_L$ 时,$I_C = 0$;当 $w = w_P$ 时,$I_C = 1$。无论是 I_L 还是 I_C,都是以 w 的多少而定,但其变化值均为 $0 \sim 1$,只是两者反映的状态相反。

由此不难得出结论:对某种土而言,其液限 w_L 和塑限 w_P 都是一定值,土的天然含水率 w 越大,液性指数 I_L 越大,相对稠度 I_C 越小。液性指数 I_L 越大,土越稀软;相对稠度 I_C 越大,土越干硬。

在土质学中,常用液性指数 I_L 表征土的天然含水量、稠度状态及力学强度等,同时 I_L 也是划分黏性土稠度状态的指标,见表 6-6。

应当指出,根据液性指数所判定的稠度状态的标准值,是以室内扰动土样测定的,未考虑其土的结构影响,故只能作参考。

表 6-6　根据液性指数(I_L)对黏性土的状态划分

液性指数值	$I_L \leqslant 0$	$0 < I_L \leqslant 0.25$	$0.25 < I_L \leqslant 0.75$	$0.75 < I_L \leqslant 1$	$I_L > 1$
稠度状态	干硬状态	硬塑状态	易塑状态	软塑状态	流动状态
	半固体状态	塑性状态			液流状态

在自然界中,除少数近代最新沉积的饱水黏性土外,一般黏土都具有较强的结构联结,故天然含水率大于塑限时,并不表现为塑性状态,仍呈半固体;天然含水率超过液限时,也不表现为液流状态。只有天然结构被破坏后才表现出塑态或流态。自然界黏性土的这种现象称为潜塑状态或潜流状态。

对此有些部门的土工试验规程建议在原状土样上直接用锥式液限仪的贯入深度判定土的状态。其划分标准见表 6-7。

表 6-7 根据平衡锥沉入原状土深度确定土的天然稠度

锥体入土深度 /mm	<2	2～3	3～7	7～10	>10
土的天然稠度状态 液性指数 I_L	坚硬的 <0	硬塑的 0～0.125	可塑的 0.125～0.625	软塑的 0.625～1.0	流塑的 >1.0
物理状态	半固态	塑态			液态

任务三　确定土的工程分类

一、土质分类概况

自然界的土是在各种不同成土环境里形成的,其组成、结构、成分及物理、水理、力学性质千差万别,再加之成土作用所经历的年代也有长短,因而土的种类繁多。在工程建筑中,为了正确评价土的工程特性,并从中测得其指标数据,以便采取合理的施工方案,必须对土进行工程分类。

目前,我国工程界对于土质分类法尚无统一完整的体系和标准。水利部、铁路局、国土资源部、住房和城乡建设部、交通运输部等都编有本部门的"土工试验规程"(规范或手册)。由于工程对象不同,研究问题的出发点不同,因而对土质分类的目的、要求与方法及对有关指标取值界限的数据也有所差异;甚至由于各种分类法同时并用,形成一种土有数种名称,或数种土为一个名称的混乱而矛盾的现象。即按粒度成分及级配特征和按塑性指数及含水率这两者作为分类的依据也不完全统一。尽管如此,我国各部门的土质分类法,仍可以说是求大同而存小异,且在相互借鉴中,取长补短;随着测试技术手段的不断完善和土质科学理论的逐渐积累,对土质的分类会更趋于科学化、全面化、统一化。

总体来看,国内外对分类的依据,在总的体系上也在趋近于一致,各分类法的标准也都大同小异。一般原则:粗粒土按粒度成分及级配特征分类;细粒土按塑性指数和液限分类,即塑性图法(将在后面作专题介绍);有机土和特殊土则分别单独各列为一类;对定出的土名给以明确含义的文字符号,既可一目了然,还可为运用电子计算机检索土质试验资料提供条件。

因此,在介绍公路系统及其他有关土质分类方法之前,先应认识和熟悉国内外已基本上在通用的、表示土类名称的文字代号,具体内容见表 6-8。

表 6-8　土的成分代号

漂石—B 块石—Ba 卵石—Cb 小块石—Cba 砾—G 角砾—Ga	砂—S 粉土—M 黏土—C 细粒土(C和M合称)—F (混合)土(粗、细粒土合称)—SI 有机质—O	土的级配代号：级配良好—W 级配不良—P
		土液限高低代号：高液限—H 低液限—L
		特殊土代号：黄土—Y　红黏土—R 膨胀土—E　盐渍土—St

(1)土类名称可用一个基本代号表示。

(2)当由两个基本代号构成时，第一个代号为土的主成分，第二个代号为土的副成分级配或液限。例如：

GP　　　　　不良级配砾石

ML　　　　　低液限粉土

OH　　　　　高液限有机质土

(3)由三个基本代号构成时，第一个代号表示土的主成分，第二个代号表示液限的高低（或级配的好坏），第三个代号表示土中所含次要成分。例如：

GHC　　　　　高液限含黏土砾

CLM　　　　　粉质低液限黏土

二、关于公路系统的土质分类

《公路土工试验规程》(JTG 3430—2020，以下简称"规程")根据上述原则，吸收国内外分类体系的优点，结合本系统在工程实践中所取得的试验研究成果，提出了土质统一分类的体系，如图 6-6 所示。

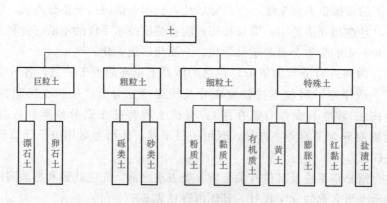

图 6-6　土分类总体系图

现将"规程"中的巨粒土、粗粒土和细粒土等的分类标准简介如下：

(1)巨粒土分类。巨粒土分类体系如图 6-7 所示。

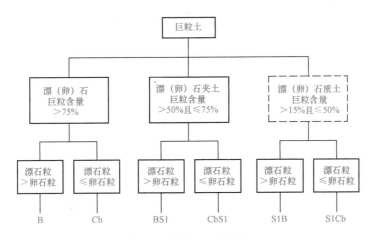

图 6-7　巨粒土分类体系

注：①巨粒土分类体系中的漂石换成块石，B 换成 B_a，即构成相应的块石分类体系；

②巨粒土分类体系中的卵石换成小块石，Cb 换成 Cb_a，即构成相应的小块石分类体系。

（2）粗粒土分类。

1）试样中巨粒组质量小于等于总质量的 15％且巨粒组质量和粗粒组质量多于总质量 50％的土，称粗粒土。

2）粗粒土中砾粒组质量多于砂粒组质量的土，称砾类土。砾类土应根据其中细粒含量和类别及粗粒组的级配进行分类。砾类土分类体系如图 6-8 所示。

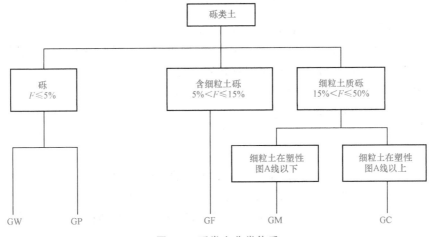

图 6-8　砾类土分类体系

①砾类土中细粒组质量少于或等于总质量 5％的土称砾，按下列级配指标定名：

a. 当 $C_u \geqslant 5$，C_c 为 1～3 时，称级配良好砾，记为 GW；

b. 不同时满足 a. 条件时，称级配不良砾，记为 GP。

②砾类土中细粒组质量为总质量 5％～15％的土称含细粒土砾，记为 GF。

③砾类土中细粒组质量大于总质量的 15％，并小于或等于总质量的 50％时，按细粒土在塑性图中的位置定名：

a. 当细粒土位于塑性图 A 线以下时称粉土质砾，记为 GM；

b. 当细粒土位于塑性图 A 线或 A 线以上时，称黏土质砾，记为 GC。

粗粒土中砾粒组质量小于或等于砂粒组质量的土称砂类土，砂类土应根据其中细粒含量和类别及粗粒组的级配进行分类。砂类土分类体系如图 6-9 所示。

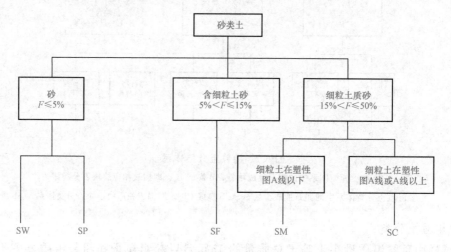

图 6-9 砂类土分类体系

注：需要时，砂可进一步细分为粗砂、中砂和细砂。

①粗砂——粒径大于 0.5 mm 颗粒多于总质量 50%；

②中砂——粒径大于 0.25 mm 颗粒多于总质量 50%；

③细砂——粒径大于 0.075 mm 颗粒多于总质量 75%。

根据粒径分组由大到小，以首先符合者命名。

①砂类土中细粒组质量少于或等于总质量 5% 的土称砂，按下列级配指标定名：

a. 当 $C_u \geqslant 5$，C_c 为 1～3 时，称级配良好砂，记为 SW；

b. 不同时满足上一条件时，称级配不良砂，记为 SP。

②砂类土中细粒组质量为总质量 5%～15% 的土称含细粒土砂，记为 SF。

③砂类土中细粒组质量大于总质量的 15% 并小于或等于总质量的 50% 时，按细粒土在塑性图中的位置定名：

a. 当细粒土位于塑性图 A 线以下时，称粉土质砂，记为 SM；

b. 当细粒土位于塑性图 A 线或 A 线以上时，称黏土质砂，记为 SC。

（3）细粒土分类。试样中细粒组质量多于总质量 50% 的土称细粒土，分类体系如图 6-10 所示。

细粒土应按下列规定划分为细粒土、含粗粒的细粒土和有机质土。

细粒土中粗粒组质量少于总质量 25% 的土，称细粒土。

细粒土中粗粒组质量为总质量 25%～50% 的土，称含粗粒的细粒土。

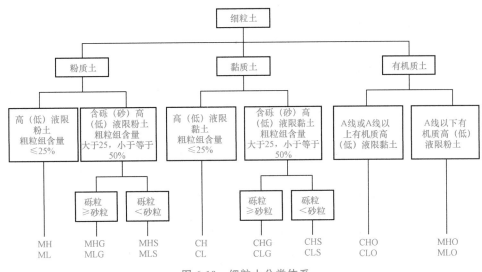

图 6-10　细粒土分类体系

含有机质的细粒土称有机质土。

1)细粒土应按塑性图分类。本"分类"的塑性图(图 6-11)采用下列液限分区:

低液限　　　$\omega_L < 50\%$

高液限　　　$\omega_L \geqslant 50\%$

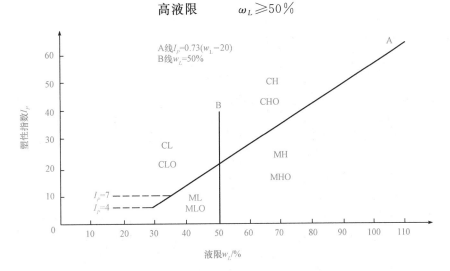

图 6-11　塑性图

细粒土应按其在塑性图(图 6-11)中的位置确定土名称:

①当细粒土位于塑性图 A 线或 A 线以上时,按下列规定定名:

a. 在 B 线上或 B 线以右,称高液限黏土,记为 CH;

b. 在 B 线上以左,$I_P = 7$ 线以上,称低液限黏土,记为 CL。

②当细粒土位于 A 线以下时,按下列规定定名:

a. 在 B 线上或 B 线以右,称高液限粉土,记为 MH;

b. 在 B 线以左,$I_P = 4$ 线以下,称低液限粉土,记为 ML。

121

③分类遇搭界情况时，应从工程安全角度考虑，按下列规定定名：

a. 土中粗、细粒组质量相同时，定名为细粒土；

b. 土正好位于塑性图 A 线上，定名为黏土；

c. 土正好位于塑性图 B 线上，当其在 A 线以上时，定名为高液限黏土；当其在 A 线以下时，定名为高液限粉土。

2)含粗粒的细粒土应先按本规程有关规定确定细粒土部分的名称，再按以下规定最终定名：

①当粗粒组中砾粒组质量大于砂粒组质量时，称含砾细粒土，应在细粒土代号后缀以代号"G"。

②当粗粒组中砂粒组质量大于或等于砂粒粗质量时，称含砂细粒土，应在细粒土代号后缀以代号"S"。

3)土中有机质包括未完全分解的动植物残骸和完全分解的无定形物质。后者多呈黑色、青黑色或暗色；有臭味、有弹性和海绵感。借目测、手摸及嗅感判别。

当不能判定时，可采用下列方法：将试样在 105～110 ℃的烘箱中烘烤。若烘烤 24 h 后试样的液限小于烘烤前的 3/4，该试样为有机质土。

拓展训练

图 6-12 所示为某三种土 A、B、C 的颗粒级配曲线，试根据《公路土工试验规程》(JTG 3430—2020)分类法确定三种土的名称。

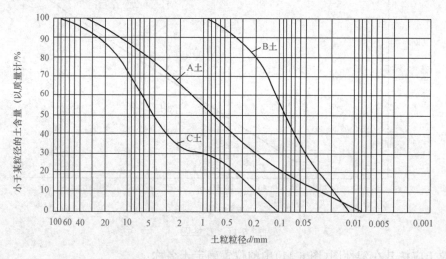

图 6-12　某三种土 A、B、C 的颗粒级配曲线

解答：

A 土：从 A 土级配曲线查得，粒径小于 60 mm 的占总土质量的 100%，粒径小于 0.075 mm 的占总土质量的 21%，满足粒径大于 0.075 mm 且小于 60 mm 的占 79%，其中 0.075～2 mm 占 46%，2～60 mm 占 33%，故该土属于砂，小于 0.075 mm 占 21%，该土属于细粒土质砂。

B土：粒径大于 2 mm 的没有，粒径大于 0.075 mm 的占总土质量的 58%，属于砂，小于 0.075 mm 的占 42%，该土属于细粒土质砂。

C土：粒径大于 2 mm 的占总土质量的 67%，粒径大于 60 mm 的占总土质量的 2%，该土应命名为砾，小于 0.075 mm 的占 33%，故该土应该属于细粒土质砾。

复习思考题

1. 土的物理性质指标主要有哪些？它们的含义和表达式是什么？

2. 表征砂土的天然结构状态的指标是什么？有何意义？

3. 简述土的层流渗透定律及对各种土的实用性。

4. 工程上用黏性土作隔水层是否就意味着它是绝对不透水的？什么是起始水力梯度？

5. 影响土的渗透性的因素有哪些？

6. 毛细水为什么要沿着土的毛细孔隙运移？哪些土的毛细现象最为显著？

7. 简述土层中毛细水带的分布特征。

8. 什么是黏性土的稠度、稠度状态、界限含水率？

9. 土的工程分类原则是什么？有哪些分类方案？

10. 说出下列土类符号的具体名称：GW、ML、CHM、SP。

11. 简述塑性图的基本原理，它有何功能？

项目七

地下水概论

学习内容

地下水基本概念、物理性质和化学成分；地下水按埋藏条件分类；三种地下水的补给、径流、排泄特征。

学习目标

知识目标：

(1)了解地下水物理性质和化学成分；

(2)掌握地下水基本术语；

(3)掌握地下水分类；

(4)掌握包气带水、潜水、承压水的补给、径流、排泄特征；

(5)掌握潜水等水位线图、承压水等水压线图的阅读方法。

能力目标：

能读懂潜水等水位线图、承压水等水压线图。

素质目标：

(1)独立思考、相互协作、精益求精；

(2)珍惜国土资源；

(3)具有职业素养；

(4)具有工匠精神。

任务一　了解地下水的物理性质和化学性质

一、概述

埋藏在地表下面土中孔隙、岩石孔隙和裂隙中的水，称为地下水。赋存在岩土空隙中的地下水有气态、液态和固态三种，但以液态为主。当水量少时，水分子受静电引力被吸附在碎屑颗粒和岩石表面成为吸着水；薄层状的吸着水的厚度超过几百个水分子直径时，则为薄膜水。吸着水和薄膜水因受静电引力作用不能自由移动，当水将岩石空隙填满时，如果空隙较小，则水受表面张力作用，可沿空隙上升形成毛细管水；如果空隙较大，水的重力大于表面张力，则水受重力的支配从高处向下渗流形成重力水，它是地下水存在最主要的方式。

地下水在重力作用下不停地运动着，运动特点主要取决于岩土的透水性，岩土的透水性又取决于岩土中空隙的大小、数量和连通程度。岩土按其透水性的好坏，可分为透水的、半透水的和不透水的三类。透水的(有时包括半透水的)岩土层称为透水层；不透水的岩土层称为隔水层；当透水层被水充满时称为含水层。

地下水分布很广，与人们的生产、生活和工程活动的关系也很密切。一方面，它是饮用、灌溉和工业供水的重要水源之一，是宝贵的天然资源；另一方面，它与土、石相互作用，会使土体和岩体的强度与稳定性降低，产生各种不良的自然地质现象和工程地质现象，如滑坡、岩溶、潜蚀、地基沉陷、道路冻胀和翻浆等，给工程的建设和正常使用造成危害。关于结合水、毛细水在后面土的水理性质中有详细介绍，本任务只介绍重力水的物理性质和化学成分及其埋藏特征。

二、地下水的物理性质和化学成分

由于地下水在运动过程中与各种岩土相互作用、溶解岩土中可溶物质等原因，使地下水成为一种复杂的溶液。研究地下水的物理性质和化学成分对于了解地下水的成因与动态确定地下水对混凝土等的侵蚀性，进行各种用水的水质评价等，都有着实际的意义。

(一)物理性质

地下水的物理性质包括温度、颜色、透明度、嗅(气味)、味(味道)和导电性等。地下水的温度变化范围很大、地下水温度的差异，主要受各地区的地温条件所控制。通常随埋藏深度不同而异，埋藏越深的水温越高。

地下水一般是无色透明的，但当水中含有某些有色离子或含有较多的悬浮物质时，便会带有各种颜色而显得混浊，如含有高铁的水为黄褐色，含腐殖质的水为淡黄色。

地下水一般是无嗅、无味的，但当水中含有硫化氢气体时，水便有臭蛋味，含氯化钠的水味咸，含氯化镁或硫化镁的水味苦。

地下水的导电性取决于所含电解质的数量与性质(即各种离子的含量与离子价)。离子含量越多，离子价越高，则水的导电性越强。

(二)主要化学成分

1. 地下水中常见的成分

地下水中含有多种元素，有的含量大，有的含量甚微。地壳中分布广含量高的元素如 O、Ca、Mg、Na、K 等在地下水中最常见。有的元素如 Si、Fe 等在地壳中分布很广，但在地下水中却不多；有的元素如 Cl 等在地壳中极少但在地下水中却大量存在、这是因为各种元素的溶解度不同的缘故。所有这些元素是以离子化合物分子和气体状态存在于地下水中，而以离子状态为主。

地下水中含有数十种离子成分，常见的阳离子有 H^+、Fe^{3+}、Mn^{2+} 等；常见的阴离子有 OH^-、Cl^-、SO_4^{2-}、NO_3^-、CO_3^{2-}、SiO_2^{2-}、PO_4^{3-} 等。上述离子中的 Cl^-、SO_4^{2-}、

HCO_3^-、Na^+、K^+、Mg^{2+}、Ca_2^+ 七种是地下水的主要离子成分，它们分布最广，在地下水中占绝对优势。它们决定了地下水化学成分的基本类型和特点。

地下水中含有多种气体成分，常见的有 O_2、N_2、CO_2、H_2S。

地下水中呈分子状态的化合物（胶体）有 Fe_2O_3、Al_2O_3、H_2SiO_4 等。

2. 氢离子浓度（pH 值）

氢离子浓度是指水的酸碱度，用 pH 值表示。pH＝lg「H^+」。

地下水的氢离子浓度主要取决于水中 HCO_3^-、CO_3^{2-} 和 H_2CO_3 的数量。自然界中大多数地下水的 pH 值为 6.5～8.5。水按 pH 值分类见表 7-1。

表 7-1　水按 pH 值分类

水的类别	强酸性水	弱酸性水	中性水	弱碱性水	强碱性水
pH 值	<5	5～7	7	7～9	>9

3. 总矿化度

水中离子、分子和各种化合物的总量称为总矿化度，以 g/L 表示。它表示水的矿化程度。通常以在 105～110 ℃温度下将水蒸干后所得干涸残余物的含量来确定。根据矿化程度可将水分为五类，见表 7-2。

表 7-2　水按矿化度分类

水的类别	淡水	微咸水	咸水	盐水	卤水
矿化度	<1	1～3	3～10	10～50	>50

矿化度与水的化学成分之间有密切的关系：淡水和微咸水常以 HCO_3^- 为主要成分，称为重碳酸盐水；咸水常以 SO_4^{2-} 为主要成分，称为硫酸盐水；盐水和卤水则往往以 Cl^- 为主要成分，称为氯化物水。

高矿化水能降低混凝土的强度，腐蚀钢筋，促使混凝土分解，故拌和混凝土时不允许用高矿化水，在高矿化水中的混凝土建筑也应注意采取防护措施。

4. 水的硬度

水中 Ca^{2+}、Mg^{2+} 的总量称为总硬度。将水煮沸后，水中一部分 Ca^{2+}、Mg^{2+} 的重碳酸盐因失去 CO_2；而生成碳酸盐沉淀下来，致使水中 Ca^{2+}、Mg^{2+} 的含量减少，由于煮沸而减少的这部分 Ca^{2+}、Mg^{2+} 的总含量称为暂时硬度。

总硬度与暂时硬度之差称为永久硬度，相当于煮沸时未发生碳酸盐沉淀的那部分 Ca^{2+}、Mg^{2+} 的含量。

我国采用的硬度表示法有两种：一是德国度，每一度相当于 1 L 水中含有 10 mg 的 CaO 或 7.2 mg 的 MgO；二是每升水中 Ca^{2+} 和 Mg^{2+} 的毫摩尔数。1 毫摩尔硬度＝2.8 德国度。根据硬度可将水分为五类，见表 7-3。

表 7-3　水按硬度分类

	水的类别	极软水	软水	微硬水	硬水	极硬水
硬度	$Ca^{2+}＋Mg^{2+}$毫摩尔数/L	<1.5	1.5～3.0	3.0～6.0	6.0～9.0	>9.0
	德国度	<4.2	4.2～8.4	8.4～16.8	16.8～25.2	>25.2

任务二　分析地下水的类型及特征

　　地下水的埋藏条件是指含水岩层在地质剖面中所处的部位及受隔水层限制情况。根据地下水的埋藏情况，可以将地下水划分为包气带水、潜水和承压水(图7-1)。

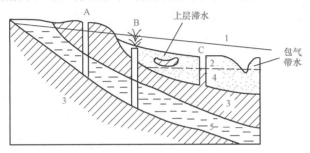

图 7-1　地下水埋藏示意

1—承压水位；2—潜水位；3—隔水层；4—含水层（潜水）；5—含水层（承压水）；
A—承压水井；B—自流水井（承压水位高出地表）；C—潜水井

PPT：地下水

微课：地下水分类

一、包气带水

　　包气带是指从地表至自由水面以上的非包水带。包气带水有上层滞水和毛细水两种形式。在包气带内局部隔水层上积聚的具有自由水面的重力水，叫作上层滞水。上层滞水接近地表，接受大气降水补给，以蒸发形式或向隔水底板边缘排泄。其主要特征是受气候控制，季节性变化明显，雨季水量多，旱季水量少，甚至干涸。包气带水的存在可使地基土的强度减弱。在寒冷的北方地区，易引起道路的冻胀和翻浆。另外，由于其水位变化大，常给工程的设计、施工带来困难。

二、潜水

1. 潜水的特征

　　潜水是埋藏在地表以下第一个连续稳定的隔水层（不透水层）以上、具有自由水面的重力水。一般是存在于第四纪松散堆积物的孔隙中(孔隙潜水)及出露于地表的基岩裂隙和溶洞中(裂隙潜水和岩溶潜水)。潜水的自由水面称为潜水面，潜水面上每一点的绝对(或相对)高程称为潜水位。潜水水面至地面的距离称为潜水的埋藏深度。由潜水面往下到隔水层顶板之间充满了重力水的岩层，称为潜水含水层，其间距离则为含水层的厚度。如图7-2所示，潜水的这种埋藏条件决定了潜水具有以下特征：

(1)潜水面以上，一般无稳定的隔水层，潜水通过包气带与地表相通，所以，大气降水和地表水直接渗入而补给潜水，成为潜水的主要补给来源。在大多数情况下，潜水的分布区（即含水层分布的范围）与补给区（即补给潜水的地区）是一致的，而某些气象水文要素的变化能直接影响潜水的变化。

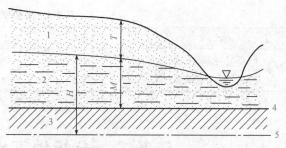

图 7-2　潜水埋藏示意

1—砂层；2—含水层；3—隔水层；4—潜水面；5—基准线；
6—潜水埋藏深度；7—含水层厚度；8—潜水位

(2)潜水埋藏深度及含水层的厚度是经常变化的，而且有的还变化甚大，它们受气候、地形和地质条件的影响，其中以地形的影响最显著。在强烈切割的山区，潜水埋藏深度可以达几十米甚至更深，含水层厚度差异也很大。而在平原地区，潜水埋藏浅，通常为数米至十余米，有时可为零（即潜水出露地表，形成沼泽），含水层厚度差异较小。潜水埋藏深度及含水层厚度不仅因地而异，即使在同一地区，也随季节不同而有显著变化。如在雨季，潜水获得的补给量多，潜水面上升，含水层厚度随之加大，埋藏深度变小，而在枯水季节则相反。

(3)潜水具有自由表面，为无压水。在重力作用下，自水位较高处向水位较低的地方。在自然界中，潜水面的形状也因地而异，它同样受到地形、地质和气象水文等自然因素的控制。潜水面的形状与地形有一定程度的一致性，一般地面坡度越大，潜水面的坡度也越大，但潜水坡度总是小于当地的地面坡度，形状比地形要平缓得多，图 7-3 所示含水层的渗透性能和厚度的变化，会引起潜水坡度的改变。大气降水和蒸发可直接引起潜水面的上升与下降，从而改变其形状。某些情况下，地表水的变化也会改变潜水面的形状。当河水排泄潜水时，潜水面为倾向河流的斜面，但当高水位河水补给潜水时，则潜水面可以变成从河水倾向潜水的曲面，如图 7-3 所示。

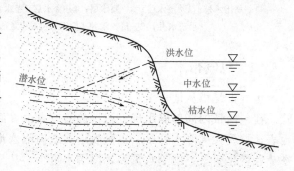

图 7-3　河水位变化与潜水面形状示意

(4)潜水的排泄（即含水层失去水量）主要有两种方式：一种是以泉的形式出露于地表或直接流入江河湖海中，这是潜水的一种主要排泄方式，称为水平方向的排泄；另一种是消耗于蒸发，称为垂直方向的排泄。潜水的水平排泄和垂直排泄所引起的后果不同，前者是水分、盐分的共同排泄，一般引起水量的差异；而后者由于只有水分排泄而不排泄水中的盐分，结果导致水量的消耗，又造成潜水的浓缩，因此发生潜水含盐量增大及土壤的盐渍化。

2. 潜水等水位线图

潜水面反映潜水与地形、岩性和气象水文之间的关系，表现出潜水埋藏、运动和变化的基本特点。为能清晰地表示潜水面的形态，通常采用两种图示方法，并常以两者配合使用。一种是以剖面图表示，即在具有代表性的剖面线上。水文地质剖面，其中既表示出水位，也表示出含水层的厚度、岩性及其变化，也就是在地质剖面图上画出潜水面剖面线的位置，即水文地质剖面图。另一种是以平面图表示，即用潜水面的等高线图（图 7-4）来表示水位标高(标在地形图上)，画出一系列水位相等的线。潜水面上各点的水位资料是在大致相同的时间，通过测定泉、井和按需要布置的钻孔、试坑等的潜水面标高来获得的。由于潜水位随季节发生变化，所以等水位线图上应该注明测定水位的时期。通过对不同时期等水位图进行对比，有助于了解潜水动态，一般在一个地区应绘制潜水最高水位时期的两张等水位线图。

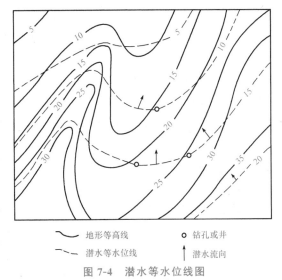

⌒ 地形等高线	○ 钻孔或井
⌒ 潜水等水位线	↑ 潜水流向

图 7-4　潜水等水位线图

根据潜水等水位线图，可以解决下列问题：

(1)潜水的流向。潜水是沿着潜水面坡度最大的方向流动的。因此，垂直于潜水等水线从高水位指向低水位的方向，就是潜水的流向，如图 7-4 中箭头所示的方向。

(2)潜水面的坡度(潜水水力坡度)。确定了潜水流向之后，在流向上任取两点的水位高差，除以两点的实际距离，即得潜水面的坡度。

(3)潜水的埋藏深度。将地形等高线和潜水等高线绘制于同一张图上时，则等水位线与地形等高线相交之点，两者高程之差即该点的潜水埋藏深度。若所求地点的位置，不在等水位线与地形等高线之交点处，则可用内插法求出该点地面与潜水面的高程，潜水的埋藏深度即可求得。

(4)潜水与地表水的相互关系。在邻近地表水的地段编制潜水等水位线图，并测定地表水的水位标高，便可以确定潜水与地表水的相互补给关系，如图 7-5 所示。图 7-5(a)所示为潜水补给河水；图 7-5(b)所示为河水补给潜水；图 7-5(c)所示为右岸潜水补给河水，左岸河水补给潜水。

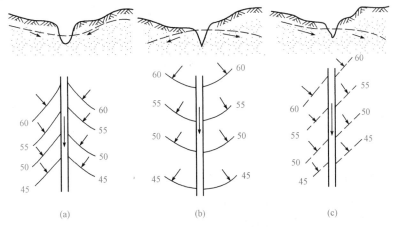

图 7-5　均质岩石中潜水与地表水(河水)的关系

129

（5）利用等水位线图合理地布设取水井和排水沟。为了最大限度地使潜水流入水井和排水沟，一般应沿等水位线布设水井和排水沟。如图7-6所示，图7-6中1、2、3是水井，4、5是排水沟，显然按1、3布设水井是合理的，而1、2是不合理的；同理，按5布设排水沟是合理的，而4不合理。

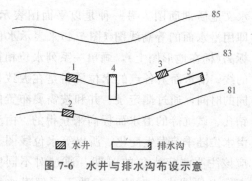

图 7-6　水井与排水沟布设示意

三、承压水

1. 承压水的概念与特征

承压水是充满在两个稳定不透水层或弱透水层间的含水层中承受水压力的地下水。承压水多埋藏在第四纪以前岩层的孔隙中或层状裂隙中，第四纪堆积物中也有孔隙承压水存在。当铅孔打穿上部隔水层至含水层时，地下水在静水压力的作用下，上升到含水层顶板以上某一高度，如图7-7中的 H_1 及 H_2 所示，该高度叫作承压水位或承压水头。各承压水位的连线叫作承压水位线（或水头线）。承压水位高出地表的叫作正水头，低于地表的叫作负水头。因此，在适宜的地形地质条件下，水可以溢出地面，甚至喷出，如图7-7中的 H_1 所示，所以通常又称承压水为自流水（但并非所有承压水都能自流）。由于承压水具有这一特点，因而是良好的水源，在我国早已被广泛地开采利用了。早在2 000多年以前，四川的自流井凿井取水煮盐，便是世界上最早发现和利用承压水（卤水）的记录。承压水的存在，有时也给地下工程、坝基稳定等造成很大的困难。所以，研究承压水具有重要的意义。

从图7-7中可以看出，承压水的埋藏条件是：上下均为隔水层，中间是含水层；水必须充满整个含水层；含水层露出地表吸收降水的补给部分，要比其承压区和泄水区的位置为高。具备上述条件，地下水即承受静水压力。如果水不充满整个含水层，则称为层间无压水。

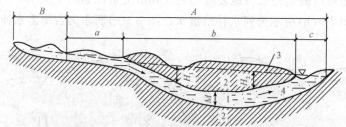

图 7-7　承压盆地剖面示意

A—承压水分布区；a—补给区；b—承压区；c—排泄区；
B—潜水分布区；H_1—正水头；H_2—负水头；M—承压水层厚度；
1—含水层；2—隔水层；3—承压水位；4—承压水流向

上述承压水的埋藏条件决定了它的下述特征：

（1）承压水的分布区和补给区是不一致的。

（2）地下水面承受静水压力而非自由面。

（3）承压水的水位、水量、水质及水温等受气象水文因素季节变化的影响不显著。

(4)任一点的承压含水层的厚度稳定不变，不受降水季节变化的支配。

2. 承压水的埋藏类型

综上所述可以看出，承压水的形成主要取决于地质构造。不同的地质构造决定了承压水埋藏类型的不同。这是承压水与潜水形成的主要区别。

在适当的地质构造条件下，无论孔隙水、裂隙水还是岩溶水，均能构成承压水。构成承压水的地质构造大体上可分为两类：一类是盆地或向斜构造；另一类是单斜构造。这两类地质构造在不同的地质发展过程中，常被一系列的褶皱或断裂所复杂化。埋藏有承压水的向斜构造和构造盆地，称为承压（或自流）盆地；埋藏有承压水的单斜构造，称为承压（或自流）斜地。

(1)承压盆地。每个承压盆地都可以分成三个部分，即补给区、承压区和排泄区(图7-7)。盆地周围含水层出露地表，露出位置较高者为补给区，位置较低者为排泄区，补给区与排泄区之间为承压区。在钻井时打穿上部隔水层，水即涌入井中，此高程（即上部隔水层底板高程）的水位叫作初见水位。当水上涌至含水层顶板以上某一高度稳定不变时，称为静止水位（即承压水位）。上部隔水层底板到下部隔水层顶板间的垂直距离，称为承压水层厚度 M。承压区含水层厚度是长期稳定的，而补给区含水层厚度则受水文气象因素影响而发生变化。

当有数个含水层存在时，各个含水层都有各自的承压水位。储水构造和地形一致的情况下称为正地形，其下层的承压水位高于上层的承压水位。这一点可以帮助人们初步判断各含水层发生水力联系的补给情况。如果用钻孔或井将两个承压含水层贯通，那么在负地形的情况下，可以由上面的含水层流到下面的含水层；在正地形的情况下，下面含水层中的水可以流入到上面的含水层。承压盆地的规模差异很大。四川盆地是典型的大型承压盆地。小型的一般只有几平方千米。

(2)承压斜地。如图7-8、图7-9所示，由含水岩层和隔水岩层所组成的单斜构造，由于含水层岩性发生相变或尖灭，或者含水层被断层所切割均可形成承压斜地。在图7-8(b)、图7-9所示的承压斜地内，补给区和排泄区是相邻的，而承压区位于另一端，在含水层出露的地势低处有泉出现。此时，水自补给区流到排泄区并非必须经过承压区，这与上述的介绍显然有所不同。

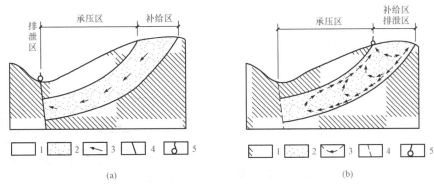

图 7-8　断块构造形成的承压斜地

(a)断层导水；(b)断层不导水

1—隔水层；2—含水层；3—地下水流向；4—断层；5—泉

图7-9所示的承压斜地，补给区、承压区和排泄区各在一处，类似承压盆地。

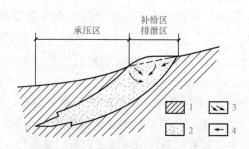

图 7-9 岩性变化形成的承压斜地
1—隔水层；2—含水层；3—地下水流向；4—泉

3. 承压水的补给、径流和排泄

（1）承压水的补给区直接与大气相通，接受降水和地表水的补给（存在地表水时）。补给的强弱决定于包气带的透水性、降水特征、地表水流量及补给区的范围等。也可存在上下含水层之间的补给。

（2）承压水的排泄有如下几种形式：承压含水层排泄区裸露地表时，以泉的形式排泄并可以补给地表水；承压水位高于潜水时，排泄于潜水成为潜水的补给源。也可以在正地形或负地形条件下，形成向上或向下的排泄。

（3）承压水的径流条件取决于地形、含水层透水性、地质构造及补给区与排泄区的承压水位差。承压含水层的富水性则同承压含水层的分布范围、深度、厚度、空隙率、补给来源等因素密切相关。一般情况下，分布广、埋藏厚度大、空隙率高，水量就较丰富且稳定。承压水径流条件的好坏、水交替强弱，决定了水质的优劣及其开发利用的价值。

4. 水压面特征

承压水位即承压水的水压面，简称水压面。它与潜水面不同，潜水面是一个实际存在的面。承压水面实际并不存在，故有人称是一个势面。水压面的深度不能反映承压水的埋藏深度。水压面的形状在剖面上是倾斜直线或曲线。

承压水面的表示方法，即根据相近时间测定的各井孔的测压水位标高资料绘制的等水压线图（图7-10），即测压水位标高相同点的连线。等水压线形状与地形等高线形状无关。利用等水压线图可以确定承压水流向。

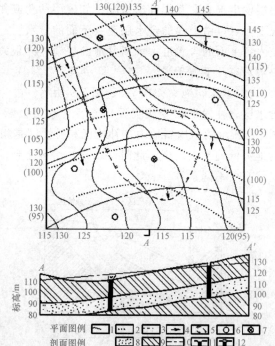

图 7-10 等水压线图（附含水层顶板等高线）
1—地形等高线；2—含水层顶板等高线；3—等测压水位线；
4—地下水流向；5—承压水自溢区；6—钻孔；7—自喷钻孔；
8—含水层；9—隔水层；10—测压水位线；
11—承压不自流井；12—自流井

水力坡度，如果等水压线图上绘有地形等高线和隔水顶板等高线时，则可确定承压水的埋藏深度和承压水头。根据这些数据可选择适宜的开采地段。

四、泉水

地下水在地表的天然出露叫作泉，它是地下水的主要排泄方式之一。研究泉对了解地质构造和地下水都有很大意义。

泉的出露多在山麓、河谷、冲沟等地面切割强烈的地方，平原地区堆积物厚，切割微弱，地下水不易出露，所以平原地区极少见到泉。

泉的类型很多，从不同的角度可以作不同的分类(图 7-11)。下面介绍两种常用的分类。

(一)根据出露原因分类

1. 侵蚀泉

河谷切割到潜水含水层时，潜水即出露为侵蚀下降泉；若切割承压含水层的隔水顶板时，承压水便喷涌成泉，称为侵蚀上升泉。

2. 接触泉

透水性不同的岩层相接触，地下水流受阻，沿接触面出露，称为接触泉。

3. 断层泉

断层使承压含水层被隔水层阻挡，当断层导水时，地下水沿断层上升在地面标高低于承压水位处出露成泉，称为断层泉。沿断层线可看到是串珠状分布的断层泉。

(二)根据泉水温度分类

1. 冷泉

泉水温度大致相当或略低于当地年平均气温，称为冷泉。这种冷泉大多由潜水补给。

2. 温泉

泉水温度高于当地年平均气温，称为温泉。如陕西临潼华清温泉水温 50 ℃。温泉的起源有两个：一是受地下岩浆的影响；二是受地下深处地热的影响。

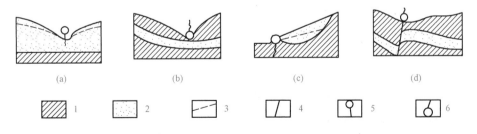

图 7-11 不同类型的泉

(a)下降泉；(b)上升泉；(c)接触泉；(d)断层泉

1—隔水层；2—透水岩层；3—地下水水位；4—导水断层；5—下降泉；6—上升泉

图 7-12 所示为某区域潜水等水位线图，试确定 E 点水位值，潜水埋深、AB 之间潜水流向。

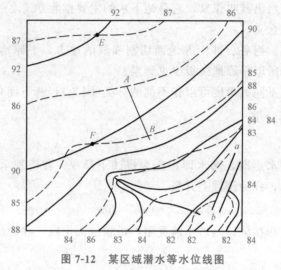

图 7-12　某区域潜水等水位线图

解答：E 点水位为 87 m，潜水埋深为地面高程－潜水位＝92－87＝5(m)。AB 之间地下水流向为高水位流向低水位，故为 A 流向 B。

复习思考题

1. 地下水有哪些来源？

2. 什么是岩石的水理性质？

3. 什么是含水层、含水带、含水段、含水岩组、含水岩系？它们在生产中有哪些用途？

4. 什么是潜水？其有哪些特征？

5. 根据潜水等水位线图可以解决哪些问题？如何解决？

6. 什么是承压水？其有哪些特点？其与潜水有何区别？

7. 地下水有哪些主要物理性质？

8. 地下水有哪些主要化学性质？

9. 地下水按硬度分为哪几种类型？按矿化度又分为哪几种类型？

10. 泉的类型如何？研究泉有什么意义？

项目八

地下水运动的基本规律

学习内容

重力水运动的基本规律、包气带水的运动规律、结合水的运动规律。

学习目标

知识目标：

(1)掌握达西定律原理、适用条件；

(2)掌握裴布衣方程适用范围及应用；

(3)掌握地下水向潜水井的稳定运动规律法。

能力目标：

会测定渗透系数，会计算地下水流量、流速、水位等。

素质目标：

(1)独立思考、相互协作、精益求精；

(2)珍惜国土资源；

(3)具有职业素养；

(4)通过达西定律、裴布依方程激发爱国情怀。

任务一　分析重力水运动的基本规律

一、达西定律及其适用范围

(一)达西定律

法国水力学家达西(Henry Darcy)于1852—1856年通过在装满砂的圆筒中进行的大量试验(图8-1)得到了重力水运动定律，称为达西定律。其数学表达式为

$$Q = KF \frac{\Delta H}{L} = KFI \qquad (8-1)$$

PPT：地下水完整
井出水量计算

式中　Q——渗透流量(出口处流量)；

F——过水断面（相当于砂柱横断面）；

ΔH——水头损失（$\Delta H = H_1 - H_2$）；

L——渗透途径；

I——水力坡度$\left(\text{相当于}\dfrac{\Delta H}{L}\right)$；

K——渗透系数。

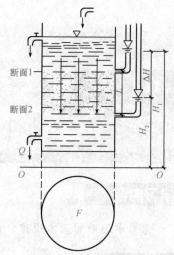

从水力学可知，通过某一断面的流量 Q 等于流速 v 与过水面积 F 的乘积，即

$$Q = Fv$$

或

$$v = Q/F \qquad (8\text{-}2)$$

式中　v——渗透流速。

其他符号意义同前。

图 8-1　达西试验示意

式(8-2)表明，渗透流速 v 与水力坡度一次方成正比，故又称直线渗流定律。

1. 渗透流速

透水岩层是由固体部分和空隙部分组成的，而地下水只能在空隙中运动。地下水在空隙中运动的平均速度称为实际平均流速，简称实际流速，以 u 表示，即

$$u = \frac{Q}{F'} \qquad (8\text{-}3)$$

式中　F'——过水断面的空隙面积（m^2）；

　　　Q——该过水断面的流量（m^3/d）。

由于式(8-3)中的 F' 是空隙面积，使用不便，故引进渗透流速这一概念。渗透流速将水流视为通过整个过水断面（包括固体部分和空隙部分）而其流量不变。即

$$v = \frac{Q}{F} \qquad (8\text{-}4)$$

式中　v——渗透流速（m/d）；

　　　F——过水断面总面积（m^2）；

　　　Q——渗透流量（与通过 F' 断面的流量相等，m^3/d）。

从式(8-4)可知，渗透流速是通过单位过水断面上的流量值，它不是地下水的实际流速，由于 $F' = nF$（n 为空隙率）比较式(8-3)和式(8-4)后得

$$Q = unF$$

$$v = nu \qquad (8\text{-}5)$$

由于空隙率总是小于 1 的，所以渗透流速小于实际流速，即（$u > v$），考虑到空隙率表面结合水的存在，渗透流速 u 与实际流速 v 的关系应为

$$v = \mu u \qquad (8\text{-}6)$$

式中，μ 为给水度，对于大空隙岩石，给水度 μ 与空隙率 n 在数值上很接近。而细小空隙的岩石两者相差很多，故应用式(8-6)计算。

2. 水力坡度

水力坡度为水流沿渗透途径的水头降落值与相应渗透途径长度的比值。自然界实际地下水流中，水力坡度往往沿流程而变化，渗流场中任一点的水力坡度可以表示为

$$I = -\frac{\mathrm{d}H}{\mathrm{d}L} \tag{8-7}$$

于是达西公式便可写成：

$$v = -K\frac{\mathrm{d}H}{\mathrm{d}L} \tag{8-8}$$

式中，水力坡度取负号，是因为沿流程水头的增量为负值，为使渗透速度永为正值，故而取负号。

3. 渗透系数(K)

渗透系数是表示岩土透水性的指标，是含水层重要的水文地质参数之一。一般情况下，渗透系数是同岩石和渗透液体的物理性质有关的常数。根据达西定律，当水力坡度 $I=1$ 时，渗透系数在数值上等于渗透流速。由于水力坡度无量纲，故渗透系数具有速度量纲，即 K 的单位和 v 的单位相同，以 m/s 或 m/d 表示。松散岩石的渗透系数经验值可参见表 8-1 渗透系数的测定，也可用野外及室内试验方法获得。

(二)达西定律的适用范围

水在空隙介质中运动是否符合线性渗透定律，可用临界速度 v_k 判别。根据巴甫洛夫斯基的公式：

$$v_k = \frac{1}{6.5}(0.75n + 0.23)\frac{vRe_k}{d_{10}}(\mathrm{m/s}) \tag{8-9}$$

式中　v_k——临界速度；

　　　n——土的孔隙度；

　　　v——运动黏度($\mathrm{cm^2/s}$)；

　　　d_{10}——土的有效直径(cm)；

　　　Re_k——临界雷诺数，$Re_k = 50 \sim 60$。

当水温为 10 ℃时式(8-9)可简化为

$$v_k = 0.002(0.75n + 0.23)\frac{vRe_k}{d_{10}}(\mathrm{m/s}) \tag{8-10}$$

表 8-1　不同岩性渗透系列 K 的经验值

岩性	渗透系数 K /(m·d^{-1})	岩性	渗透系数 K /(m·d^{-1})
黏土	0.001~0.054	细砂	5~15
粉质黏土	0.02~0.5	中砂	10~25
粉质砂土	0.2~1.0	粗砂	25~50
粉砂	1~5	砂砾石	50~150
粉细砂	3~8	卵砾石	80~300

二、非线性渗透定律

地下水在较大的空隙中运动，其流速相当大时，水流呈紊流状态，此时渗透定律应以式(8-11)表达：

$$v = K_m I^{1/2} \tag{8-11}$$

式中　K_m——紊流运动时的渗透系数。

式(8-11)表明，紊流运动时，地下水的渗透速度与水力坡度的1/2次方成正比，故称非线性渗透定律。

当地下水运动呈混合流状态时，则符合式(8-12)：

$$v = K_c I^{1/m} \tag{8-12}$$

式中　K_c——混合流运动时的渗透系数 m 介于 $1 \sim 2$。

三、地下水向均质含水层稳定运动

(一)潜水含水层中的二维流

二维流都是非均匀流，非均匀流过水断面都是曲面。一般天然渗流场中流线之间夹角都很小，通常都为缓变流。满足裘布依假设条件下的缓变流。达西公式表达为裘布依微分方程式：

$$q = -Kh \frac{\mathrm{d}H}{\mathrm{d}x} \tag{8-13}$$

式中　$\dfrac{\mathrm{d}H}{\mathrm{d}x}$——水力坡度；

　　　h——含水层厚度；

　　　q——通过任一断面的单宽流量。

隔水底板水平时，取该底板为基准面，上游钻孔为坐标起点(图8-2)。按裘布依微分方程有

$$q = -Kh \frac{\mathrm{d}h}{\mathrm{d}x}$$

取边界条件：$x=0$，$h=h_1$；$X=L$，$h=h_2$。

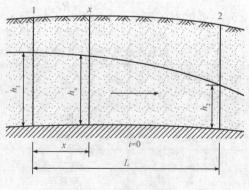

图8-2　潜水二维流

利用定积分解之得：

$$q = K \frac{h_1^2 - h_2^2}{2L} \tag{8-14}$$

式(8-14)即均质岩层隔水底板水平条件下的潜水单宽流量方程。

显然通过宽度为 B 的任一过水断面上流量方程为

$$Q = Bq = KB \frac{h_1^2 - h_2^2}{2L} \tag{8-15}$$

利用裘布依公式不仅可以计算流量，还可以推导出潜水浸润曲线方程式，绘制浸润曲线即潜水水位线是实际存在的地下水面线，故称为浸润曲线。为了求得浸润曲线方程，在上、下游断面间任取一断面，该断面与上游断面距离为 x，该断面的含水层厚度为 h_x，根据断面 1 和断面 x 条件可写出

$$q = K \frac{h_1^2 - h_x^2}{2x} \tag{8-16}$$

因为稳定流任一过水断面流量都相等，q、K 为常量，将式(8-15)和式(8-16)共解，就可得到下列浸润曲线方程：

$$h_x = \sqrt{h_1^2 - \frac{x}{L}(h_1^2 - h_2^2)} \tag{8-17}$$

根据式(8-17)可知，已知 h_1、h_2、L，取不同的 x 值，可求得不同的 h_x 值，即得一条浸润曲线。从式(8-17)可知，它是一条抛物线。

隔水底板倾斜时(图 8-3)，可用卡明斯基近似公式求解。此时，水力坡度 $I = -\dfrac{\mathrm{d}H}{\mathrm{d}x}$，过水断面为 h，单宽流量为

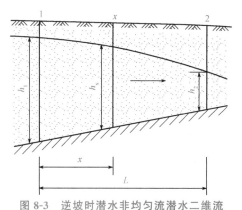

图 8-3　逆坡时潜水非均匀流潜水二维流

$$q = -Kh \frac{\mathrm{d}H}{\mathrm{d}x}$$

式中　H——水头；

　　　h——含水层厚度。

给定边界条件：

$$x = 0，H = H_1，h = h_1；$$

$$x = L, \quad H = H_2, \quad h = h_2$$

分离变量，求定积分：

$$-\int_{H_1}^{H_2} dH = \frac{q}{K} \int_0^L \frac{1}{h} dx$$

因为 h 随 x 变化，用常量近似的代替，则

$$-\int_{H_1}^{H_2} dH = \frac{q}{Kh_m} \int_0^L dx$$

积分得

$$q = K \frac{h_1 + h_2}{2} \frac{H_1 - H_2}{L} \tag{8-18}$$

式(8-18)即隔水底板倾斜时的卡明斯基近似方程。

(二)承压水的非均匀流

卡明斯基近似方程可以推广应用于承压含水层厚度变化的承压水非均匀流的计算(图8-4)。其计算公式为

$$q = K \frac{M_1 + M_2}{2} \frac{H_1 - H_2}{L} \tag{8-19}$$

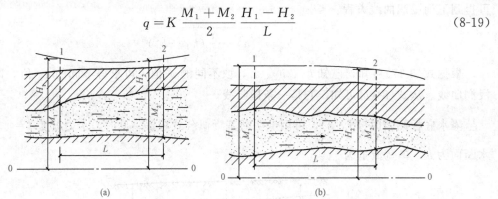

图 8-4 含水层变化时的承压水

式(8-19)中 M_1、M_2 分别为上、下游断面处承压含水层厚度。区间的任意一断面含水层厚度若呈线性变化。即

$$M_x = M_1 - \frac{M_1 - M_2}{L} x$$

则上、下游区间任一断面的水力坡度为

$$I = \frac{H_1 - H_2}{x} = \frac{q}{KM_x} \tag{8-20}$$

式(8-20)为含水层厚度呈线性变化时，承压水水头线方程。从该式可知，当 M 随水流方向逐渐变大时，I 逐渐变小，形成回水曲线。当 M 随水方向逐渐变小时，I 逐渐变大。形成降水曲线。

在地下水坡度较大的地区，有时会出现上游是承压水、下游由于水头降至隔水顶板以下而转变为无压水的情况，从而形成承压—无压流(图8-5)。对于这种情况，可以用分段法来计算。如果含水层厚度不变，此时承压水流地段的单宽流量为

$$q_1 = KM \frac{H_1 - M}{L_1}$$

式中　L_1——承压水流地段的长度。

无压水流地段的单宽流量为

$$q_2 = K \frac{M^2 - H_2^2}{2(L - L_1)}$$

根据水流连续性原理，$q_1 = q_2 = q$，则：

$$KM \frac{H_1 - M}{L_1} = K \frac{M^2 - H_2^2}{2(L - L_1)}$$

由此式得

$$L_1 = \frac{2LM(H_1 - M)}{M - (2H_1 - M) - H_2^2}$$

将 L_1 代入上面两个流量公式中的任何一个，都可以求得承压、无压流的单宽流量公式为

$$q = K \frac{M(2H_1 - M) - H_2^2}{2L} \tag{8-21}$$

各段降落曲线也可分别按承压水流公式和潜水流公式来计算。

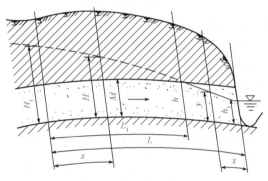

图 8-5　承压—无压流

四、地下水向完整井的稳定运动

从井中抽水，井周围含水层中的水就会向井里流动，水井中水位和井周围处的水位必将下降。通常是水井中水位下降较大，离井越远水位下降越小，形成漏斗状的下降区，称为下降漏斗。就潜水井而言，降落漏斗在含水层内部扩展，即随着漏斗的扩展渗流，过水断面也在不断地发生变化。而承压水井的水位下降不低于含水层顶板，其降落漏斗不在含水层内部发展，即含水层不会被疏干，只能形成承压水头的下降区。就是说，承压含水层随着漏斗的扩展，只发生水压的变化，其渗流过水断面则是不变的。

由此可见，随着水井抽水过程中漏斗的扩展，其水力坡度和渗流速度在含水层的空间也将发生变化，尤其是随着抽水时间的延长，变化会更加明显，即水流处于非稳定状态。只有抽水延续时间足够长，且漏斗的扩展速度非常慢时，才可近似地认为水流处于稳定状态。在

这种状况下，水井的出水量可运用稳定井流理论的计算方法来确定。

(一)潜水完整井出水量的计算

1863 年，法国水力学家裴布依为推导单井（完整井）出水量而建立了稳定井流模型，如图 8-6 所示。该模型假定水井位于一个四周均匀等深水体圆岛中心，即圆形定水头供水边界的含水层。并假定该圆岛为正圆，含水层均质、等厚，各向同性，水位与不透水层底板呈水平状。水井的半径为 r_0，供水边界距水井中心的距离即供水半径为 R。当水井按某一定流量 Q 抽水时，供水边界的水位保持不变，可保证无限供给定流量。井流服从达西线性渗透定律，并按轴对称井壁进水且无阻挡力地汇入井内。水井在未抽水前，井中水位与井周围水位相同，此时水位被称为静水位；而在抽水后，静水位便被破坏而逐渐下降。将某一抽水时刻的运动水位称为动水位。此时，水井内外便形成水头差，在这种水头差的作用下，含水层中的地下水便径向汇入井内，从而在水井周围形成了以井轴为对称的降落漏斗。当降落漏斗扩展至供水边界时，抽水流量与边界供给流量相等，降落漏斗和井中动水位便保持不变，达到稳定状态。潜水完整井抽水稳定后，其流线在平面上呈对称辐射状汇入井内，在剖面上为一簇曲线，最上部为降落漏斗的浸润面，其曲率达最大，也称为降落曲线，呈抛物线状，其下部的流线随深度加大曲率逐渐变缓，至不透水底板处，流线几乎与底板平行。在这种情况下，渗流速度便可能产生水平分量与垂直分量，但因一般垂直分量远小于水平分量，特别是在稳定井流的情况下，可忽略不计，于是便可把复杂的三维井流问题，近似地简化为二维井流来分析。由以上分析可知，稳定井流运动特点可概括为以下两点：

(1)流向为汇向水井中心呈放射状的一簇曲线，等水位面为以水井为中心的同心圆柱面。等水位面和过水断面是一致的。

(2)通过距井轴不同距离的过水断面流量处处相等，都等于水井流量 Q。

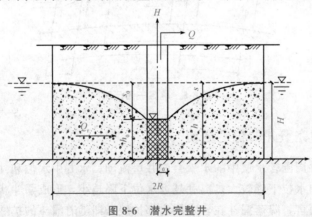

图 8-6　潜水完整井

由上述情况，按潜水完整井稳定流计算模型可推导出裴布依公式，如图 8-6 所示，取圆柱坐标系，沿底板取井径方向为 r 轴，井轴取为 H 轴，并假设渗流过水断面近似为同心圆柱面。

根据达西定律

$$Q = 2\pi r h K \frac{\mathrm{d}h}{\mathrm{d}r}$$

根据连续定律有

$$Q = Q_r = \text{const}$$

则有

$$2h\,\mathrm{d}h = \frac{Q}{\pi K}\frac{\mathrm{d}r}{r}$$

积分得

$$h^2 = \frac{Q}{\pi K}\ln r + C$$

当 $r \to R$ 时，$h \to H$，即

$$C = H^2 - \frac{Q}{\pi K}\ln R$$

则有

$$Q = \pi K \frac{H^2 - h^2}{\ln \dfrac{R}{r}} \tag{8-22}$$

当 $r \to r_0$ 时，$h \to h_0$ 则有

$$Q = \pi K \frac{H^2 - h_0^2}{\ln \dfrac{R}{r_0}} \tag{8-23}$$

即著名的裴布依稳定井流潜水完整井出水量计算公式，如将自然对数转换为常用对数，则得

$$Q = 1.364K \frac{H^2 - h_0^2}{\lg \dfrac{R}{r_0}} \tag{8-24}$$

又因 $h_0 = H - s_0$，$H^2 - h_0^2 = (2H - s_0)s_0$，则式(8-24)可改写为

$$Q = 1.364K \frac{(2H - s_0)s_0}{\lg \dfrac{R}{r_0}} \tag{8-25}$$

由式(8-23)也可获得降落曲线(或浸润曲线)的表达式，为

$$h^2 = H^2 - \frac{Q}{\pi K}\ln \frac{R}{r} \tag{8-26}$$

以上式中　Q——水井出水量($\mathrm{m^3/h}$ 或 $\mathrm{m^3/d}$)；

　　　　　K——含水层渗透系数($\mathrm{m/h}$ 或 $\mathrm{m/d}$)；

　　　　　H——含水层厚度或定水头高度(m)；

　　　　　s_0——抽水井降深(m)；

　　　　　h_0——井中水柱高度(m)；

　　　　　R——井的供水半径(m)；

　　　　　r_0——井的半径(m)。

在降落漏斗内，如果有一个或两个观测孔资料，如图 8-7 所示，此时一个观测井的流量

公式：

$$Q = 1.364K \frac{h_1^2 - h_0^2}{\lg \dfrac{r_1}{r_0}}$$

两个观测井的流量公式：

$$Q = 1.364K \frac{h_2^2 - h_1^2}{\lg \dfrac{r_2}{r_1}}$$

式中　h_1，h_2——1号、2号观测孔中的水位(m)；

　　　　r_1，r_2——1号、2号观测孔距抽水井中心的水平距离(m)。

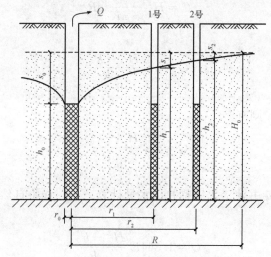

图 8-7　具有观测孔的潜水完整井

(二)承压完整井出水量的计算

具有圆形定水头供水边界的承压含水层，单井定流量井流方程的建立是基于下列条件的：

(1)含水层中水流运动符合达西定律。

(2)含水层均质、各向同性、等厚、圆形且水平埋藏。

(3)完整水井位于含水层中央，且定流量抽水。

(4)含水层的侧向为定水头供水边界。抽水前水头面是水平的，且无垂向补给。

对承压完整井，裘布依建立了与潜水完整井相类似的稳定井流模型，如图 8-8 所示。其计算公式如下：

$$Q = 2.73KM \frac{H - h_0}{\lg \dfrac{R}{r_0}} \tag{8-27}$$

式中　M——承压含水层的厚度(m)。

其余符号意义同前。

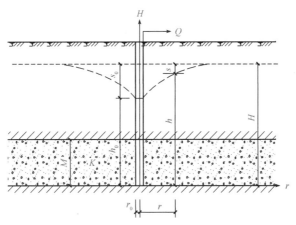

图 8-8　承压完整井稳定井流

承压水面降落曲线的表达式为

$$h = H - \frac{Q}{2\pi KM} \ln \frac{R}{r} \tag{8-28}$$

与潜水完整井相似，有一个观测孔或两个观测孔时(图 8-9)可分别得出下列井流量公式。

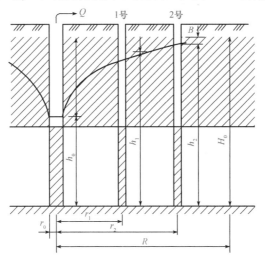

图 8-9　具有观测孔的承压完整井

一个观测孔时：

$$Q = \frac{2\pi Km(h_1 - h_0)}{\ln \frac{r_1}{r_0}} = \frac{2\pi Km(s_0 - s_1)}{\ln \frac{r_1}{r_0}} \tag{8-29}$$

两个观测孔时：

$$Q = \frac{2\pi Km(h_2 - h_1)}{\ln \frac{r_2}{r_1}} = \frac{2\pi Km(s_1 - s_2)}{\ln \frac{r_2}{r_1}} \tag{8-30}$$

利用稳定流的抽水试验资料，把裘布依公式加以适当的变换，可求得含水层的渗透系

数 K。

潜水完整井：

$$K = 0.732 \frac{Q\lg\dfrac{R}{r}}{(2R - s_0)s_0} \tag{8-31}$$

承压水完整井：

$$K = 0.366 \frac{Q\lg\dfrac{R}{r_0}}{Ms_0} \tag{8-32}$$

当有观测孔资料，利用裘布依公式也可求得供水半径 R。

潜水完整井：

$$\lg R = \frac{s_0(2H - s_1)\lg r_2 - s_2(2H - s_2)\lg r_1}{(s_1 - s_2)(2H - s_1 - s_2)} \tag{8-33}$$

承压水完整井：

$$\lg R = \frac{s_1\lg r_1 - s_2\lg r_2}{s_1 - s_2} \tag{8-34}$$

当只有单孔抽水，可用下列经验公式进行计算。

潜水含水层用库萨金公式：

$$R = 2s\sqrt{HK} \tag{8-35}$$

承压含水层用集哈尔特公式：

$$R = 10s\sqrt{K} \tag{8-36}$$

式中　s ——水位降深值（m）；

H ——潜水含水层厚度（m）；

K ——渗透系数（m/d）。

五、地下水向非完整井的稳定运动

如果井孔的进水段（过滤器）未穿透全部含水层，而只穿切含水层的一部分厚度，称为非完整井，如图 8-10 所示。

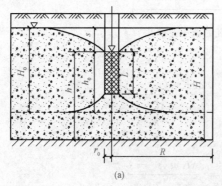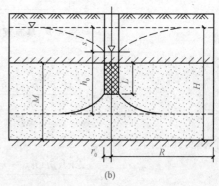

图 8-10　非完整井示意

（a）潜水非完整井；（b）承压水非完整井

(一)井壁进水的非完整井

福熙·海默（Forch heimer)通过试验，提出如下公式：

潜水非完整井[图 8-10(a)]：

$$Q = C_1 Q_完 = C_1 \left[1.364K \frac{(2H-s)s}{\lg \frac{R}{r_0}} \right] \tag{8-37}$$

承压非完整井[图 8-10(b)]：

$$Q = C_2 Q_完 = C_2 \left[2.732K \frac{Ms}{\lg \frac{R}{r_0}} \right] \tag{8-38}$$

式中　$Q_完$——潜水、承压水完整井出水量；

　　　C_1，C_2——潜水、承压水非完整井出水量折减系数。

其余符号含义同前。

$$C_1 = \sqrt{\frac{L}{h}} \sqrt[4]{\frac{2h-L}{h}} \tag{8-39}$$

$$C_2 = \sqrt{\frac{L}{M}} \sqrt[4]{\frac{2h-L}{M}} \tag{8-40}$$

以上式中　L——水井过滤器伸入含水层的长度或井壁进水长度(m)；

　　　　　h——潜水非完整井中动水位至隔水底板高度(m)；

　　　　　M——承压含水层厚度(m)。

两式选用时应符合下述条件：

(1)潜水非完整井应符合 $H/(S+L) \leqslant 1.5 \sim 2.0$；

(2)承压水非完整井应符合 $M/L \leqslant 1.5 \sim 2.0$。

如超越上述限制条件，计算误差较大。

(二)井底进水的非完整井

巴布什金对有限厚度含水层得出了如下计算公式。

1. 潜水非完整井

当 $\frac{r_0}{m} \leqslant \frac{1}{2}$ 时，如图 8-11(a)所示，公式可简化为

$$Q = \frac{2\pi K s r_0}{\frac{\pi}{2} + \frac{r_0}{m}\left(1 + 1.18\lg \frac{R}{4H}\right)} \tag{8-41}$$

式中　Q——非完整井的出水量；

　　　K——含水层的渗透系数；

　　　s——井中抽水降深；

　　　r_0——井半径；

　　　H——潜水含水层厚度；

　　　m——井底距水透水层底板的距离；

R——供水半径。

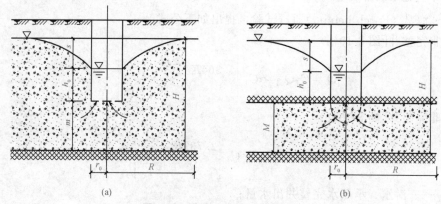

图 8-11　井底进水非完整井示意

(a)潜水非完整井；(b)承压非完整井

2. 承压水非完整井

(1)井底为平底的非完整井：

$$Q = \frac{2\pi K s r_0}{\frac{\pi}{2} + 2\arcsin\dfrac{r_0}{M + \sqrt{M^2 + r_0^2}} + 0.515\dfrac{r_0}{M}\lg\dfrac{R}{4M}} \tag{8-42}$$

当 $\dfrac{r_0}{M} \leqslant \dfrac{1}{2}$ 时，上式可简化为

$$Q = \frac{2\pi K s r_0}{\dfrac{\pi}{2} + \dfrac{r_0}{M}\left(1 + 1.18\dfrac{R}{4M}\right)} \tag{8-43}$$

(2)半球形底非完整井[图 8-11(b)]。

$$Q = \frac{2\pi K s r_0}{1 + \dfrac{r_0}{M}\left(1 + 1.18\dfrac{R}{4M}\right)} \tag{8-44}$$

当含水层很厚(大于 30 m)时，从井底进水的承压水非完整井出水量，可近似采用下式计算：

$$Q = \frac{\alpha K s r_0}{1 - \dfrac{r_0}{R}} \tag{8-45}$$

式中　α——井底形状系数，平底取 4，半球形取 2π。

如果井的半径与供水半径相比甚小时，即 $r_0/R \ll 1$ 时，则 r_0/R 可忽略不计，则上式可简化为

$$Q = \alpha K s r_0 \tag{8-46}$$

式中其他符号意义同前。

根据卡明斯基的意见，式(8-46)虽然是在承压含水层条件下导出的，但是如果钻入含水

层不深时，也可用来计算井底进水的潜水非完整井出水量，误差是允许的。

六、干扰井出水量的计算

在给水排水工程中，有时单井出水量不能满足需要，此时需要在同一开采层中布置两眼或更多的井，井距小于影响半径的2倍，当井同时工作时，井与井之间则产生影响，这种影响称为干扰作用。干扰条件下工作的井称为井群或井组。干扰作用的具体表现是在降深相同的情况下，每口井的出水量小于一口井单独工作时的出水量，或者如保持每口干扰井出水量等于一口井单独工作时的出水量，则干扰井的水位降将大于一口井单独工作时的水位降。井灌区内的井群，多数都有干扰现象。在排水工程中，为加速地下水水位的降落，往往需要规划干扰井群。干扰井出水量小于单独抽水时的出水量的原因是干扰作用相互争夺水流，限制各井的取水范围 K 引起水位迅速下降，使地下水向各井运动的水力坡度减小的结果。

干扰井出水量计算方法较多，现就常用的水位削减法(水位叠加法)简介如下：

如图8-12所示的两个承压完整井，当1号井单独抽水时出水量为 Q，降深为 s_0，引起2号井水位降为 t；同样，2号井单独抽水时出水量也为 Q，降深为 s_0，引起1号井的水位降为 t，将 t 称为水位削减值。

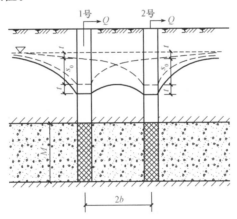

图 8-12　承压水两眼抽水干扰井

如两井同时抽水，且 $s＝s_0$ 则单井的出水量便减小，$Q_{扰}＜Q_{单}$ 时，则需要加大降深，如单井的出水量与降深的关系曲线为线性，则抽水降深应增加 t，即 $s＝s_0＋t_0$，则两井同时工作，单井出水量应为如下情况：

设1号井单独抽水时的出水量为

$$Q_{单}＝2.73KM\frac{s_0}{\lg\dfrac{R}{r_0}}$$

则

$$s_0＝\frac{Q_{单}}{2.73KM}\lg\frac{R}{r_0}$$

1号井单独抽水时，对2号的水位削减值为 t，可假设有一虚拟大口井 $r_0＝2b$，则 $s＝t$

149

时的出水量为

$$Q_{虚} = 2.73K \frac{M_t}{\lg \frac{R}{2b}}$$

令 $Q_{单} = Q_{虚}$，则有

$$t = \frac{Q}{2.73KM} \lg \frac{R}{2b}$$

已知：$s = s_0 + t$，可知

$$s = \frac{Q}{2.73KM} \lg \frac{R}{r_0} + \frac{Q}{2.73KM} \lg \frac{R}{2b}$$

则

$$Q = 2.73KM \frac{s}{\lg \frac{R^2}{2br_0}} \qquad (8-47)$$

式中　Q——两眼干扰井同时抽水时的单井出水量（m^3/h）；

　　　s——同样条件下，单井的抽水降深（m）；

　　　$2b$——井间距（m）。

其余符号意义同前。

同理，可求得潜水完整井两眼同时抽水时的单井出水量为

$$Q = 1.364K \frac{(2H-s)s}{\lg \frac{R^2}{2br_0}} \qquad (8-48)$$

若 $b = \frac{R}{2}$，式（8-47）、式（8-48）则变为非干扰条件下的裘布依涌水量方程，故式（8-47）、式（8-48）只适用于 $b \leqslant \frac{R}{2}$ 的情况。

任务二　了解包气带中地下水的运动

包气带水的运动规律是很复杂的，包气带岩石的透水性，实际上是个变量，渗透系数的大小与岩石含水率大小有关。本节主要讨论毛细带中水的运动。松散岩石及细微裂隙的基岩中的包气带，都有明显的毛细带存在。下面以多孔介质——松散岩石为例进行讨论。

松散岩石的孔隙系统，实际上是一个形状和大小都复杂多变的微管道系统。近似地可将其视为一个圆管系统，圆管直径可视为孔隙的平均直径 D_0，这样，松散岩石中毛细最大上升高度 H_k，按水力学的推导，可表示为 $H_k = \frac{0.03}{D_0}$。此式表明，毛细上升高度与毛管直径成反比关系；土的颗粒越小，则其间孔隙越小，毛细上升高度越高。但当土粒小到黏性土粒级时，孔隙中为结合水所充填，结合水有其特殊的物理性质，故黏性土的毛细上升高度，不

符合上述"反比"规律。毛细水运动除毛细上升高度外，还有毛细上升速度，这种运动仍可用达西定律表示。下面讨论这一公式的具体表达式。

将一筒砂置于自由水面上。砂土中即可观察到水沿毛细孔隙上升的现象。设自由水面压强 p_a，毛细压强为 $-p_w$（取负值是因为毛细力作用与大气压力作用方向相反），经 t 时间水由 A 上升到 B（图 8-13），渗径为 L；此时，B 处土中的压强为 $p_c = p_a - p_w$。以自由水面为基准，有 $p_a = 0$，则 $p_c = -p_w$，此式用水头表示为 $h_c = \dfrac{-p_w}{r}$，即 B 点水头为 $-h_c + L$，于是 AB 间平均水力坡度为

$$I_{AB} = \frac{0 - (-h_c + L)}{L} = \frac{h_c - L}{L}$$

则

$$v_{AB} = \frac{K(h_c - L)}{L} \tag{8-49}$$

分析式(8-49)可知，当 L 很小时，v 很大，故毛细上升速度快。随着毛细上升高度的加大，毛细上升速度逐渐变慢；当 $L = H_k$ 时，$h_c = H_k$，$v = 0$，毛细上升停止。

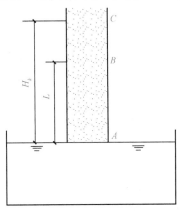

图 8-13　毛细上升示意

对于黏性土，根据罗戴公式有

$$v = K\left(\frac{h_c - L}{L} - I_0\right) \tag{8-50}$$

分析上式，若 $I = I_0$，则

$$v = K(I - I_0) = K\left(\frac{h_c - L}{L} - I_0\right) = 0$$

这时 $L = H_k$，于是

$$I_0 = \frac{h_c - H_k}{H_k}$$

即

$$H_k = \frac{h_c}{I + I_0} \tag{8-51}$$

由此可见，在黏性土中，最大毛细上升高度 H_k 与毛细压强水头 h_c 并不相等，$H_k < h_c$。颗粒越细，则孔隙越小，I_0 越大，H_k 越是比 h_c 小；颗粒越粗，则 I_0 越小，H_k 越是接近于 h_c；当 $I_0 = 0$ 时，$H_k = h_c$，即与砂土一致。一般黏性土，因为 I_0 较大，故 H_k 值仅有 $1 \sim 2$ m。

任务三　了解结合水运动规律

结合水是一种在力学性质上介于固体和液体之间的异常液体（称为塑流体），强结合水更接近于固态，极难流动，这里讨论的主要是弱结合水。结合水的流动仍然是黏滞力起主导作用，因而为层流形式。根据张忠胤教授的意见，结合水在运动时，渗透速度 v 与水力坡度 I 的关系，可用直角坐标系上通过原点的一条曲线表示（图 8-14）。这条曲线的任一段近于直线部分，都可用罗戴公式近似地表达：

$$v = K(I - I_0)$$

式中　I_0——起始水力坡度，其含义是克服结合水的抗剪强度，使之发生流动所必须具有的水力坡度。

但上述说法是不够严格的。从图 8-14 可知，只要有水力坡度，结合水就会发生运动，只不过当水力坡度未超过起始水力坡度 I_0 时，结合水的渗透速度 v 非常微小（称为隐渗透），只有通过精密测量才能觉察。因此严格地说，起始水力坡度 I_0 是结合水发生明显渗透时，用于克服其抗剪强度的那部分水力坡度。

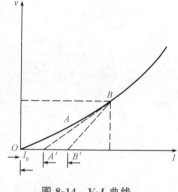

图 8-14　V-I 曲线

在重力水的渗透场中，对于一定的岩石，水的物理性质一定时，渗透系数 K 是一个常数，在结合水的渗透场中 K 值不是定值，I_0 也不是定值，两者都随 I 的增大而增大。当 I 较小时，只有粒间孔隙的中心部分的水形成渗流，即有效的渗孔直径 d_0 很小，渗透性就很弱，K 很小；随着 I 的增大，有效渗孔直径 d_0 增大，K 也随之增大；当渗流接近强结合水部分时，由于其抗剪强度大，I 再增大，d_0 也不会再有多大变化了，从而使 K、d_0 都趋于常数。这时用罗戴公式来分析问题才比较符合实际。事实上，罗戴公式只是曲线 $v = f(I)$ 上任一点的切线表达式，K 为切线的斜率，I_0 为切线与横坐标的交点。故只有当 $v = f(I)$ 曲线段渐变为直线后，K、I_0 才趋于常数。鉴于目前还没有确切的关系式来表达该曲线的关系，而一般情况下，利用 $v = K(I - I_0)$ 来说明结合水的运动比较方便，并且也能满足研究的精度要求。

拓展训练

某潜水含水层由均质细砂组成，下伏黏土隔水层呈水平状。沿渗流方向布置 1 号、2 号观测孔，相距 1 km。由 1 号孔观测的地下水水位为 23.20 m，2 号孔观测到的地下水水位为

30.50 m。隔水层顶面标高 10.00 m。含水层渗透系数为 8.9 m/d。试求：

(1)200 m 宽度上的地下水渗流量。

(2)距观测孔 2(沿渗流方向)200 m 处的水位标高。

解答：如图 8-15 所示，$h_1 = 30.5 - 10 = 20.5(\text{m})$；

$h_2 = 23.2 - 10 = 13.2(\text{m})$。

$$Q = KB \frac{h_1^2 - h_2^2}{2L} = 8.9 \times 200 \times \frac{20.5^2 - 13.2^2}{2 \times 1\,000} = 218.9(\text{m}^3/\text{d})$$

$$h_x = 19.3 + 10 = 29.3(\text{m})$$

$$h_x = \sqrt{h_1^2 - \frac{x}{L}(h_1^2 - h_2^2)} = \sqrt{20.5^2 - \frac{200}{1\,000} \times (20.5^2 - 13.2^2)} = 19.3(\text{m})$$

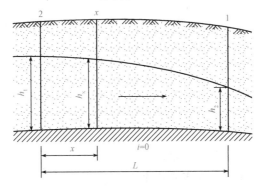

图 8-15　拓展训练图

复习思考题

1. 达西定律的原理表达式及适用条件是什么？

2. 地下水渗透流速与实际流速有何区别？它们之间有何关系？

3. 地下水运动可分为哪些类型？

4. 在砂砾石承压含水层中，沿流向打两个观测孔，其间距为 325 m，已知 1 号孔处含水层厚度为 11.5 m，水位标高为 26 m；2 号孔处含水层厚度为 8 m，水位标高为 24 m，含水层渗透系数为 55 m/d，求含水层的单宽流量。

5. 试求承压完整井在井中水位降深 5 m 时的涌水量。已知承压水头 20 m，$M = 45.6$ m，$K = 8$ m/d，孔径为 0.25 m，$R = 50$ m。并计算距抽水井 20 m 处的水位降深。

6. 在承压含水层中打一非完整井，井壁进水，井径为 0.2 m，井深为 13 m，打入含水层为 10 m，含水层厚度为 20 m，$K = 6.1$ m/d，$R = 500$ m。试求当降深为 5 m 时井的涌水量。

7. 在广阔的冲积潜水含水层中布置两个相距 50 m 的完整井，孔径均为 0.2 m，已知：$H = 20$ m，$K = 5$ m/d，$R = 200$ m。预计甲孔降深为 5 m，乙孔降深为 5 m。试确定两孔同时抽水时各孔的涌水量，并与各孔单独抽水时(降深不变)的涌水量进行比较。

项目九

桥涵水文

学习内容

水流分类与水力要素、小桥涵设计流量的推算、小桥涵位置选择的原则和布置要求、小桥涵孔径计算。

学习目标

知识目标：

(1)了解水流分类与水力要素；

(2)掌握小桥涵设计流量的推算方法；

(3)了解小桥涵位置选择方法及布置要求；

(4)掌握小桥涵孔径计算。

能力目标：

(1)能推算小桥涵设计流量；

(2)能设计小桥涵孔径。

素质目标：

(1)独立思考、相互协作、精益求精；

(2)珍惜国土资源；

(3)具有职业素养。

任务一 了解水流分类与水力要素

一、水流分类

1.静水压强及其特性

静止的水对单位受压面施加的压力称为静水压强。设在静止水作用的平面上，作用的静水压力为 F，受压面面积为 A，则受压面上平均静水压强为

$$p = \frac{F}{A} \tag{9-1}$$

式中 p——受压面上的平均静水压强(Pa);

$\quad\quad F$——静止的水对受压面施加的压力(N);

$\quad\quad A$——受压面的面积(m^2)。

当 A 取无限小时,可以认为是一点的静水压强,称为点压强。

静水压强具有以上两个重要特性:

(1)垂直性。静水压强的方向与受压面垂直,并指向作用面内部。

(2)等值性。静止液态内部任意一点各方向的静水压强的数值均相等。

重力作用下,水内部某点 M 的静水压强使用式(9-2)计算,如图 9-1 所示。

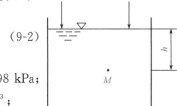

$$p = p_0 + \gamma \cdot h \quad\quad\quad (9\text{-}2)$$

式中 p——某点 M 的静水压强(Pa);

$\quad\quad p_0$——水表面的压强,若水面与大气相连通,则 p_0 取 98 kPa;

$\quad\quad \gamma$——水的重度,即水单位体积重力,通常取 9.8 kN/m^3;

$\quad\quad h$——点 M 到液面的铅垂距离(m)。

图 9-1 静水压强计算图

式(9-2)表明,静止液体内任一点的静水压强由两部分组成:一部分是液态表面压强 p_0,它将等值的传递到液体内每一点;另一部分是高度为 h 的液柱产生的压强 $\gamma \cdot h$。该式还表明,静水压强沿水深呈线性分布。对于连通器,水深相同的点组成的面是等压面。

2. 绝对压强、相对压强

在静水压强的计算中,依据计算起点不同,可分为绝对压强和相对压强。

以没有气体存在的真空状态作为计量起点得到的压强称为绝对压强,以 p' 表示。一个工程大气压以 p_a 表示,以之作为计量起点得到的压强,称为相对压强,以 p 表示。绝对压强皆为正值,而相对压强可正可负。一般取一个工程大气压为 98 kPa,因此,相对压强的最小值为 -98 kPa。绝对压强与相对压强直接的关系为

$$p' = p + p_a \quad\quad\quad (9\text{-}3)$$

如果液体有自由表面,并且液面与大气相连,此时液面的相对压强为 0 Pa,绝对压强为 98 kPa。

3. 描述液体运动的方法

液体流动时,表征液体运动特征的运动要素一般都随着时间和空间位置而变化,而液体又是由为数众多的质点所组成的连续介质,怎样来描述整个液体的运动规律呢?通常采用以不同液体质点通过固定的空间点的运动情况来了解整个流动空间内的流动情况,即着眼于研究各种运动要素的分布场,所以这种方法也称为流场法。如涵洞中的水流,最重要的是掌握水流经过涵洞不同位置时的流速、动水压强的大小,就可以满足工程设计的需要。

采用这种方法描述液体运动时引入了流线的概念。流线是某一瞬间的空间流场中,表示该瞬时各质点流动方向的曲线;流线是液体质点运动的趋势线,表示所有各点在该瞬时的流速矢量都和该流线相切,同时流线不能相交,不能转折。

水流运动受固体边界(如河渠的堤岸、管道等)的限制,称固体边界内的所在运动的水流

为总流。

4. 水流的分类

(1)恒定流与非恒定流。水力学中把表征液体运动状态的各种物理量(如流速、流向、加速度、压强等)称为水流的运动要素。按水流运动要素是否随时间变化,可将水流分为恒定流和非恒定流两类。水流运动要素不随时间变化的水流称为恒定流;水流运动要素随时间变化的水流称为非恒定流。

在实际工程中,平水期和枯水期,河道中的水位、流速和流量随时间变化缓慢,可近似认为是恒定流;洪水期,由于上游洪峰的影响,使河道中的水位、流速和流量随时间有显著变化,则属于非恒定流。

(2)均匀流与非均匀流。按水流的运动要素(主要是流速)是否随空间位置而变化,水流又可分为均匀流和非均匀流两类。位于同一流线上各质点的流速大小和方向均相同的液流,称为均匀流;否则,称为非均匀流。例如,恒定流的液流在等截面直管中流动,或液流在断面形状与大小沿程不变的长直顺坡渠道中流动都是均匀流。若液流在收缩管道、扩散管道或弯管中流动,以及液流在断面形状或大小变化的渠道中流动都形成非均匀流。

非均匀流也常分为渐变流和急变流两种。如果总流的流线接近彼此平行,称为渐变流;否则称为急变流,如图9-2所示。

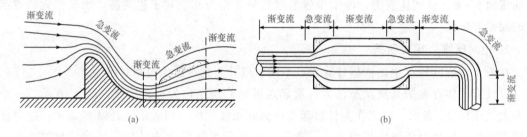

图 9-2　渐变流与急变流

(3)有压流与无压流。水流运动按受力来源不同,分为两类:受外界压力作用而流动的液体,称为有压流;在自身的重力作用下流动的液流,称为无压流(又称自由流或明渠流),此时液体表面相对压强为 0。压力流只能发生在充满液流的封闭管道里,如自来水管、水电站的压力管中的水流。无压流具有自由水面,自由水面受大气压力,如渠道、河流及未充满管道排水管中的水流。

二、水力要素

1. 水流运动的基本概念

(1)过水断面。与总流的流线垂直的横断面称为过水断面,如图9-3所示。其面积用 A 表示,单位为 m^2。过水断面可以为平面也可以为曲面,均匀流中过水断面为平面,非均匀流中过水断面为曲面。

(2)流量。单位时间内通过某一过水断面的液体的体积称为流量,以 Q 表示,单位为 m^3/s。

图 9-3　过水断面

（3）断面平均流速。某一时刻通过某一断面的液体质点的平均速度称为断面平均流速，以 v 表示，单位 m/s。流量、过水断面面积与断面平均流速之间的关系为

$$Q = vA \tag{9-4}$$

（4）湿周。液流过水断面和固体边界接触的周界线长称为湿周，以 χ 表示，单位为 m。

（5）水力半径。过水断面面积与湿周之比称为水力半径，以 R 表示，单位为 m。水力半径、过水断面面积及湿周一般通称为水力三要素，这三者的关系为

$$R = \frac{A}{\chi} \tag{9-5}$$

过水断面面积越大，过水能力越强；反之亦然。但相同过水面积，若形状不同（如圆形、正方形、长方形等），过水能力也不同，这是因为它们随断面形状不同有不同长度的湿周，而长的湿周过水能力就小。显然，水力半径是更为鲜明的反映过水能力强弱的一个特征量，水力半径越大，过水能力越大。

2. 恒定流的连续方程

根据质量守恒定律，在连续不可压缩液体恒定总流中，任意两个过水断面所通过的流量相等。水力学中将质量守恒定律在液体流动中的这种特殊表现形式，称为连续性原理，其数学表达式称为连续性方程。

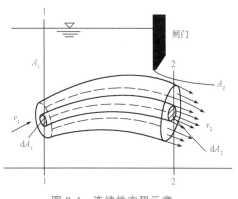

图 9-4　连续性方程示意

如图 9-4 所示，在闸门的上下游分别取两个过水断面 1—1 及 2—2，其流量分别为 Q_1、Q_2，过水断面面积分别为 A_1、A_2，流速分别为 v_1、v_2，根据连续性原理，水流通过这两个过水断面的流量应相等，表示为

$$Q_1 = Q_2 \tag{9-6}$$

或

$$v_1 A_1 = v_2 A_2 \tag{9-7}$$

【例 9-1】　某公路跨越一条渠道处拟修建一座小桥，如图 9-5(a) 所示，渠道断面为梯形，底宽 $b_1 = 9$ m，边坡为 $1 : m = 1 : 1.5 \left[m \text{ 称为坡度系数，如图 9-5(b) 所示，} m = \dfrac{b}{h} \right]$。桥位处断面为矩形，底宽 $b_2 = 8$ m。已知渠道水深 $h_1 = 3$ m，断面平均流速 $v_1 = 0.75$ m/s，桥下水深 $h_2 = 2.7$ m。求桥下的断面平均流速 v_2。

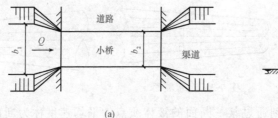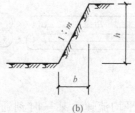

(a)　　　　　　　　　(b)

图 9-5　例 9-1 图

解：渠道过水断面面积为

$$A_1 = (b_1 + mh_1)h_1 = (9 + 1.5 \times 3) \times 3 = 40.5 (m^2)$$

桥下过水断面面积为

$$A_2 = b_2 h_2 = 8 \times 2.7 = 21.6 (m^2)$$

由恒定总流连续性方程，可知：

$$v_1 A_1 = v_2 A_2$$

所以

$$v_2 = \frac{v_1 A_1}{A_2} = \frac{0.75 \times 40.5}{21.6} = 1.41 (m/s)$$

3. 恒定总流的能量方程

液体运动时具有势能和动能两种机械能，势能又包括位置势能及压力势能。根据能量守恒定律，恒定总流的能量方程即描述液体运动时各种机械能之间及机械能与其他形式的能量之间相互转换的关系，可表示为

$$E = z_1 + \frac{p_1}{\gamma_1} + \frac{v_1^2}{2g} = z_2 + \frac{p_2}{\gamma_2} + \frac{v_2^2}{2g} + h_w \qquad (9\text{-}8)$$

式中　z_1，z_2——总流过水断面上单位质量液体所具有的位能，可以用过水断面上任一点距计算基准面之间的距离表示，称为单位位能或位置水头(m)；

$\dfrac{p_1}{\gamma_1}$，$\dfrac{p_2}{\gamma_2}$——总流过水断面上单位质量液体所具有的压能，称为单位压能或压强水头(m)；

$z_1 + \dfrac{p_1}{\gamma_1}$，$z_2 + \dfrac{p_2}{\gamma_2}$——总流过水断面上单位质量液体所具有的平均势能，称为单位势能或测压管水头(m)；

$\dfrac{v_1^2}{2g}$，$\dfrac{v_2^2}{2g}$——总流过水断面上单位质量液体所具有的平均动能，称为单位动能或比动能(m)；

E——总流过水断面上单位质量液体所具有的总能量，即总机械能，称为总比能或总水头(m)；

h_w——单位质量液体从过水断面 1 流至断面 2 所散失的平均机械能，称为单位能量损失，或称水头损失(m)。

在解决大量实际水力学问题中，广泛应用恒定总流能量方程，应同时满足下列条件：

（1）水流必须是恒定流。

（2）作用于液体上的力只有重力。

（3）在所选取的两个过水断面上，水流应符合渐变流条件，但在所取的两个计算断面之间，水流可以是急变流。

（4）在所选取的两个过水断面之间，流量保持不变，其间没有流量加入或分出。

【例9-2】 如图9-6所示，已知一变径直圆管，断面1的直径 $d_1 = 15$ cm，其中心点压强 $p_1 = 70$ kPa。断面2的直径 $d_2 = 30$ cm，其中心点压强 $p_2 = 60$ kPa，断面2的平均流速 $v_2 = 1.5$ m/s。两中心点高差 $h = 1$ m，试确定管中水流方向，并计算两段面的水头损失。

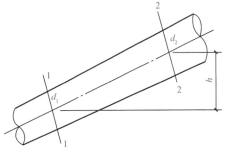

图9-6 例9-2图

解： 取过1—1断面中心点所在平面为计算基准面，以管道中心点作为计算点。由恒定流的连续性方程可得：

$$Q_1 = Q_2$$
$$v_1 A_1 = v_2 A_2$$
$$v_1 = \frac{v_2 A_2}{A_1} = \frac{1.5 \times 30^2}{15^2} = 6 \text{(m/s)}$$

计算1—1、2—2两段面的总水头分别为

$$E_1 = z_1 + \frac{p_1}{\gamma_1} + \frac{v_1^2}{2g} = 0 + \frac{70 \times 10^3}{9.8 \times 10^3} + \frac{6^2}{2 \times 9.8} = 8.98 \text{(m)}$$

$$E_2 = z_2 + \frac{p_2}{\gamma_2} + \frac{v_2^2}{2g} = 1 + \frac{60 \times 10^3}{9.8 \times 10^3} + \frac{1.5^2}{2 \times 9.8} = 7.24 \text{(m)}$$

因为 $E_1 > E_2$，所以水流方向为从1断面到2断面，水头损失 $h_w = E_1 - E_2 = 1.74$（m）。

4. 明渠均匀流基本公式

人工渠道、天然河道、未充满水流的管道，统称为明渠；明渠中流动的水流，称为明渠流或无压流。明渠液流的表面与大气压强接触，是无压流，其液面相对压强为零。明渠均匀流就是明渠中水深、断面平均流速、断面流速分布等均保持沿流程不变的流动。

（1）明渠底坡。明渠底坡是指沿水流方向单位长度内的渠底高程降落值，以符号 i 表示。当明渠坡度很小时，通常取 $i = \tan\theta$，θ 为明渠渠底线与水平面的夹角，如图9-7所示。

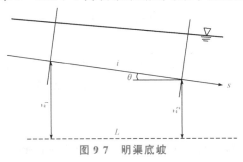

图9-7 明渠底坡

根据底坡的正负，可将明渠分为图9-8所示的三类：$i>0$ 称为正坡或顺坡，此时渠底高程沿水流流动方向递减；$i=0$ 称为平坡，平坡的明渠渠底高程沿水流运动方向不变；$i<0$ 称为负坡，负坡明渠的渠底高程沿水流流动方向递增。人工渠道三种底坡类型均可能出现，但在天然河道中，长期的水流运动形成的往往是正坡。

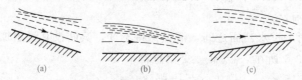

图 9-8　明渠的正坡、平坡、负坡

(a)$i>0$；(b)$i=0$；(c)$i<0$

(2)明渠均匀流产生的条件。明渠均匀流产生条件为水流为恒定流，流量、粗糙系数沿程不变，没有渠系建筑物干扰的长直棱柱体正坡明渠。

实际工程中，由于种种条件的限制，明渠均匀流往往难以完全实现，在明渠中大量存在的是非均匀流。然而，对于顺直的正坡明渠，只要有足够的长度，总要形成均匀流的趋势。天然河道一般为非均匀流，个别较顺直整齐、糙率基本一致的断面，河床稳定的河段，也可视为均匀流段，这样的河段保持着水位和流量的稳定关系。

(3)明渠均匀流基本公式。

$$v=\frac{1}{n}R^{\frac{2}{3}}i^{\frac{1}{2}} \tag{9-9}$$

$$Q=vA=\frac{1}{n}R^{\frac{2}{3}}i^{\frac{1}{2}}A \tag{9-10}$$

式中　n——明渠渠壁的糙率，见表9-1；

　　　R——明渠的水力半径(m)；

　　　i——明渠的底坡；

　　　A——明渠的过水断面面积(m^2)；

　　　v——明渠水流的流速(m/s)；

　　　Q——明渠水流的流量(m^3/s)。

(4)允许流速。允许流速是为了保持渠道安全稳定运行在流速上的限制，包括不冲刷流速v'、不淤流速v''和其他运行管理要求的流速限制。渠道中若流速过大，则发生冲刷；反之，则淤积。因此，一条设计合理的渠道应满足：

$$v''\leqslant v\leqslant v' \tag{9-11}$$

式中　v'——允许不冲刷流速，由土壤的种类或护面情况而定，可通过查表 9-2～表 9-4 得到；

　　　v''——允许不淤流速，与水流条件及夹砂特性等多方面因素有关。

公路工程中，如路边排水沟，一般只规定一个最小底坡，即 2‰～5‰，不必计算不淤流速。为了保证技术上可靠、经济上合理，在确定渠道的允许流速时，应该结合工程的具体条件，考虑以下几个方面的因素：

(1)流速应不致引起渠槽冲刷，即流速应小于不冲允许流速。

（2）流速应不使水流中的悬砂淤积，即流速应大于不淤允许流速。

（3）流速不宜太小，以免渠中杂草丛生，为此，一般应大于 0.5 m/s。

（4）对于北方寒冷地区，为防止冬季渠水结冰，流速也不宜太小，一般当渠道流速大于 0.6 m/s 时，结冰就比较困难，即使结冰，过程也比较缓慢。

（5）渠道流速应保证技术经济要求和运行管理的要求。

表 9-1　各种材料明渠的糙率 n 值表

类型	明渠面壁材料情况及描述	表面粗糙情况		
		较好	中等	较差
土渠	清洁、形状正常	0.020	0.0225	0.025
	不通畅、有杂草	0.027	0.030	0.035
	渠线略有弯曲、有杂草	0.025	0.030	0.033
	挖泥机挖成的土渠	0.0275	0.030	0.033
	砂砾渠道	0.025	0.027	0.030
	细砾石渠道	0.027	0.030	0.033
	土底、石砌坡岸渠	0.030	0.033	0.035
	不光滑的石底、有杂草的土坡渠	0.030	0.035	0.040
石渠	清洁、形状正常的凿石渠	0.030	0.033	0.035
	粗糙的断面不规则的凿石渠	0.040	0.045	
	光滑而均匀的石渠	0.025	0.035	0.040
	精细开凿的石渠		0.02～0.025	
各种材料护面渠道	三合土(石灰、砂、煤灰)护面	0.014	0.016	
	浆砌砖护面	0.012	0.015	0.017
	条石砌面	0.013	0.015	0.017
	浆砌块石护面	0.017	0.0225	0.030
	干砌块石护面	0.023	0.032	0.035
混凝土渠道	抹灰的混凝土或钢筋混凝土护面	0.011	0.012	0.013
	无抹灰的混凝土或钢筋混凝土护面	0.013	0.014～0.015	0.017
	喷浆护面	0.016	0.018	0.021

表 9-2　坚硬岩石和人工护面渠道最大允许流速 v' 值

岩石或护面的种类	渠道流量 $Q/(m^3 \cdot s^{-1})$		
	<1	1～10	>10
软质水成岩(泥灰岩、页岩、软砾岩)	2.5	3.0	3.5
中等硬质水成岩(致密砾石、多孔石灰岩、层状石灰岩、白云石灰岩、灰质砂岩)	3.5	4.25	5.0
硬质水成岩(白云砂岩、砂质石灰岩)	5.0	6.0	7.0

岩石或护面的种类	渠道流量 $Q/(\mathrm{m}^3 \cdot \mathrm{s}^{-1})$		
	<1	1~10	>10
结晶岩、火成岩	8.0	9.0	10.0
单层块石铺砌	2.5	3.5	4.0
双层块石铺砌	3.5	4.5	5.0
混凝土护面(水流中不含砂和砾石)	6.0	8.0	10.0

表 9-3 均质黏性土质渠道最大允许流速 v' 值

土质名称	最大允许流速/$(\mathrm{m} \cdot \mathrm{s}^{-1})$	土质名称	最大允许流速/$(\mathrm{m} \cdot \mathrm{s}^{-1})$
轻壤土	0.60~0.80	重壤土	0.70~1.00
中壤土	0.65~0.85	黏土	0.75~0.95

表 9-4 均质无黏性土质渠道最大允许流速 v' 值

土壤名称 / 砂土粒径/mm	v' / 水深/m			
	0.4	1.0	2.0	≥3.0
粉土、淤泥	0.005~0.05	0.12~0.17	0.15~0.21	0.17~0.24	0.19~0.26
细砂	0.05~0.25	0.17~0.27	0.21~0.32	0.24~0.37	0.26~0.40
中砂	0.25~1.00	0.27~0.47	0.32~0.57	0.37~0.65	0.40~0.70
粗砂	1.00~2.5	0.47~0.53	0.57~0.65	0.65~0.75	0.70~0.80
细砾石	2.5~5.0	0.53~0.65	0.65~0.80	0.75~0.90	0.80~0.95
中砾石	5~10	0.65~0.80	0.80~1.00	0.90~1.1	0.95~1.20
大砾石	10~15	0.80~0.95	1.0~1.2	1.1~1.3	1.2~1.4
小卵石	15~25	0.95~1.2	1.2~1.4	1.3~1.6	1.4~1.8
中卵石	25~40	1.2~1.5	1.4~1.8	1.6~2.0	1.8~2.2
大卵石	40~75	1.5~2.0	1.8~2.4	2.1~2.8	2.2~3.0
小漂石	75~100	2.0~2.3	2.4~3.2	2.8~3.2	3.0~3.4
中漂石	100~150	2.3~2.8	2.8~3.4	3.2~3.9	3.4~4.2
大漂石	150~200	2.8~3.2	3.4~3.9	3.9~4.5	4.2~4.9
顽石	>200	>3.2	>3.9	>4.5	>4.9

注：表 9-3、表 9-4 所列不冲流速值是属于水力半径 $R=1$ m 的情况，当 $R \neq 1$ m 时，表中所列数值乘以 R^a，即得相应的不冲刷流速。α 为指数，对疏松的土壤和黏土 $\alpha = \dfrac{1}{4} \sim \dfrac{1}{3}$；对中等密实的和密实的砂壤土、壤土和黏土，$\alpha = \dfrac{1}{5} \sim \dfrac{1}{4}$。

【例 9-3】 某梯形排水渠道，渠长 $L=1$ km，底宽 $b=3$ m，边坡系数 $m=2.5$，底部落差为 0.5 m，$Q_s = 9$ m³/s。试算当实际水深为 $h=1.5$ m 时，渠道能否满足 Q_s 的要求

$(n=0.025)$。

解： $i=\dfrac{z_1-z_2}{L}=\dfrac{0.5}{1\ 000}=0.000\ 5$

水力三要素为

$$A=(b+mh)h=10.15(\mathrm{m}^2)$$

$$\chi=b+2h\sqrt{1+m^2}=11.08(\mathrm{m})$$

$$R=\frac{A}{\chi}=0.92(\mathrm{m})$$

渠道中实际流量为

$$Q=\frac{1}{n}R^{\frac{2}{3}}i^{\frac{1}{2}}A=8.58\ \mathrm{m}^3/\mathrm{s}<Q_s$$

所以，不能满足设计流量的要求。

三、正常水深与临界水深

(1)正常水深。明渠中流动的水流恰好为均匀流时的水深为正常水深，通常用 h_0 表示，正常水深与水的流量、过水断面形状尺寸、糙率、底坡有关。如果已知渠道尺寸、糙率、底坡及水流流量，可使用式(9-9)解方程计算渠道的正常水深。

(2)断面比能与临界水深。如图 9-9 所示，以 $O—O$ 为基准面，则过水断面上单位质量水体的总能量为

$$E=z_0+h+\frac{v^2}{2g} \tag{9-12}$$

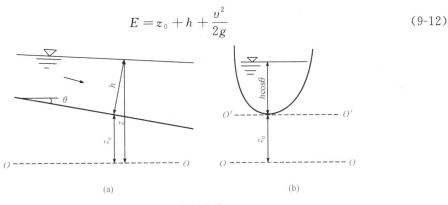

图 9-9 断面比能
(a)纵断面；(b)横断面

如果将基准面选在 $O'—O'$，即该过水断面最低点处，则：

$$E=E_s=h+\frac{v^2}{2g}=h+\frac{Q^2}{2gA^2} \tag{9-13}$$

E_s 即以明渠渠底最低点所在的水平面作为计算基准面，计算得到的单位能量，称为断面比能。显然断面比能为水力总能量的一部分。两者不是同一概念，计算各断面总能量时应取同一基准面，而计算断面比能时，应以各断面最低点为基准面。

当流量、断面形状、尺寸给定以后，可看出 E_s 仅是 h 的函数，根据比能曲线图，如

图 9-10 所示，E_s 曲线是一元二次抛物线，曲线下支以横坐标为渐近线，上支以 45°线为渐近线。从图中可知存在断面比能最小值，此时对应的水深为临界水深，以 h_K 表示。h_K 与断面的形状尺寸及流量有关，而与渠道的底坡、糙率无关。临界水深用临界水深方程计算：

$$\frac{Q^2}{g} = \frac{A_K^3}{B_K} \tag{9-14}$$

式中 A_K——水深为临界水深时的过水断面的面积（m^2）；

       B_K——水深为临界水深时的水面宽度（m）；

       g——重力加速度。

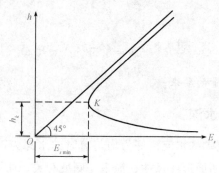

图 9-10　比能曲线

【例 9-4】 一梯形渠道，底宽 $b=3$ m，边坡系数 $m=1.5$，糙率 $n=0.025$，底坡 $i=0.000\,3$。试计算当渠道中流量 $Q=8$ m^3/s 时，水流的正常水深与临界水深。

解：（1）列出水力要素。

过水面积： $A = (b+mh)h = (3+1.5h)h$

湿周： $\chi = b + 2h\sqrt{1+m^2} = 3 + 3.6h$

水力半径： $R = \frac{A}{\chi} = \frac{(3+1.5h)h}{3+3.6h}$

水面宽度： $B = b + 2mh = 3 + 3h$

（2）将水力要素代入式（9-10）中，得：

$$Q = \frac{1}{n} R^{\frac{2}{3}} i^{\frac{1}{2}} A$$

$$8 = \frac{1}{25} \left[\frac{(3+1.5h_0)h_0}{3+3.6h_0} \right]^{\frac{2}{3}} \times 0.000\,3^{\frac{1}{2}} \times (3+1.5h_0)h_0$$

解此方程得：$h_0 = 1.80$ m。

（3）将水力要素代入式（9-14）中，得：

$$\frac{Q^2}{g} = \frac{A_K^3}{B_K}$$

$$\frac{64}{9.8} = \frac{[(3+1.5h_K)h_K]^3}{3+3h_K}$$

解此方程得：$h_K = 0.78$ m

即水流的正常水深为 1.80 m，临界水深为 0.78 m。

任务二　推算小桥涵设计流量

河流流量受降雨、蒸发、渗透、冰融、消雪等自然因素的影响或人类活动的影响而时时处于变动状态。每个周期的洪峰流量与枯水流量相差很大，两次洪峰流量相差也很大，每年最大洪峰流量与最小流量相差甚大，数十年或数百年一遇的最大流量与最小流量相差更大。在桥梁设计中，采用哪一个流量作为设计流量，对桥梁建筑物的安全、工程成本及桥下河道的利用有极大影响。桥涵设计流量的推算，应按《公路工程水文勘测设计规范》(JTG C30—2015)的要求，根据掌握的资料情况，选择适当的计算方法。

小桥涵在交通工程中占有较重要的地位，它的布设还与农田水利有着密切的关系。它分布于公路的全线，工程量比重大，投资额高，平原地区一般每千米有1～3道，山区为3～5道，占公路总投资的20%，根据《公路工程技术标准》(JTG B01—2014)规定，多孔跨径(梁桥、板桥的多孔跨径总长为多孔标准跨径的总长，拱桥为两岸桥台内起拱线间的距离，其他形式桥梁为桥面系车道长度)8 m≤L≤30 m，单孔标准跨径为(梁桥、板桥以两桥墩中线间距离或桥墩中线与台背前缘间距为准，涵洞以净跨径为准)5 m≤L_K<20 m时，称为小桥；单孔标准跨径L_K<5 m时，称为涵洞；对于管涵及箱涵无论管径或跨径大小、孔数多少，均称为涵洞。

小桥涵所跨的河沟，一般流域面积都在100 km²以下，称为小流域。小流域一般汇水面积小，洪水历时短，不为人注意，往往缺少或根本没有水文站，因此，大多属于无观测资料的情况。我国幅员辽阔，各地气候、地形、地貌、地质和水力化措施等条件的差异很大，难以对小桥涵逐个详尽地调查、收集其各种水文资料，这就给小桥涵流量计算带来了一定的困难。在实际工作中，流量计算多采用推理公式或经验公式。

一、暴雨推理法

暴雨推理法是运用成因分析与经验推断相结合的方法，从实测的暴雨资料入手，应用地区综合分析方法来分析暴雨资料和地区特征关系，从而间接地推求设计流量。它是一种半理论半经验的计算方法。此种方法是1984年交通部(现交通运输部)科研所主持的全国性科研成果，使用时应在本省区的等直线图和分区图上查取有关取值。

一次暴雨降雨量在满足了植物截留、洼地蓄水和表土储存后，当后续降雨强度超过入渗能力时，超渗的雨量将沿着坡面汇流进入河网。而决定小流域洪峰流量大小(即影响产流与汇流)的主要因素，一般有降雨量、降雨强度、降雨的时空分布和下垫面(如植物滞留、洼地蓄水、土壤蒸发、入渗，汇水区的大小、形状、坡度)等。暴雨推理法把汇水区上的产、汇流条件概括简化，并引入一些假定，从而建立起主要因素和洪峰流量之间的推理关系或经验关系，通过统计分析，定量其参数，最后得到实用计算公式。

在采用暴雨资料推求设计流量时，通常都假定暴雨与其形成的洪峰流量是同一频率的。形成洪峰流量的暴雨量，是该次暴雨强度过程的核心部分，即在间隔时间内其开始与终了的瞬时暴雨强度相等的部分。取全面积汇流作为形成洪峰流量的条件，取降雨历时与汇流时间相等，实践已证实这些假定符合客观规律。因此，将它移用到无实测流量资料地区，可解决小桥涵流量的计算问题。

尽管我国幅员辽阔，南北方降雨时空分布和下垫面的影响差异较大，但小流域暴雨洪水的机制相同，仍可寻觅到共同的主要影响因素，因此，建立的推理和经验公式具有统一模式，但在参数定量上，则又充分体现出地区性。

二、基本公式及适用情况

1. 暴雨推理公式

(1)交通运输部公路科学研究所的推理公式：

$$Q_p = 0.278 \left(\frac{S_p}{T^n} - \mu \right) F \tag{9-15}$$

式中 Q_p——规定频率为 P 时的洪峰流量（m³/s）；

S_p——频率为 P 时的雨力（mm/h），查各省（自治区）雨力等值线图；

μ——损失参数（mm/h）；

n——暴雨递减指数，按各省（自治区）的分区图和表 9-5 获得，表中 n_1、n_2、n_3 由 T 值分查；

T——汇流时间（h）；

F——汇水区面积（km²）。

(2)损失参数 μ 按下式计算：

北方多采用：

$$\mu = K_1 S_P^{\beta_1} \tag{9-16}$$

南方多采用：

$$\mu = K_2 S_P^{\beta_2} F^{-\lambda} \tag{9-17}$$

式中 K_1，K_2——系数，查表 9-6 可得，表中土壤植被分类见表 9-7；

β_1、β_2、λ——指数，查表 9-6 可得。

(3)汇流时间 T 按下式计算：

北方多采用：

$$T = K_3 \left(\frac{L}{\sqrt{I_z}} \right)^{\alpha_1} \tag{9-18}$$

南方多采用：

$$T = K_4 \left(\frac{L}{\sqrt{I_z}} \right)^{\alpha_2} S_P^{-\beta_3} \tag{9-19}$$

式中 T——汇流时间（h）；

L——主河沟长度（km）；

I_z——主河沟平均坡度（‰）；

S_P——频率为 P 时的雨力（mm/h）；

K_3，K_4——系数，查表 9-8 可得；

α_1、α_2、β_3——指数，查表 9-8 可得。

2. 经验公式

经验公式 I：

$$Q_P = \psi(S_P - \mu)^m F^{\lambda_2} \tag{9-20}$$

经验公式 II：

$$Q_P = C S_P^{\beta} F^{\lambda_3} \tag{9-21}$$

式中 S_P——频率为 P 时的雨力(mm/h)；

μ——损失参数(mm/h)；

ψ——地貌系数，查表9-9可得；

m，λ_2——指数，查表9-9可得；

C、β、λ_3——系数、指数，查表9-10可得；

F——汇水区面积(km^2)。

表 9-5 我国部分省(自治区)暴雨递减指数 n 值分区

省名	分区	n 值			省名	分区	n 值		
		n_1	n_2	n_3			n_1	n_2	n_3
内蒙古	I	0.62	0.79	0.86	四川	I	0.50	0.60~0.65	
	II	0.60	0.76	0.79		II	0.45	0.70~0.75	
	III	0.59	0.76	0.80		III	0.73	0.70~0.75	
	IV	0.65	0.73	0.75	青海	I	0.49	0.75	0.87
	V	0.63	0.76	0.81		II	0.47	0.76	0.82
	VI	0.59	0.71	0.77		III	0.65	0.78	
	VII	0.62	0.74	0.82	吉林	I	0.56	0.7	0.76
陕西	I	0.59	0.71	0.78		II	0.56	0.75	0.82
	II	0.52	0.75	0.81		III	0.60	0.69	0.75
	III	0.52	0.72	0.78	河南	I	0.55~0.60	0.65~0.70	0.75~0.80
福建	I	0.53	0.65	0.70		II	0.50~0.55	0.70~0.75	0.75~0.80
	II	0.52	0.69	0.73		III	0.45~0.50	0.60~0.65	0.75
	III	0.47	0.65	0.70	广西	I	0.38~0.43	0.65~0.70	0.70~0.73
	IV	0.48	0.65	0.73		II	0.40~0.45	0.70~0.75	0.75~0.85
	V	0.51	0.67	0.70		III	0.40~0.45	0.60~0.65	0.75~0.85
浙江	I	0.60	0.65	0.78	新疆	I	0.63	0.7	0.84
	II	0.49	0.62	0.65		II	0.73	0.78	0.85
	III	0.53	0.68	0.73		III	0.56	0.72	0.88
安徽	I		0.61	0.69		IV	0.45	0.64	0.8
	II	0.38	0.69	0.69		V	0.63	0.77	0.91
	III	0.39	0.76	0.77		VI	0.62	0.74	0.8
						VII	0.6	0.72	0.86
						VIII	0.6	0.66	0.85

省名	分区	n 值			省名	分区	n 值		
		n_1	n_2	n_3			n_1	n_2	n_3
甘肃	I	0.69	0.72	0.78	山西		0.60	0.70	
	II	0.61	0.76	0.82	贵州		0.47	0.69	0.80
	III	0.62	0.77	0.85	河北	I	0.40~0.50	0.50~0.60	0.65
	IV	0.55	0.65	0.82		II	0.50~0.55	0.60~0.70	0.70
	V	0.58	0.74	0.85		III	0.55	0.60	0.60~0.70
	VI	0.49	0.59	0.84		IV	0.30~0.40	0.70~0.75	0.75~0.80
	VII	0.53	0.66	0.75	云南	I	0.50~0.55	0.75~0.80	0.75~0.80
宁夏	I	0.52	0.62	0.81		II	0.45~0.55	0.70~0.80	0.75~0.80
	II	0.58	0.66	0.75		III	0.55	0.60	0.65
湖南	I	0.45	0.62~0.63	0.70~0.75		IV	0.50~0.45	0.65~0.75	0.70~0.80
	II	0.30~0.40	0.65~0.70	0.75	辽宁	I	0.60~0.66	0.70~0.74	
	III	0.40~0.50	0.55~0.60	0.70~0.80		II	0.60~0.55	0.70~0.60	
	IV	0.40~0.50	0.65~0.70	0.75~0.80		III	0.55~0.50	0.60~0.55	
	V	0.40~0.50	0.70~0.75	0.75~0.80					

注：n_1——小于 1 h 的暴雨递减指数；

n_2——1~6 h 的暴雨递减指数；

n_3——6~24 h 的暴雨递减指数。

表 9-6　我国部分省（自治区）损失参数的分区和系数指数值

省名	分区	系数、指数 分区、指标	K_1	β_1	K_2	β_2	λ_1
河北	I	河北平原区	1.23	0.61			
	II	冀北山区	0.95	0.60			
	III	冀西北西盆区	1.15	0.58			
	IV	冀西山区	1.12	0.56			
	V	坝上高原区	1.52	0.50			
山西	I	煤矿塌陷和森林覆盖较好地区	0.85	0.98			
	II	裸露石山区	0.25	0.98			
	III	黄土丘陵区	0.65	0.98			

省名	分区	分区、指标 系数、指数	K_1	β_1	K_2	β_2	λ_1
四川	I	青衣江区			0.742	0.542	0.222
	II	盆地丘陵区			0.270	0.897	0.272
	III	盆缘山区			0.263	0.887	0.281
安徽	II	根据表9-7土壤分类			0.755	0.74	0.0171
	III				0.103	1.21	0.0425
	IV				0.406	1.00	0.1104
	V				0.520	0.94	0
	VI				0.332	1.099	0
宁夏	V	根据表9-7土壤分类	0.93	0.86			
	VI		1.98	0.69			
湖南	I	湘资流域	0.697	0.567			
	II	沅水流域	0.213	0.940			
	III	沣水流域	1.925	0.223			
甘肃	II	根据表9-7土壤分类	0.65	0.82			
	III		0.75	0.84			
	IV		0.75	0.86			
吉林	II	根据表9-7土壤分类	0.12	1.44			
	III		0.13	1.37			
	IV		0.29	1.01			
	V		0.29	1.01			
河南	I	根据河南省n值分区图	0.0023	1.75			
	II		0.057	1.0			
	III		1.0	0.71			
	IV		0.80	0.51			
青海	I	东部区	0.52	0.774			
	II	内陆区	0.32	0.913			
新疆	I	$50<F<200$	0.46	1.09			
	II	$F<200$	0.68	1.09			
浙江	I	浙北地区	0.08	0.15			
	II	浙东南沿海区	0.10～0.11	0.15			
	III	浙西南、西北及东部丘陵区	0.13～0.14	0.15			
	IV	杭嘉湖平原边缘地势平缓区	0.15	0.15			
内蒙古	IV	大兴安岭中段及余脉山区	0.517～0.83	0.4～0.71			
	V	黄河流域山地丘陵区	1.0	1.05			

省名	分区	系数、指数 / 分区、指标	K_1	β_1	K_2	β_2	λ_1
福建		全省通用	0.34	0.93			
贵州	I	深山区			1.17	1.099	0.437
	II	浅山区		0.51	1.099	0.437	
	III	平丘区		0.31		1.099	0.437
广西	I	丘陵区	0.52	0.774			
	II	山区	0.32	0.915			

表 9-7　土壤植被分类

类别	特征
II	黏土、盐碱土地面，土壤瘠薄的岩石地区；植被差，轻微风化的岩石地区
III	植被差的沙质黏土地面；土层较薄的土面山区，植被中等、风化中等的山区
IV	植被差的黏土、砂土地面；风化严重土层厚的山区；草灌较厚的山丘区或草地；人工幼林区；水土流失中等的黄土地面区
V	植被差的一般砂土地面；土层较厚森林较密的地区；有大面积水土保持措施治理较好的土质
VI	无植被松散的砂土地面，茂密并有枯枝落叶层的原始森林

表 9-8　我国部分省(自治区)汇流时间分区和系数指数

省名	分区	系数、指数 / 分区、指标	K_3	α_1	K_4	α_2	β_3
河北	I	河北平原	0.70	0.41			
	II	冀北山区	0.65	0.38			
		冀西北西盆地	0.58	0.39			
		冀西山区	0.54	0.40			
	III	坝上高原区	0.45	0.18			
山西		土石山覆盖的林区	0.15	0.42			
		煤矿塌陷漏水区和严重风化区	0.13	0.42			
		黄土丘陵区	0.10	0.42			
四川		盆地丘陵区 $I_Z \leqslant 10‰$			3.67	0.620	0.203
		青衣江区 $I_Z > 10‰$			3.67	0.516	0.203
		盆缘山区 $I_Z < 15‰$			3.29	0.696	0.239
		西昌区 $I_Z \geqslant 15‰$			3.29	0.536	0.239

省名	分区	分区、指标 \ 系数、指数	K_3	α_1	K_4	α_2	β_3
安徽	I	>15‰			$F<(90)37.5$ $F>(90)26.3$	0.925	0.725
	II	10‰~15‰			11	0.512	0.395
	III	5‰~10‰			29	0.810	0.544
	IV	<5‰			14.3	0.30	0.330
湖南	I	湘资水系	5.59	0.380			
	II	沅水系	3.79	0.197			
	III	沣水系	1.57	0.636			
宁夏	I	山区	0.14	0.44			
	II	丘陵区	0.38	0.21			
广西	I	山区	0.56	0.306			
	II	丘陵区	0.42	0.419			
甘肃	I	平原	0.96	0.71			
	II	丘陵区	0.62	0.71			
	III	山区	0.39	0.71			
吉林			0.000 35	1.40			
	I		1.40	0.84			
	II		0.032	0.84			
	III		0.022	1.45			
河南	I	根据 n 值分区，查图6-5	0.73	0.32			
	II		0.038	0.75			
	III		0.63	0.15			
	IV		0.80	0.20			
青海	I	东部区	0.871	0.75			
	II	内陆区	0.96	0.747			
新疆	I	50<F<200	0.60	0.65			
	II	F>200	0.20	0.65			
浙江		浙北地区			72.0	0.187	0.90
		浙东南沿海区			72.0	0.187	0.90
		浙西南、西北山区及中部丘陵区			72.0	0.187	0.90
		杭嘉湖平原边缘地势平缓地区			105.0	0.187	0.90
内蒙古		大兴安岭中段及余脉山地丘陵区	0.334~0.537	0.16			
		黄河流域山地丘陵区	0.334~0.537	0.16			

省名	分区	系数、指数 分区、指标		K_3	α_1	K_4	α_2	β_3
福建	Ⅰ	平原区				1.8	0.48	0.51
	Ⅱ	丘陵区				2.0	0.48	0.51
	Ⅲ	山区				2.6	0.48	0.51
贵州	Ⅰ	平丘区		0.080	0.713			
	Ⅱ	浅山区		0.193	0.713			
	Ⅲ	深山区		0.302	0.713			

表 9-9　我国部分省(自治区)经验公式(9-20)各区系数指数

省名	分区	系数、指数 分区、指标		ψ		m	λ_2
四川	Ⅰ	盆地丘陵	$I_z \leqslant 2‰$	0.086		1.18	0.712
			$2 < I_z < 10‰$	0.105			0.730
			$I_z \geqslant 10‰$	0.124			0.747
	Ⅱ	盆缘山区，青衣江区	$I_z \leqslant 10‰$	0.102		1.20	0.724
			$10 < I_z < 20‰$	0.123			0.745
			$I_z \geqslant 20‰$	0.142			0.788
安徽	Ⅰ	$Iz > 15‰$	$P = 4\%$	1.2×10^{-4}		2.75	0.896
			$P = 2\%$	1.4×10^{-4}			
			$P = 1\%$	1.6×10^{-4}			
	Ⅱ	$Iz = 5‰ \sim 15‰$	$P = 4\%$	4.8×10^{-4}		2.75	1.0
			$P = 2\%$	5.5×10^{-4}			
			$P = 1\%$	7.0×10^{-4}			
	Ⅲ	$Iz < 5‰$	$P = 4\%$	1.8×10^{-4}		2.75	0.965
			$P = 2\%$	1.9×10^{-4}			
			$P = 1\%$	2.0×10^{-4}			
宁夏	Ⅰ	丘陵区		0.308		1.32	0.60
	Ⅱ	山区		0.542		1.32	0.60
	Ⅲ	林区		0.085		1.32	0.75
甘肃	Ⅰ	平原		0.08		1.08	0.96
	Ⅱ	丘陵		0.14		1.08	0.96
	Ⅲ	山区		0.27		1.08	0.96
吉林	Ⅰ	平原		$0.0076 \sim 5.6$		1.50	0.80
	Ⅱ	丘陵		$0.0053 \sim 7.0$		1.50	0.80
	Ⅲ	山区		$0.003 \sim 0.68$		1.50	0.80

省名	分区	系数、指数 / 分区、指标		ψ		m	λ_2
河南	I	根据河南省 n 值分区图		0.22		0.98	0.86
	II			0.66		1.03	0.65
	III			0.76		1.00	0.67
	IV			0.28		1.07	0.81
新疆	I	林区土石山		0.006 5		1.5	0.80
	II	土石山		0.035		1.5	0.80
内蒙古	I	大青山东端山区	$P=4\%$	8.4		0.41	0.55
			$P=2\%$	12.3			
			$P=1\%$	19.2			
	II	大青山东部和蛮汉山山地丘陵区	$P=4\%$	7.8		0.41	0.55
			$P=2\%$	11.8			
			$P=1\%$	16.5			
	III	大青山西端山区	$P=4\%$	7.4		0.41	0.55
			$P=2\%$	11.2			
			$P=1\%$	15.0			
福建	I	平原区		0.09		1.0	0.96
	II	丘陵区		0.10			
	III	浅山区		0.16			
	IV	深山区		0.25			
贵州	I	平原丘陵区		0.022		1.085	0.98
	II	浅山区		0.038			
	III	深山区		0.066			

表 9-10　我国部分省(自治区)经验公式(9-21)各区系数指数

省名	分区	系数、指数 / 分区、指标		C	β	λ_3
山西	I	石山、黄山丘陵植被差土石、风化石山植被一般煤矿漏水区、植被较好地区		0.24～0.20	1.0	0.78
	II			0.19～0.16		
	III			0.15～0.12		
四川	I	盆地丘陵区	$I_z \leqslant 10‰$	0.125	1.10	0.723
			$I_z > 15‰$	0.145		
	II	盆缘山区	$I_z \leqslant 10‰$	0.140	1.14	0.737
		青衣江区	$I_z > 10‰$	0.160		

省名	分区	分区、指标	系数、指数	C	β	λ_3
安徽	Ⅰ	$I_z>15‰$	$P=4\%$	2.92×10^{-4}	2.414	0.896
			$P=2\%$	3.15×10^{-4}		
			$P=1\%$	3.36×10^{-4}		
	Ⅱ	$I_z=5‰\sim15‰$	$P=4\%$	1.27×10^{-4}	2.414	1.0
			$P=2\%$	1.32×10^{-4}		
			$P=1\%$	1.50×10^{-4}		
	Ⅲ	$I_z<5‰$	$P=4\%$	2.35×10^{-4}	2.414	0.965
			$P=2\%$	2.66×10^{-4}		
			$P=1\%$	2.75×10^{-4}		
宁夏	Ⅰ	丘陵区		0.061	1.51	0.60
	Ⅱ	山区		0.082		0.60
	Ⅲ	林区		0.013		0.75
甘肃	Ⅰ	平原区		0.016	1.40	0.95
	Ⅱ	丘陵区		0.025		
	Ⅲ	山区		0.05		
吉林	Ⅰ	松花江、图们江、牡丹江水系	山岭	0.075	0.80	1.12
			丘陵	0.035		
			平原	0.0135		
	Ⅱ	拉林河、饮马河水系	山岭	0.31	0.80	1.37
			丘陵	—		
			平原	$0.14\sim0.618$		
	Ⅲ	东运河水系	山岭	—	0.80	0.52
			丘陵	—		
			平原	0.275		
河南	Ⅰ	根据河南省 n 值分区图		0.18	1.0	0.86
	Ⅱ			0.45	1.09	0.65
	Ⅲ			0.36	1.07	0.67
	Ⅳ			0.48	0.95	0.80
浙江	Ⅰ	钱塘江流域		0.01	1.37	1.11
	Ⅱ	浙北地区		0.02		
	Ⅲ	其他		0.015		

省名	分区	系数、指数 分区、指标	C	β	λ_3
福建	Ⅰ	平原区	0.030	1.25	0.90
	Ⅱ	丘陵区	0.034		
	Ⅲ	浅山区	0.050		
	Ⅳ	深山区	0.071		
贵州	Ⅰ	平原丘陵区	0.016	1.112	0.985
	Ⅱ	浅山区	0.030		
	Ⅲ	深山区	0.056		

三、算例

【例 9-5】 甘肃省某公路上的石沟桥,石沟属黄河流域关川河支流,汇水面积 $F=89\ \mathrm{km^2}$,主河沟长 $L=21.32\ \mathrm{km}$,主河沟平均坡度 $I_z=16‰$;河床为砂砾夹卵石,两岸为粉质黏土,地表为黄土层,划为Ⅲ类土;地处丘陵区;该小桥工程点无实测流量资料,现用暴雨推理公式和经验公式分别推求 $Q_{P=2\%}$。

解:(1)用推理公式计算。

1)查其所在地的雨力

$$S_{P=2\%}=45(\mathrm{mm/h})$$

2)汇流时间 T 值的计算

北方公式:

$$T=K_3\left(\frac{L}{\sqrt{I_z}}\right)^{\alpha_1}$$

查表 9-8 得:丘陵区 $K_3=0.62$,$\alpha_1=0.71$。则

$$T=0.62\times\left(\frac{21.32}{\sqrt{16}}\right)^{0.71}=2.03(\mathrm{h})$$

3)确定暴雨递减指数 n 值

根据地理位置,在知石沟属中部按黄土山区(n 值分为第Ⅵ区),再查表 9-5,当 $T=2.03\ \mathrm{h}$,取 $n=0.65$。

4)损失参数 μ 值计算

北方公式:

$$\mu=K_1 S_{P=2\%}^{\beta_1}$$

查表 9-6,Ⅲ类土 $K_1=0.75$,$\beta_1=0.84$,则

$$\mu=0.75\times45^{0.84}=18.36(\mathrm{mm/h})$$

5)以上数值代入流量计算公式

$$Q_{P=2\%}=0.278\times\left(\frac{45}{2.03^{0.65}}-18.36\right)\times89=249(\mathrm{m^3/s})$$

(2)按经验公式Ⅰ推算。

$$Q_{P=2\%} = \psi(S_P - \mu)^m K^{\lambda_2}$$

查表 9-9 得 $\psi = 0.14$；$m = 1.08$；$\lambda_2 = 0.96$。

之前已求得 $S_{P=2\%} = 45\ \text{mm/h}$；$\mu = 18.36\ \text{mm/h}$。

所以 $Q_{P=2\%} = 0.14 \times (45 - 18.36)^{1.08} \times 89^{0.96} = 361(\text{m}^3/\text{s})$

(3)按经验公式Ⅱ推算。

$$Q_{P=2\%} = CS_{P=2\%}^{\beta} \cdot F^{\lambda_3}$$

查表 9-10 得 $C = 0.025$；$\beta = 1.4$；$\lambda_3 = 0.95$。

$$Q_{P=2\%} = 0.025 \times 45^{1.4} \times 89^{0.95} = 367(\text{m}^3/\text{s})$$

四、其他方法

除暴雨推理法外，还有以下几种推算小桥涵设计流量的方法，这里只作了解。

(1)径流形成法。径流形成法是以暴雨资料为主推算小流域洪水流量的一种方法。它是依据洪峰流量与主要影响因素之间的关系而建立的，认为出口断面的最大洪峰流量是一定的，暴雨是在流域内经过产流与汇流两过程而形成的。

(2)直接类比法。直接类比法是当公路路线所跨同河沟上下游附近存在原有小桥涵时，可通过对原有桥涵的泄流等情况进行调查，然后经过计算，推求出原有小桥涵在历史洪水情况下的通过洪峰流量，并换算为原有小桥涵处的天然流量，进而推算出原有桥涵处拟建小桥涵规定频率的洪峰流量。

(3)形态断面法。形态断面法是通过建立形态断面，并绘制形态断面图，确定主河沟的糙率、主河沟平均坡度等数据。有条件时实测洪水位与流速，一般则可结合形态断面进行洪水调查，确定比较可靠的某一历史洪水位及其相应的频率，同时确定历史洪水位在形态短断面上的过水面积，相对应的洪水比降等资料，据以确定流速，推算形态断面的历史洪峰流量，进而求得规定频率的设计流量。

任务三　选择小桥涵位置

一、小桥涵位置选择原则

(1)服从线路走向。

(2)逢沟设桥或涵。

(3)适应路线平纵要求，并与路基排水系统相协调。

(4)小桥轴线应与河沟流向垂直；涵洞轴线应与水流方向一致，使进出口水流平顺畅通。

(5)小桥涵位置河段的河床地质良好，河道顺直。

(6)小桥涵位置的选择应使桥涵主体及附属工程的全部工程量最小，造价最低。

二、小桥的定位与布设

（1）服从路线走向。小桥工程量较大，定位时容许对路线作适当调整并按小桥需要选择跨河桥位。

（2）纵轴线应与洪水主流方向正交。若不能平行，应使墩台轴线与水流方向平行，以减小水流对墩台的冲刷。

（3）桥位应布设在顺直的河道上。当遇到河湾时，应选择河湾的上游，万一必须在河湾下游跨河时，桥位应远离河湾，其距离应在 1~1.5 倍水面宽度范围以外，如图 9-11(a)所示。

（4）桥位应布设在地质良好、地基承载力大的河段。避免通过淤泥沉积地段。

（5）桥位应布设在河道宽度小、河滩窄而高、汊流少的河段。当必须通过支流汇合口时，应在支流汇合口的下游跨越并远离汇合口。与汇合口的距离一般应在 1.5~2.0 倍河宽以上，如图 9-11(b)所示。

（6）跨越溪沟时，桥位应在大河倒灌水位线的范围以外，如图 9-11(c)所示。

（7）桥位布设两岸地质良好、土石方少，对路线的平顺衔接有利。

（8）对于沿溪路线，应利用较好的地形条件。例如，必要时可利用河湾、S 形河段及采取斜交办法跨河，争取较好的线形，如图 9-11(d)所示。

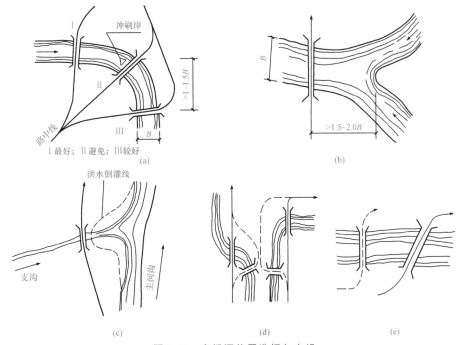

图 9-11　小桥涵位置选择与布设

（a）河湾处桥位；（b）支流汇合口处桥位；（c）跨越溪沟桥位；（d）S 形河段桥位、河湾段桥位；（e）斜拉桥位

三、涵洞的定位与布设

1. 平原区涵位

（1）设于河沟中心——称为沟心涵。一般与路线方向正交，并使其进口对准上游沟心。

（2）设于灌渠线上——称为灌溉涵洞。保证灌溉水流畅通。

（3）截弯取直设涵。如图 9-12 所示，当路线经弯曲河沟或多支汊河沟时，可截弯取直改沟设涵或改沟整流设涵，称为改沟涵。

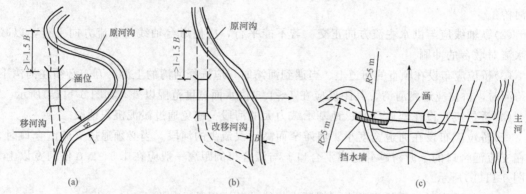

图 9-12　平原区涵位布设

（a）截弯取值；（b）改沟设涵；（c）改沟整流设涵

2. 山岭地区涵位

（1）顺沟设涵。山区河谷坡陡流急，洪水迅猛，应顺沟设涵。一般不宜作改沟设涵或不宜强行正交。

（2）路线纵坡成凹形的低处或路线纵坡由陡变缓的变坡点应设涵，如图 9-13 所示。

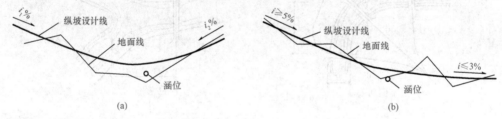

图 9-13　路线纵坡涵位布设

（a）凹形路线低处设涵；（b）纵坡陡缓变坡点设涵

（3）傍山内侧截水沟及路基排水边沟出口处应设涵，如图 9-14（a）所示。

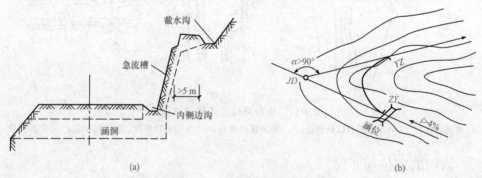

图 9-14　傍山路线涵位布设

（a）截水沟出口涵位；（b）陡坡急弯处涵位

(4)陡坡急弯处，路线偏角大于90°，平曲线半径小，在弯道起止点附近应设涵，如图 9-14(b)所示。

(5)土质密实、边坡稳定的河沟，可改沟设岸坡涵，如图 9-15 所示。对原河沟应作片石盲沟排水。岸坡涵可缩短涵洞长度，有利于泄水。

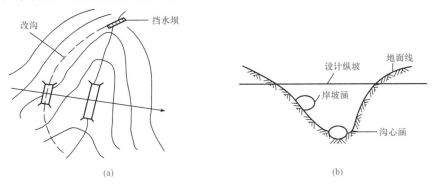

(a)

(b)

图 9-15　岸坡涵布设示意

(a)平面；(b)纵面

(6)并沟设涵。当两溪相近(山区两溪相距 100 m 以内，丘陵区在 200 m 以内)，或汇水面积小于 0.03 km²，纵坡 $i<30\%$，水流小，含沙量低的河沟，通过经济比较，可作并沟设涵。但应做好旧河沟堵塞及截水墙和路基的加固工程。另外，也可改沟取消设涵洞，如图 9-16 所示。

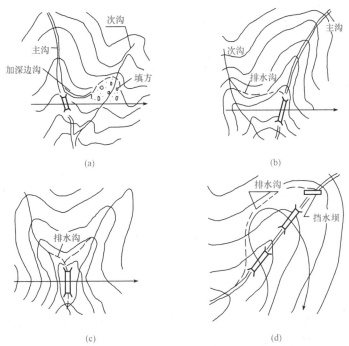

(a)

(b)

(c)

(d)

图 9-16　并沟设涵示意

(a)填沟设涵；(b)单并沟设涵；(c)双并沟设涵；(d)改沟取消涵洞

(7)改涵为明沟。路线跨越丘陵地区的山脊线时，在马鞍形底部可开挖明沟排水，不设涵洞，如图9-17所示。

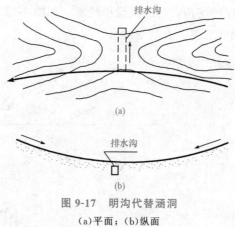

图9-17 明沟代替涵洞

(a)平面；(b)纵面

(8)必须在河湾处设涵时，涵位应设在凹岸一侧，有利于汇集水流。

四、小桥涵布置要求

1. 平面布置

(1)位于洪水主流区。

(2)小桥轴线与洪水主流向正交；涵洞与洪水主流向平行。

(3)符合小桥涵位置选择条件。

2. 立面布置

小桥的立面布置主要是合理布置桥孔，确定桥面中心高程；涵洞的立面布置主要是选定洞底中心高程和涵洞底坡，确定引水及出水渠槽、洞口以及进出口沟床的防冲刷消能措施。其立面布置应注意以下问题。

(1)纵坡 $i < 5\%$ 的平坦河沟。

1)顺纵坡设涵，即使涵洞底坡与天然河沟底坡一致。

2)设急坡涵洞，当河沟纵坡较大时，可以涵洞出口处沟床高程作起坡控制点，使 $i < i_K$（i_K 为临界底坡），在进口处作适当开挖，如图9-18(a)所示。

(2) $5\% < i < 10\%$ 的非岩石河沟或 $5\% < i < 10\%$ 的岩石河沟。对于这类河沟，可采用斜置式坡涵，结合地形、地质情况，其基础可有台阶形，还有齿形和扶壁形，如图9-18(b)～(e)所示。

(3) $10\% < i < 30\%$ 的河沟。这类河沟可采用洞身为阶梯形的平置坡涵，如图9-18(b)所示。其立面布置要求如下：

1)分节段长度一般为 2～6 m，随纵坡增大而减小。相邻两节段的最大高差一般不超过涵洞上部厚度的 3/4，否则，应在节间加设矮墙，矮墙高度应小于 0.7 m 或 1/3 的涵洞净高。分节长度一般不应大于台阶高度的 10 倍，否则台阶长度应按多级跌水计算确定。矮墙高度应避免过多压缩涵洞过水断面。

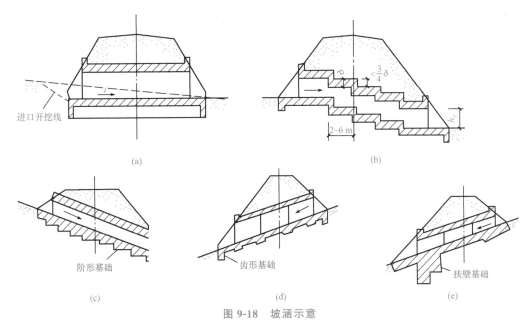

图 9-18　坡涵示意

(a)平置式坡涵；(b)平置式阶梯涵；(c)、(d)、(e)斜置式坡涵

2)当河沟纵坡变化较大时，可适应地形条件采用不等长分节洞身，不等高的阶梯形；跌水段长度应大于涵洞孔径，必要时应按多级跌水计算确定。

3)涵洞采用的孔径应大于计算值，每节间应设沉降缝。

任务四　计算小桥涵孔径

在孔径计算中，小桥涵与大中型桥有着不同的特点。一般不允许小桥的河床或涵底发生冲刷，可以采用人工加固河床的方法来提高水流通过河床的允许流速，以达到适当缩减孔径的目的。小桥涵孔径大小应根据设计流量、河床特性及河床进出口加固类型所允许的平均流速等来确定。通过计算，合理地确定桥涵孔径、河床加固类型和尺寸、壅水高度、桥涵处路基和桥涵顶面的最低高程。

小桥孔径计算的依据是设计洪水流量，河床地质情况，公路纵断面设计所限制的桥面及两侧引道高程、可能选用的加固类型及由此确定的桥下允许流速等。孔径计算的目的是保证宣泄设计洪水流量及桥前涌水不过高的前提下，通过水力计算及经济比较，确定桥孔尺寸及桥下河床的人工加固形式。

小桥孔径计算步骤：首先确定未建桥前的天然水深和断面平均流速；然后根据初拟的桥型、桥孔情况，确定桥下临界水深，并进行水力计算图式判定；接着通过水力计算，确定小桥孔径，进而决定桥长；最后确定桥前壅水高度，以及推求路线的路堤和小桥桥面的最低高程。

1. 拟建桥位处主河沟天然水深 h_t 和天然流速 v_t 的确定

(1)应收集的资料。为了确定 h_t 及 v_t，应收集的资料包括拟建桥位处天然设计洪峰流量

181

Q_P、形态断面的几何形状实测资料、主河沟糙率 n（粗糙系数 $m=1/n$）、附近河床的纵坡 i 等（若主河沟纵坡沿程变化不显著时，i 也可以主河沟平均坡度 I_z 代替）。

(2)以均匀流公式计算 h_t 及 v_t。天然水深 h_t 可以用均匀流公式$\left(\text{即谢才－曼宁公式 } v=\dfrac{1}{n}R^{\frac{2}{3}}i^{\frac{1}{2}}\right)$进行试算得到。

在拟建桥位形态断面上，假定不同水位，得出不同水深 h，按表 9-11 格式，列表试算相应的流速及流量。当求得的流量与已知的设计洪峰流量 Q_P 两者相差在 ±10% 范围内时，所求得的流量对应的水深为天然水深 h_1，此时的 v 即天然流速 v_t。

表 9-11 h_t 及 v_t 计算

假定水位 H	水深 h /m	断面面积 A/m^2	湿周 χ /m	水力半径 $\left(R=\dfrac{A}{\chi}\right)$/m	糙率 n	$R^{\frac{2}{3}}$	$i^{\frac{1}{2}}$	流速 v /(m·s^{-1})	流量 Q /(m³·s^{-1})	对比 Q_P /(m³·s^{-1})
1	2	3	4	5	6	7	8	9	10	11

2. 桥下临界水深 h_K 确定

(1)桥下水流平均临界水深 h_{Kj} 的计算通式。首先根据桥下河床土质或拟建的加固类型，通过设计流量时的天然平均水深 h_t，从公路桥涵手册《涵洞》中查表选取允许(不冲刷)平均流速 v_y，在计算孔径时，必须使桥下临界流速 v_k 不大于 v_y。选定 v_y 之后，可假定 $v_k=v_y$，则桥下任意形状断面的平均临界水深 h_{Kj} 可由通式(9-22)计算。

$$h_{Kj}=\frac{v_k^2}{g}\approx\frac{v_y^2}{g}=0.102v_y^2 \tag{9-22}$$

(2)矩形、梯形桥孔断面的 h_K。对于矩形桥孔断面(计算图式判别时可不考虑多孔小桥的桥墩阻水面积)，由于实际水面宽度 B 等于临界水深 h_K 时的水面宽度 B_K，所以 $h_K=h_{Kj}$。对于宽而浅的梯形桥孔断面 $h_K\approx h_{Kj}$(宽深比大于 10 的断面为宽浅断面)。

但对于狭而深的梯形断面(图 9-19)，h_K 可由已知的 h_{Kj} 及 B_K (确定方法见后述)按下式求得：

$$h_K=\frac{B_K-\sqrt{B_K^2-4mB_K\cdot h_{Kj}}}{2m} \tag{9-23}$$

式中 m——梯形桥孔断面的边坡系数；

B_K——通过天然洪峰设计流量 Q_P，水深为 h_K 时对应的水面宽度（m），如图 9-19 所示，由于水流通过小桥以自由出流图式为多数，因此 B_K 值可先假定，以式(9-24)和式(9-25)计算。

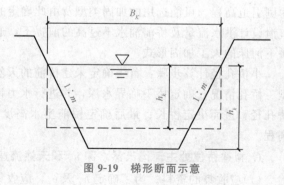

图 9-19 梯形断面示意

3. 小桥计算图式判别

小桥计算图式及判别条件为：当 $1.3h_K \geq h_t$ 时，桥下水流为自由出流，如图 9-20(a)所示；当 $1.3h_K < h_t$ 时，桥下水流为淹没出流，如图 9-20(b)所示。

自由出流时，整个桥孔内呈急流状态，桥孔泄流量受收缩断面水深的控制，下游水位波动对小桥流量无影响；淹没出流时，全桥孔内呈缓流状态，收缩断面处水深大于临界水深，下游水位波动对小桥流量有影响。

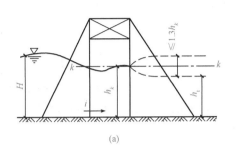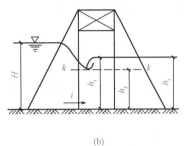

(a)   (b)

图 9-20　小桥两种水力图式

(a)自由出流；(b)淹没出流

4. 小桥孔径长度 L 的确定

首先根据设计流量和施工技术条件，大致估计拟采用的小桥跨径和孔数。

(1)自由出流时需要的桥下水面宽度 B_K 和孔径长度 L 的计算。

1)考虑了桥台和桥墩侧向束夹水流的影响，可以式(9-24)和式(9-25)计算需要的桥下水面宽度：

$$B_K = \frac{Q_P g}{\varepsilon v_k^3} + N \cdot d \qquad (9\text{-}24)$$

式中　ε——桥梁的挤压系数，查表 9-12 可得；

　　　v_k——桥下临界流速(m/s)，$v_k = \dfrac{Q_P}{A_K}$，计算时也可采用河床的容许流速（A_K——临界流速时的过水断面面积）；

　　　N——桥墩的个数；

　　　d——单个中墩沿 B_K 水面线上的宽度(m)。

当为单孔时，以下式计算 B_K：

$$B_K = \frac{Q_P g}{\varepsilon v_k^3} \qquad (9\text{-}25)$$

式中符号意义同前。

表 9-12　桥梁的 ε、M、φ 值

桥台形式	挤压系数 ε	流量系数 M	流速系数 φ
单孔桥锥坡填土	0.90	1.55	0.90
单孔桥有八字翼墙	0.85	1.46	0.90

桥台形式	挤压系数 ε	流量系数 M	流速系数 φ
多孔或无锥坡或桥台伸出锥坡外	0.80	1.37	0.85
拱脚淹没的拱桥	0.75	1.29	0.80

2）当桥孔断面为矩形时，小桥孔径长度 $L=B_K$。

当桥孔断面为梯形时，如图 9-21 所示，桥孔长度可以式（9-26）计算：

$$L = B_K + 2m \cdot \Delta h \tag{9-26}$$

式中　m——横向边坡系数；

　　　Δh——小桥上部结构高出桥下水面的距离（m），$\Delta h = H - h_K + \Delta_1$；

　　　Δ_1——自积水时的壅水位到上部结构底面的净高，取值为：一般不通航时 $\Delta_1 =$ 0.5 m，有流水的河沟 $\Delta_1 = 0.75$ m；通航时按通航净空高度计算；

　　　H——桥前水深（m），确定方法见后述。

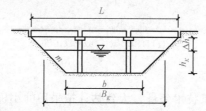

图 9-21　梯形桥孔断面（自由出流）

（2）非自由出流时（淹没出流）桥下平均宽度 B_0 和孔径长度 L 的计算。

1）非自由出流时，下游天然水深 h_t 会造成桥下一定程度的回流影响。桥下 $\dfrac{1}{2}h_t$ 处水流平均宽度 B_0（图 9-22），可按式（9-27）计算：

$$B_0 = \frac{Q_P}{\varepsilon h_t v_y} + N d_1 \tag{9-27}$$

式中　d_1——中墩沿 B_0 时的宽度（m）。

其他符号意义同前。

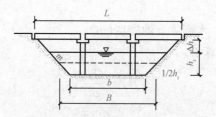

图 9-22　梯形桥孔断面（淹没出流）

当单孔时，以下式计算：

$$B_0 = \frac{Q_P}{\varepsilon h_t v_y} \tag{9-28}$$

2）当桥孔断面为矩形时，则小桥孔径长度 $L=B_0$。

当桥孔断面为梯形时(图 9-22),则其孔径长度

$$L = B_0 + mh_1 + 2m\Delta h = B_0 + m(h_1 + 2\Delta h) \tag{9-29}$$

$$\Delta h = H - h_K + \Delta_1$$

(3)选用小桥标准跨径应注意事项。

1)根据计算得到的孔径长度 L 选用标准跨径,尽量使两者相差小于或等于 10%,在此范围内,选用标准跨径的水力图式不变。

2)当单跨计算孔径长度 L 采用的标准跨径长度两者相差大于 10% 时,水力计算图式可能有变化,可按下列方法予以重新判定。

首先在原定的桥前水深(确定方法见后述),以及已知临界流速或允许流速条件下,按标准跨径在横断面上布置,以 B_b 表示原来自由出流水深 h_t 时的水面宽度,或表示原来淹没出流 $h_t/2$ 时的水流宽度,此时的桥下临界流速为

自由出流时

$$\upsilon_b = \upsilon_k \cdot \sqrt[3]{\frac{B_K}{B_b}} \tag{9-30}$$

淹没出流时

$$\upsilon_b = \upsilon_y \cdot \sqrt[3]{\frac{B_0}{B_b}} \tag{9-31}$$

对应的桥下临界水深

$$h_b = \frac{\upsilon_b^2}{g} \tag{9-32}$$

注:当自由出流时,桥下实际水深为临界水深 h_K;淹没出流时,桥下实际水深仍为 h_t。水力计算图式判别:当 $1.3h_b \geqslant h_t$ 时,桥下水流为自由出流;当 $1.3h_b < h_t$ 时,桥下水流为淹没出流。

5. 桥前水深 H 的确定

(1)桥前断面行进流速 υ_0。桥前产生壅水高度时,桥前断面的行进流速 υ_0 有如下区别:

1)当 $\upsilon_0 \leqslant 1.0$ m/s 时,$\frac{\upsilon_0^2}{2g}$ 项可忽略不计;

2)当 $\upsilon_0 > 1.0$ m/s 时,$\frac{\upsilon_0^2}{2g}$ 项对桥前水深 H 有影响,所以需采用逐次逼近法确定。

(2)桥前水深 H。

1)桥下为自由出流时

$$H = h_K + \frac{\upsilon_k^2}{2g\varphi^2} - \frac{\upsilon_0^2}{2g} = h_K + \frac{h_{Kj}}{2\varphi^2} - \frac{\upsilon_0^2}{2g} \tag{9-33}$$

式中　φ——桥下水流的流速系数,根据不同的桥台形状,查表 9-12 可得;

　　　υ_K、h_K、h_{Kj}——以最后选定的孔径所确定的桥下临界流速、临界水深和平均临界水深。

当桥孔断面为矩形时,且通常 υ_0 值略去不计,φ 取常数 1,则上式可以简化为

$$H = h_K + \frac{\upsilon_k^2}{2g} = \frac{\upsilon_k^2}{g} + \frac{\upsilon_k^2}{2g} \approx 0.153\upsilon_k^2 \tag{9-34}$$

2)桥下为非自由出流时

$$H = h_t + \frac{v_y^2}{2g\varphi^2} - \frac{v_0^2}{2g} \tag{9-35}$$

式中符号意义同前。

当行进流速 $v_0 \leqslant 1.0$ m/s 时，φ 取常数 1，则上式可以简化为

$$H = h_t + \frac{v_y^2}{2g} \tag{9-36}$$

6. 桥头路堤及桥面最低标高的确定

桥头路堤最低高程＝桥前河沟底面高程＋桥前水深＋Δ，安全值 Δ 一般可取 0.5 m（图 9-23）。

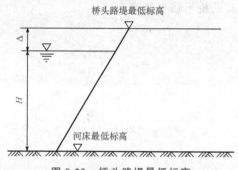

图 9-23　桥头路堤最低标高

桥面最低高程＝桥前河沟底面高程＋桥前水深＋Δ_1＋D，D 为上部构造的建筑高度，由上部结构设计而定（图 9-24）。

桥头路堤及桥面最低标高应小于或等于路线桥位处相应的路堤及桥面的设计标高，否则可通过扩大小桥孔径，增加孔数，以降低桥前水深，达到符合路线桥位处路堤及桥面设计标高的要求。

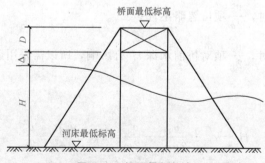

图 9-24　桥面最低标高

拓展训练

经实测得某丘陵地区一桥址河沟横断面图（图 9-25），主河沟平均纵坡 $i = 15$‰，两岸平坦、有浅滩，糙率 $n = 0.05$，河槽最低点标高为 100.00 m，桥位中心桩路线设计标高为

102.90 m，设计流量 $Q_P = 22$ m³/s。河床加固采用碎石垫层，用厚 20 cm 的片石铺砌，桥台采用八字翼墙。拟修建一座钢筋混凝土板桥，试确定其孔径、桥头路堤及桥面最低标高。

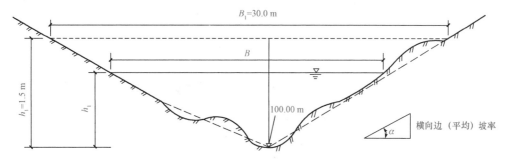

图 9-25　河沟横断面

解：(1)确定天然水深 h_t、天然流速 v_t。h_t 和 v_t 可按表 9-11 的格式，以均匀流公式(谢才—曼宁公式)试算得到。

假定当水深 $h = 1.2$ m，据此列表求得：过水面积 $A = 14.4$ m²，湿周 $\chi = 29.36$ m，水力半径 $R = 0.486$ m。则：

$$v = \frac{1}{n}R^{\frac{2}{3}}i^{\frac{1}{2}} = \frac{1}{0.05} \times 0.486^{\frac{2}{3}} \times 0.015^{\frac{1}{2}} = 1.51(\text{m/s})$$

$$Q = vA = 1.51 \times 14.4 = 21.74(\text{m}^3/\text{s})$$

试算的 Q 与设计流量 Q_P 相比之差小于 10%，所以确定 $h_t = 1.2$ m，$v_t = 1.51$ m/s。

(2)确定桥下临界水深 h_K。当天然水深 $h_t = 1.2$ m 时，由河沟横断面图可得对应的水面宽度 $B = 24$ m，则天然平均水深

$$\bar{h} = \frac{A}{B} = \frac{14.4}{24} = 0.6(\text{m})$$

按铺砌加固类型，公路桥涵设计手册《涵洞》得 $v_y = 3.5$ m/s，取桥下临界流速 $v_k = v_y$，平均临界水深 h_{Kj} 由式(9-22)计算：

$$h_{Kj} = \frac{v_k^2}{g} \approx 0.102 v_y^2 = 0.102 \times 3.5^2 = 1.25(\text{m})$$

采用矩形桥孔断面 $h_K = h_{Kj} = 1.25$ m。

(3)计算图式判别。$3h_K = 1.3 \times 1.25 = 1.63 > 1.2$，桥下水流为自由出流。

(4)小桥孔径长度 L 的确定。桥孔为矩形断面，桥台八字翼墙，查表 9-12，得 $\varepsilon = 0.85$，采用单孔，$N = 0$，以式(9-25)计算：

$$L = B_K = \frac{Q_P g}{\varepsilon v_k^3} = \frac{22 \times 9.81}{0.85 \times 3.5^3} = 5.92(\text{m})$$

参照标准图选用单孔 6.00 m 的钢筋混凝土板式桥，建筑高度 $D = 0.28$ m，与计算的 L 相差未超过 10%，故不用复核水力图式。

(5)确定桥前水深 H。查表 9-12 得 $\varphi = 0.90$，先假定行进流速 $v_0 = v_t = 1.51$ m/s，则以式(9-35)第一次试算：

$$H = h_K + \frac{v_k^2}{2g\varphi^2} - \frac{v_0^2}{2g}$$

$$= h_K + \frac{h_{Kj}}{2\varphi^2} - \frac{v_0^2}{2g}$$

$$= 1.25 + \frac{1.25}{2 \times 0.9^2} - \frac{1.51^2}{2 \times 9.8} = 1.9(\text{m})$$

当取 $h_t = H = 1.9$ m 时，由河沟横断面图计算得到过水面积 $A = 36.07$ m², 则:

$$v_0 = \frac{Q_P}{A} = \frac{22}{36.07} = 0.61(\text{m/s})$$

与假定相差太大，第二次试算时假定 $v_0 = 0.61$ m/s, 则:

$$H = 1.25 + 0.77 - \frac{0.61^2}{2 \times 9.8} = 2.0(\text{m})$$

再取 $h_t = 2.0$ m, 由横断面图可得 $A = 40$ m², 则:

$$v_0 = \frac{Q_P}{A} = \frac{22}{40} = 0.55(\text{m/s})$$

与第二次假定的 $v_0 = 0.61$ m/s 比较相差不超过 10%, 故可采用。

(6)路堤及桥面最低标高的确定。桥头路堤最低高程＝桥前河沟底面高程＋H＋Δ＝100.00＋2.00＋0.50＝102.50(m)。

桥面最低高程＝桥前河沟底面高程＋H＋Δ_1＋D＝100.00＋2.00＋0.50＋0.28＝102.78(m)。

计算得到的桥头路堤最低高程及桥面最低高程均小于路基设计高程 102.90 m，说明满足设计要求。

除用上述方法求得小桥孔径外，还有图表计算法，可以从现成的图表中查得，所得结果与上述用公式计算略有出入，但较为简单，这里不做过多介绍。

复习思考题

1. 简述水流的分类及其各自的含义。
2. 简述水力要素(过水断面、流量、断面平均流速、湿周、水力半径)的含义。
3. 暴雨推理公式是根据怎样的思路建立的?
4. 小桥涵孔径计算的目的是什么?
5. 确定小桥孔径的计算有哪些计算步骤?

附件

工程地质与水文实训

实训一　认识常见的矿物

关于矿物鉴定的方法很多。有时为了正确地鉴定矿物的种属、名称及在岩石和矿床中的分布及其生成规律，往往还得通过"镜下分析"（磨制成薄片和光片在显微镜下观察）、X射线分析、热分析等。但通常最简便、最直观的方法是肉眼鉴定法，这是野外工作者常用的方法，也是初步鉴定矿物的基础。这里只着重介绍肉眼鉴定法的一些基础知识和技能。

一、目的与要求

为巩固课堂所学的矿物的基础知识，进一步学会用肉眼并借助于简单的工具鉴定常见的主要造岩矿物，从而为学习岩石打下基础。

二、手标本和工具

(1)矿物手标本有20～30种，名称如下：黄铁矿、黄铜矿、赤铁矿、磁铁矿、石英、正长石、斜长石、白云母、黑云母、角闪石、辉石、橄榄石、绿泥石、滑石、黏土矿物（蒙脱石、高岭石、伊利石）、蛇纹石、石棉、石榴子石、磷灰石、石膏、白云石、萤石、铝土矿、褐铁矿。

(2)工具：放大镜、条痕板、小刀、稀盐酸、磁铁。

(3)供鉴定时观摩、参考用的标本：形态、比色、光泽、硬度、解理和断口等配套标本。

三、肉眼鉴定矿物的方法

凭肉眼鉴定矿物，一般先从形态着手，再观察它的光学性质：颜色—条痕—光泽—透明度。然后鉴别它的力学性质：硬度、解理或断口，以及其他具有鉴定意义的典型特征。

对具体矿物作具体鉴定时，应仔细分辨以下几个方面的细节。

1. 矿物的形态

矿物形态既是矿物的外观特征，又是矿物化学成分的第一观感。矿物的形态分为单体形态和集合体形态。

2. 矿物的光学性质

(1)颜色。矿物颜色应以新鲜面为准。无论白色、他色和假色，一般以直观颜色为主，并以色谱中七色——红、橙、黄、绿、青、蓝、紫为基调色。

1）比色法——利用标准色谱的颜色比照标准矿物颜色进行描述。

2）类比法——以最常见的实物颜色来比喻矿物颜色。

3）二名法——用两种标准色谱中的颜色，如黄绿色、灰白色、蓝灰色……来描述的方法。

4）假色命名——因假色是由外在因素引起的一种干涉色现象，故在描述某些矿物的这些特殊现象时，也给予针对性的特殊色名：如斑铜风化表面呈蓝紫色，特殊色名描述为"锖色"现象。

（2）条痕。条痕是指矿料粉末的颜色。通常是看矿物在毛瓷板（即条痕板）上擦划后留下的粉末的颜色。矿物的条痕可以与块体矿物的颜色一致，也可以不一致。矿物条痕要比矿物块体的颜色稳定得多，故它是肉眼鉴定矿物的重要标志之一。

（3）光泽。矿物的光泽也是以矿物新鲜的反光强弱来作鉴定的。描述光泽时，应注意以下几点：

1）矿物对光的反射能力与自然光的强度、入射及反射与观察者视线、矿物表面积大小及平滑程度等因素有关。因此，不同矿物应在同一光强下对比，并还应同时缓慢转动矿物，从不同角度进行观察。

2）基于上述因素，有时具玻璃光泽的矿物不一定比具金属光泽矿物的光泽显得暗淡，这就要求观察者应结合其他光学性质，如颜色、条痕和透明度进行综合评价。

3）特殊光泽在四个光泽等级的矿物中均可出现，但它们并不是每种矿物所必定具备的，在描述特殊光泽时，必须针对具体手标本中出现具体现象给予特殊光泽的描述。例如，石膏可一般描述为玻璃光泽，但呈纤维状集合体时则可按特殊光泽描述为丝绢光泽；当呈板状时则可描述为珍珠光泽。

3. 矿物的力学性质

（1）硬度。在矿物学中，通常是用摩氏硬度计中的 10 种等级的代表矿物为标准硬度来测定其他矿物的硬度。例如，某一矿物能划动磷灰石（4 度），但又不能被长石（6 度）所划动，由此可知，该矿物的硬度介于两者之间：大于 4 度，小于 6 度。

但在野外用肉眼鉴定矿物硬度时，通常采用更简易的鉴定法。即用指甲（2.5 度）和小刀（3.5 度）来区分矿物的硬度，一般只需粗略地划分为三级。

1）低硬度：凡能被指甲所能刻划的矿物；

2）中硬度：凡不能被指甲所能刻划，而能被小刀所能划动的矿物；

3）高硬度：凡不能被小刀所能刻划的矿物。

（2）解理。观察解理时所简化的三级标准如下：

1）完全解理。凡极易撕成薄片或受力后沿一定方向裂开成较完整光滑平面的矿物，均属完全理解，如云母、石棉、方解石、方铅矿等。

2）中等解理。凡可以沿解理面裂开，但解理面不很平滑且不连续，还可出现断口的矿物，均属中等理解，如辉石、角闪石等。

3）不完全解理。凡裂开后很难找到解理面，偶尔可见的解理面小且很不光滑平坦，常易成为断口的矿物，均属不完全解理，如磷灰石、橄榄石等。

在鉴别解理程度时，第一，应仔细分辨晶面与解理面。因为有的晶面不一定就是解理面，如石英晶体。第二，对于那些完全或中等解理的矿物，应仔细观察其解理面展布情况：有的只沿着一组平等方向发育，称为一组解理，如云母；有的沿两组不同方向发育，称为两组解理，如辉石、角闪石；还有三组解理发育完好的，如方解石；还如萤石有四组解理、闪锌矿有六组解理。第三，在填写鉴定报告表的"解理与断口"一栏中，描述了解理特征的就可免去对断口的描述；如果属极不完全解理的就不需要描述解理特征，但要描述断口方面的特征。

（3）断口。按形态断口可分为以下几项。

1）贝壳状断口：断裂面呈现具有同心圆纹、形如贝壳，如水晶（石英）的断口。

2）锯齿状断口：断裂面呈尖锐锯齿状的断口。凡具良好延展性的矿物均具此类断口，如自然铜。

3）参差状断口：断裂面粗糙不规则，呈参差不齐的状态。许多矿物单体常具有此类断口，如磷灰石。

4）平坦状断口：断裂面较为平坦光滑的断口。大多数呈致密块状的矿物均属此类，如高岭石。

实训二　认识常见的岩石

一、目的与要求

从岩石成因规律中掌握鉴别三大岩类的基本要领，并用肉眼对各大类中常见的主要岩石作出较准确的鉴定，为进一步认识和分析岩石的工程性质打下基础。

二、实习标本及工具

（1）岩石手标本。

岩浆岩类：橄榄岩、辉长岩、辉绿岩、玄武岩、闪长岩、闪长玢岩、安山岩、花岗石、花岗斑岩、流纹岩、珍珠岩、黑曜岩等。

沉积岩类：火山集块岩、火山角砾岩、凝灰岩、砾岩、砂岩、粉砂岩、页岩、泥岩、石灰岩、白云岩、介壳灰岩、鲕状灰岩等。

变质岩类：片麻岩、片岩、千枚岩、板岩、大理石、石英岩、蛇纹岩等。

（2）工具。放大镜、小刀、稀盐酸。

（3）供参考用的各类成套标本若干。

三、肉眼观察鉴定岩石的方法

在观察岩石标本时，首先要鉴别出其属于哪一大类的岩石，然后再按各大类岩石的不同鉴定方法加以描述。

1. 区分三大岩类的基本要领

区分三大岩类的基本要领在于仔细观察岩石的结构和构造，因为结构、构造最能具体反映出岩石的成因规律。

(1)从结构上看。

1)岩浆岩是直接由高温熔融的岩浆冷凝而成，具有明显的晶质结构，随着成岩的理化环境和冷凝速度的不同而呈现出全晶质结构、半晶质结构和非晶质(玻璃质)结构等现象。

2)沉积岩是原岩受风化、破碎成松散物，经搬运、沉积(沉淀)、压实、胶结而成，具有明显的沉积环境特征。其主要表现在组成物的颗粒大小、形状及其组合关系上的规律性，而呈现出碎屑(砾状、砂状、粉砂状)结构、泥质结构和生物化学结晶结构等现象。

3)变质岩是不同的原岩受到不同程度的变质因素的影响而形成，在结构上常与原岩有着千丝万缕的联系，既有继承性又有独特性，而呈现出变晶结构、变余结构和碎裂结构等现象。

(2)从构造上看。

1)对于岩浆岩而言，随着岩浆性质、产出条件、凝固过程中的物质成分空间运动状态不同，而呈现出不同的构造现象。在侵入岩中常因不同矿物晶体聚合而成块状构造、斑杂构造；在喷出岩中常因矿物呈玻璃质或隐晶质产生而成流状构造、气孔状构造、杏仁状构造，甚至也成致密块状构造。

2)对于沉积岩而言，随着外动力作用的性质、古地理环境、物质来源及沉积条件等因素的不同，反映在岩性的沉积相上也是不同的，但都具有层状构造的特征。沉积岩的层状构造及层理构造，通常需要在野外露头上进行观察，一般手标本上能见到层理构造的不多；只在易于采集的页岩、泥灰岩等少数标本中可见。故在室内肉眼鉴定中，凡看不清楚层理的致密块体沉积岩，常以块状构造概述。

3)对于变质岩而言，随着原岩受变质作用的环境、方式和强度的不同，表现出的构造现象也是多样的，最常见者为片理构造。片理构造是变质岩区别于岩浆岩、沉积岩的极为显著的构造特征(比其结构更为突出)。片理构造包括板状构造、千枚状构造和片麻状构造。另外，变质岩还可以残留着原岩的构造特征，称为变余(残留)构造。如果片理构造和变余构造都不十分明显，但变质矿物又显而易见的标本，则用块状构造来描述。

2. 岩浆岩的肉眼鉴定

肉眼鉴定岩浆岩，一般先从颜色和矿物成分入手，再观察它们的结构、构造，最后命名。

(1)颜色。

1)岩石的颜色是指岩石整体颜色，不是单指组成岩石的某一矿物的颜色。即用眼睛的余光来观察整块岩石所反映出的调和色。

2)岩石颜色与矿物成分及岩浆岩的化学性质有着密切联系。岩石颜色的深浅取决于岩石中深色矿物与浅色矿物的含量比。深色矿物含量多的偏基性，浅色矿物多的偏酸性。

(2)矿物成分。

1)深色矿物——富含 Fe、Mg 质，如橄榄石、辉石、角闪石、黑云母等；

2)浅色矿物——富含 Si、Al 质，如石英、白云母、正长石、斜长石等。

岩浆岩中原生矿物在结晶过程中所形成的共生组合规律：

1)酸性岩——石英与正长石及酸性斜长石共生，深色矿物有黑云母和少量角闪石；

2)中性岩——无石英或含量极少，以长石类与角闪石共生为主；

3)基性岩——无正长石，以基性斜长石与辉石共生为主；

4)超基性岩——无长石，角闪石也少见，以橄榄石与辉石共生为主，橄榄石不能与石英共生。

（3）结构与构造。岩浆岩的结构与构造不仅是区别于另外两大岩类很重要的特征，而且也是分析岩浆岩生成环境的依据。

1)深成岩，具全晶质粗粒、中粒、等粒结构，呈块状构造；

2)浅成岩，具半晶质细粒、微粒、斑状结构，呈块状构造或斑杂构造；

3)喷出岩，具非晶质（玻璃）或隐晶质及细小斑晶结构，常呈流纹状、气孔状或杏仁状，或致密状构造。

（4）岩浆岩命名的根据。

1)主要矿物：岩石中含量多（＞20％），对岩浆岩大类划分及命名起决定作用的矿物。例如，以长石和石英为主要矿物组合的岩石可命名为花岗石；以辉石和斜长石组合而成的岩石，便命名为辉长岩等。

2)除主要矿物外，还可见某些含量较少的次要矿物，对岩浆岩的种属命名可起补充作用。

次要矿物是指岩石中含量较少（3％～20％），对分类和命名不起主要作用，但可作为确定种属依据的矿物。例如，闪长岩中含有一定数量的石英，虽不影响命名，但应称为石英闪长岩。次要矿物放在岩石名称之前。

3)岩浆岩除以组成矿物为命名的根据外，还有一些其他命名的方法：如以岩石外貌特征命名（粗面岩）；以发源地命名（安山岩——安的斯山、金伯利岩——南非——地名）、以结构命名（闪长玢岩）、以构造命名（流纹岩、浮岩）……

4)在野外地质工作中，对岩浆岩常采用全名法描述，即颜色＋结构＋构造＋特征矿物＋基本名称，如淡肉红色全晶质等粒半自形块状角闪石黑云母花岗石。

3. 沉积岩的肉眼鉴定

沉积岩的肉眼观察通常先从结构开始，再分析它们的物质组分并结合其他特征加以描述。

（1）从结构特征上划分为三大岩类。先从结构的特征上将沉积岩分为碎屑岩类、黏土岩类和化学岩类三大类。

1)凡凭肉眼直观能见其碎屑颗粒者均可判定为碎屑岩类，当碎屑颗粒很细小，视力不易辨识，而触摸时有粗糙感的一般也不属于碎屑岩类。

2)凡颗粒细小到用放大镜也不易看清，但触摸时有滑腻感，硬度低、具塑性、断裂面暗淡呈土状者多属黏土岩类。

3)凡结构致密，甚至有重结晶现象，性脆，通常为化学岩类。

（2）分析主要矿物成分。

1)碎屑岩类，按碎屑粒径大小，先划分为砾岩、砂岩和粉砂岩。

①砾岩与角砾岩的区别是颗粒形状，外形呈圆或次圆状者为砾岩；呈棱角或次棱角状者为角砾岩。构成砾粒的碎屑成分较复杂(可能是石英岩、灰岩、硅质岩类、火成岩类等)，一般不参与定名。

②砂粒的主要矿物成分是石英，其次是长石及一些岩屑。石英、长石、岩屑三者的数量比，是砂岩亚类定名的依据。

③石英在砂岩中呈烟灰色、不规则的颗粒状，半透明、油脂光泽、硬度大；长石在砂岩中颜色暗淡、光泽不显，多为酸性斜长石及正长石，易风化成高岭土；岩屑具棱角状或次棱角状。三者含量百分比的观察方法与岩浆岩色率百分比的观察方法相同。

④粉砂粒的矿物成分仍以石英为主，其次为白云母、长石及黏土矿，岩屑极少见。但因其粒度细小，肉眼不易分辨。

2)黏土岩类：因颗粒极细小，粒径小于 0.002 mm，肉眼无法鉴别其成分。经分析，黏土岩主要是由化学风化后形成的胶体质点凝聚后，水化物重结晶成的黏土矿物，如高岭石、水云母、蒙脱石。

黏土岩通常根据泥质结构和页理构造分为页岩和泥岩两种。两者之间的主要区别在于有无明显的层理。页岩的层理清晰、具有明显的极薄(厚度<1 mm)的叶片状或纸片状的页理(极薄的层理称为页理构造)，泥岩无明显的页理构造。而页岩风化后或破损后呈页片状碎块；而泥岩风化、破损后呈不规则的团块。

3)化学岩及生物化学岩类：这类岩由真溶液、胶体溶液和生物等的化学作用形成的。常见矿物的主要成分有方解石、白云石、石英、蛋白石，其次有海绿石、绿泥石、水铝石；生物化学岩有古生物遗骸、生物碎屑等。

这一类岩石常见的有石灰岩和白云岩两种。区分这种岩石的依据是方解石和白云石在岩石中的含量变化。但在肉眼观察时，主要看它们对稀盐酸的反应情况：

①石灰岩(包括鲕状灰岩、竹叶状灰岩)强烈起泡；

②白云质灰岩徐徐起泡；

③灰质白云岩微微起泡；

④白云岩不起泡或起泡甚微，但刮成粉末后也能起泡；

⑤泥灰岩起泡，但泡沫混浊，干后留有泥点；

⑥硅质灰岩或燧石条带状灰岩起泡甚微或不起泡，但硬度大于小刀。

(3)肉眼观察沉积岩的颜色。沉积岩的颜色是肉眼鉴定时最直观的标志。它不仅取决于沉积物的矿物成分，而且还反映着成岩时古地理环境的特征。

1)白色：常常是不含色素矿物的本色，如方解石、石英、高岭土等矿物构成的岩石。但自然界纯白色的沉积岩少见，多数都以浅淡的杂色或暗深色出现。

2)灰色、黑色：是因含有有机质(碳质、沥青质)或硫化物等所呈现出的颜色。这些物质的含量越高，颜色越深。灰—黑色表明岩石形成于还原或强还原的环境条件下。

3)褐黄色、褐红色、紫红色、红色：多数为大陆或海陆过渡相沉积岩的颜色。

(4)沉积岩的命名。

1)沉积岩的基本名称主要是按其结构特征分类来命名的，如碎屑岩类的角砾岩、砾岩、粗砂岩、中粒砂岩、细砂岩、粉砂岩等；黏土岩类的泥岩和页岩等；化学生物岩类的石灰岩

（简称灰岩）和白云岩等。

2）在基本名称的基础上再加上一些其他方面的特征描述：

①按颜色命名，如红色砾岩、暗紫色砂岩、灰绿色粉砂岩、黑色页岩、褐黄色泥岩、深灰色灰岩、黄褐色白云岩等。

②按其组成矿物成分的含量比命名，如长石砂岩、石英岩屑砂岩、水云母页岩、高岭石泥岩、白云质灰岩等。

③按胶结物命名，如黏土质砾岩、铁质砂岩、钙质粉砂岩、灰质页岩、钙质泥岩、硅质灰岩等。

④在野外工作中，对实际露头的沉积岩，还要对其岩层厚度（按单层）作出具体描述。

3）为了能较全面反映沉积岩多方面的特征，在肉眼鉴定中常用综合性描述来定名，一般格式如下：

①碎屑岩类的命名格式：颜色＋构造（层厚）＋胶结物＋结构＋成分及基本名称，如紫红色中厚层钙质细粒石英砂岩；灰褐色薄层黏土质岩屑长石砂岩；灰白色片状层钙质高岭土粉砂岩。

②黏土岩类因成分很难用肉眼鉴别，故常偏重于用构造和固结程度来命名，其格式为：颜色＋黏土矿物＋混入物及基本名称，如砖红色钙质泥岩、黑色页岩、钙质页岩、油页岩、炭质页岩。在野外，为了反映层位，也要加上对岩层厚度的描述。

③化学岩及生物化学岩类的综合描述常偏重于化学结晶的程度。对胶结物，除硅质外一般不参加描述，而是把它们列为成分含量比作为定名的依据。化学岩类命名格式：颜色＋构造＋结构（含石生物化石）＋成分及基本名称，如浅色中厚层细晶灰岩，浅黄色巨厚层粗晶白云岩。

4. 变质岩的肉眼鉴定

变质岩的肉眼鉴定可先从变质岩的构造开始，然后再观察主要矿物成分和特征矿物，最后确定岩石名称。

（1）先从变质岩的构造入手。变质岩的构造有着特殊的鉴定意义，它是岩浆岩和沉积岩所不能有的。分析变质岩构造时应区分片理构造和块状构造。

1）片理构造包括板状、千枚状、片状、片麻状等构造。

①板状构造——页岩或泥岩等柔性岩石，在应力作用下出现了一组相互平等的劈理面，使岩石沿劈理面形成板状。劈理面常整齐面光滑，有时有少量绢云母、绿泥石等，显弱丝绢光泽，但原岩组分基本上没有重结晶现象。

②千枚状构造——岩石中片状扰定向排列，矿物粒度较细，肉眼不易分辨，仅在片理面上显强丝绢光泽，此是由绢云母小鳞片平行排列所致。通常，在片理面上可见许多小皱纹。

③片状构造——岩石主要由云母、角内石等片状、柱状矿物所组成的一种定向排列构造。一般粒度较粗，肉眼能分辨其颗粒，以此区别于千枚状构造。片理面较平直或呈波状曲面，且常与原岩的层面平等，但也有时斜交。

④片麻状构造——又称"片麻理"。岩石中除主要由粒状矿物组成外，还有一定数量的呈定向排列的片状，柱状矿物在其中呈不均匀的断续分布。若片状柱状矿物分布较集中且大致连续分布，形成浅色矿物和暗色矿物，各以一定宽度成互层状出现，则称为条带

195

状构造。

2)块状构造：岩石中的矿物成分和结构都很均匀，没有定向排列，不出现方向性构造，呈致密块状。如石英、大理石等。

3)变余构造：即仍保留有原岩构造特征，如变余层理构造、变余杏仁构造等，在原岩构造特征之前加上"变余"二字。

（2）变质岩的结构，也是不容忽视的但又是肉眼观察较为困难的结构（有时常要靠显微镜来辨析）。

（3）在结构构造的基础上进一步鉴别主要矿物成分和特征矿物的含量作为定名时的参考。颜色＋结构＋次要矿物＋主要矿物及构造特征基本名称，如浅灰色鳞片变晶石云母石英片岩。

实训三　测定土的粒度成分（筛分法）

一、目的和使用范围

本试验的目的是获得粗粒土的颗粒级配。本试验适用于分析土粒粒径范围为 $0.075\sim$ 60 mm 的土粒粒组含量和级配组成。

二、仪器设备

（1）标准筛（图 10-1）：粗筛（圆孔）孔径为 60 mm、40 mm、20 mm、10 mm、5 mm、2 mm；细筛孔径为 2.0 mm、1.0 mm、0.5 mm、0.25 mm、0.075 mm。

（2）天平：称量 5 000 g，感量 1 g；称量 1 000 g，感量 0.01 g。

（3）摇筛机。

（4）其他：烘箱、筛刷、烧杯、木碾、研钵及杵等。

图 10-1　标准筛

三、试样

从风干、松散的土样中用四分法按照下列规定取出具有代表性的试样：

（1）最大粒径小于 2 mm 的颗粒的土 100～300 g。

（2）最大粒径小于 10 mm 的土 300～900 g。

（3）最大粒径小于 20 mm 的土 1 000～2 000 g。

（4）最大粒径小于 40 mm 的土 2 000～4000 g。

（5）最大粒径大于 40 mm 的土 4 000 g 以上。

四、试验步骤

（1）对于无黏聚性土。

1)按规定称取试样，将试样分批过 2 mm 筛。

2)将大于 2 mm 试样按从大到小的次序，通过大于 2 mm 的各级粗筛，将留在筛上的土分别称量。

3)2 mm 筛下的土如数量过多，可用四分法缩分至 100～800 g，将试样从大到小的次序通过小于 2 mm 各级细筛。可用摇筛机进行振摇。振摇时间一般为 10～15 min。

4)由最大孔径的筛开始，顺序将各筛取下，在白纸上用手轻扣摇晃，至每分钟筛下数量不大于该级筛余质量的 1% 为止。漏下的土粒应全部放入下一级筛内，并将留在各筛上的土样用软毛刷刷干净，分别称量。

5)筛后各级筛上和筛下土总质量与筛前试样总质量之差，不应大于筛前试样总质量的 1%。

6)如 2 mm 筛下土不超过试样总质量的 10%，可省略细筛的分析；如 2 mm 筛上的土不超过试样总质量的 10%，可省略粗筛分析。

(2)对有黏土粒的砂砾土。

1)将土样放在橡皮板上，用木碾将黏结的土团充分碾散，拌匀、烘干、称量。如土样过多时，用四分法称取代表性土样。

2)将试样置于盛有清水的瓷盆中，浸泡并搅拌，使粗细颗粒分散。

3)将浸润后的混合液过 2 mm 筛，边冲边洗过筛，直至筛上仅留大于 2 mm 以上的土粒为止。然后，将筛上洗净的砂砾烘干称量。按以上方法进行粗筛分析。

4)通过 2 mm 筛筛下的混合液存放在盆中，待稍沉淀，将上部悬液过 0.075 mm 洗筛，用带橡皮头的玻璃棒研磨盆内浆液，再加清水，搅拌、研磨、静止过筛，反复进行，直至盆内悬液澄清。最后，将全部土粒倒在 0.075 mm 的筛上，用水冲洗，直到筛上仅留大于 0.075 mm 净砂为止。

5)将大于 0.075 mm 的净砂烘干称量，并进行细筛分析。

6)将大于 2 mm 的颗粒及 0.075～2 mm 的颗粒质量从原称量的总质量中减去，即为小于 0.075 mm 的颗粒质量。

7)如果小于 0.075 mm 的颗粒质量超过总质量的 10%，有必要时，将这部分土烘干、取样，另做密度计或移液管分析。

五、结果整理

(1)按下式计算小于某粒径颗粒质量百分数：

$$X = \frac{A}{B} \times 100\%$$

式中　X——小于某粒径颗粒的质量百分数(%)，计算至 0.01%；

　　　A——小于某粒径的颗粒质量(g)；

　　　B——试样的总质量(g)。

(2)当小于 2 mm 的颗粒如用四分法缩分取样时，按下式计算试样中小于某粒径的颗粒质量占总质量的百分数：

$$X = \frac{a}{b} \times p \times 100\%$$

式中　X——小于某粒径颗粒的质量百分数，计算至 0.01%；

　　　　a——通过 2 mm 筛的试样中小于某粒径的颗粒质量(g)；

　　　　b——通过 2 mm 筛的土样中所取试样的质量(g)；

　　　　p——粒径小于 2 mm 的颗粒质量百分数(%)。

(3)在半对数坐标纸上，以小于某粒径的颗粒质量百分数为纵坐标，以粒径为横坐标，绘制颗粒大小级配曲线，求出各粒组的颗粒质量百分数，用整数表示。

(4)必要时按下式计算不均匀系数：

$$C_u = \frac{d_{60}}{d_{10}}$$

式中　C_u——不均匀系数，计算至 0.1 且含两位以上有效数字；

　　　　d_{60}——限制粒径，即土中小于该粒径的、颗粒质量为 60% 的粒径(mm)；

　　　　d_{10}——限制粒径，即土中小于该粒径的、颗粒质量为 10% 的粒径(mm)。

(5)本试验记录表格见表 10-1。

(6)精密度和允许差。筛后各级筛上和筛底土总质量与筛前试样质量之差，不应大于筛前试样总质量的 1%。

表 10-1　颗粒分析试验记录(筛分法)

工程名称 ＿＿＿＿＿＿　　　　　　　　　　　　　　　　　　　试验者 ＿＿＿＿＿＿

土样编号 ＿＿＿＿＿＿　　　　　　　　　　　　　　　　　　　计算者 ＿＿＿＿＿＿

土样说明 ＿＿＿＿＿＿　　　　　试验日期 ＿＿＿＿＿＿　　　　校核者 ＿＿＿＿＿＿

筛前总土质量＝3 000 g				小于 2 mm 取试样质量＝810 g				
小于 2 mm 土质量＝810 g								
小于 2 mm 土占总质量的百分比＝27%								

粗筛分析				细筛分析				
孔径 /mm	累积留筛土质量 /g	小于该孔径的土质量 /g	小于该孔径土质量百分比 /%	孔径 /mm	累积留筛土质量 /g	小于该孔径的土质量 /g	小于该孔径土质量百分比 /%	占总土质量百分比 /%
				2.0	2 190	810	100	27.0
60				1.0	2 410	590	72.8	19.7
40	0	3 000	100	0.5	2 740	260	32.1	8.7
20	350	2 650	88.3	0.25	2 920	80	9.9	2.7
10	920	2 080	69.3	0.075	2 980	20	2.5	0.7
5	1 600	1 400	46.7					
2	2 190	810	27.0					

实训四 测定土的比重(比重瓶法)

一、目的和适用范围

本试验方法适用于粒径小于 5 mm 的土。

二、仪器设备

(1)比重瓶(图 10-2):容量 100 mL(或 50 mL)。

(2)天平:称量 200 g,感量 0.001 g。

(3)恒温水槽:灵敏度±1 ℃。

(4)砂浴(图 10-2)。

(5)真空抽气设备。

(6)温度计:刻度为 0~50 ℃,分度值为 0.5 ℃。

微课:测定土的比重
(土粒密度)

(7)其他:如烘箱、蒸馏水、中性液体(如煤油)、孔径 2 mm 及 5 mm 筛、漏斗、滴管等。

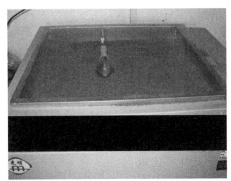

图 10-2 砂浴及比重瓶

(8)比重瓶校正。

1)将比重瓶洗净、烘干,称比重瓶质量,准确至 0.001 g。

2)将煮沸后冷却的纯水注入比重瓶。对长颈比重瓶注水至刻度处,对短颈比重瓶应注满纯水,塞紧瓶塞,多余水分自瓶塞毛细管中溢出。调节恒温水槽至 5 ℃或 10 ℃,然后将比重瓶放入恒温水槽内,直至瓶内水温稳定。取出比重瓶,擦干外壁,称瓶、水总质量,准确至 0.001 g。

3)以 5 ℃级差,调节恒温水槽的水温,逐级测定不同温度下的比重瓶、水总质量,至达到本地区最高自然气温为止。每级温度均应进行两次平行测定。两次测定的差值不得大于 0.002 g,取两次测值的平均值。绘制温度与瓶、水总质量的关系曲线。

三、试验步骤

(1)将比重瓶烘干，将 15 g 烘干土装入 100 mL 比重瓶内(若用 50 mL 比重瓶，装烘干土约 12 g)，称量。

(2)为排除土中空气，将已装有干土的比重瓶，注蒸馏水至瓶的 1/2 处，摇动比重瓶，土样浸泡 20 h 以上，再将瓶在砂浴中煮沸，煮沸时间自悬液沸腾时算起，砂及低液限黏土应不少于30 min，高液限黏土应不少于 1 h，使土粒分散。注意沸腾后调节砂浴温度，不使土液溢出瓶外。

(3)如是长颈比重瓶，用滴管调整液面恰至刻度处(以弯液面下缘为准)，擦干瓶外及瓶内壁刻度以上部分的水，称瓶、水、土总质量。如是短颈比重瓶，用纯水注满，使多余水分自瓶塞毛细管中溢出，将瓶外水分擦干后，称瓶、水、土总质量，称量后立即测出瓶内水的温度，精确至 0.5 ℃。

(4)根据测得的温度，从已绘制的温度与瓶、水总质量关系曲线中查得瓶水总质量。如比重瓶体积事先未经温度校正，则立即倾去悬液，洗净比重瓶，注入事先煮沸过且与试验时同温度的蒸馏水至同一体积刻度处，短颈比重瓶则注水至满，按本试验步骤(3)调整液面后，将瓶外水分擦干，称瓶、水总质量。

(5)如是砂土，煮沸时砂粒易跳出，允许用真空抽气法代替煮沸法排除土中空气，其余步骤与本试验步骤(3)、(4)相同。

(6)对含有某一定量的可溶盐、不亲性胶体或有机质的土，必须用中性液体(如煤油)测定，并用真空抽气法排除土中气体。真空压力表读数宜为 100 kPa，抽气时间 1~2 h(直至悬液内无气泡为止)，其余步骤同本试验步骤(3)、(4)。

(7)本试验称量应精确至 0.001 g。

四、结果整理

(1)用蒸馏水测定时，按下式计算比重：

$$G_s = \frac{m_s}{m_1 + m_s - m_2} \times G_{wt}$$

式中　G_s——土的比重，计算至 0.001；

　　　m_s——干土质量(g)；

　　　m_1——瓶、水总质量(g)；

　　　m_2——瓶、水、土总质量(g)；

　　　G_{wt}——t ℃时蒸馏水的比重(水的比重可查物理手册)，精确至 0.001。

(2)用中性液体测定时，按下式计算比重：

$$G_s = \frac{m_s}{m'_1 + m_s - m'_2} \times G_{kt}$$

式中　G_s——土的比重，计算至 0.001；

　　　m'_1——瓶、中性液体总质量(g)；

　　　m'_2——瓶、土、中性液体总质量(g)；

G_{kt}——t ℃时中性液体比重(应实测),精确至 0.001。

(3)本试验记录格式见表 10-2。

表 10-2 比重试验记录(比重瓶法)

工程名称 _____ 试验方法 _____ 试验日期 _____
试验者 _____ 计算者 _____ 校核者 _____

试验编号	比重瓶号	温度/℃	液体比重/g	比重瓶质量/g	瓶、干土总质量/g	干土质量/g	瓶、液总质量/g	瓶、液、土总质量/g	与干土同体积的液体质量/g	比重	平均比重值	备注
		(1)	(2)	(3)	(4)	(5)	(6)	(7)	(8)	(9)		
					$(4)-(3)$				$(5)+(6)$ $-(7)$	$\frac{(5)}{(8)}\times(2)$		
	1	15.2	0.999	34.886	49.831	14.945	134.714	144.225	5.434	2.746	2.74	
	2	15.2	0.999	34.287	49.227	14.940	134.696	144.191	5.445	2.741		

(4)精密度和允许差。本试验必须进行二次平行测定,其平等差值不得大于 0.02,否则应重做试验。取其算术平均值,以两位小数表示。

实训五　测定土的含水率

一、烘干法

(一)目的和适用范围

本试验适用于测定黏质土、粉质土、砂类土、有机质土和冻土等土类的含水率。

(二)仪器设备

(1)烘箱:可采用电热烘箱或温度能保持在 105~110 ℃的其他能源烘箱。

(2)天平:称量 200 g,感量 0.01 g;称量 1 000 g,感量 1 g。

(3)其他:干燥器、称量盒[为简化计算手续,可将盒质量定期(3~6 个月)调整为恒质量值]等。

天平及称量盒如图 10-3 所示。

(三)试验步骤

(1)取具有代表性试样,细粒土不小于 30 g,砂类土、有机质土不小于 100 g,砂砾石不小于 1 kg,放入称量盒内,立即盖好盒盖,称质量。

(2)揭开盒盖,将试样和盒子放入烘箱内,在温度为 105~110 ℃的恒温下烘干。烘干时间对细粒土不得少于 8 h,对砂类土不得少于 6 h。对含有机质超过 5%的土或含石膏的土,应将温度控制在 60~70 ℃,烘干时间不宜小于 24 h。

图 10-3 天平及称量盒

(3)将烘干后的试样和盒取出，放入干燥器内冷却(一般只需 0.5~1 h)。冷却后盖好盖子，称质量，精确至 1 g。

(四)结果整理

(1)按下式计算含水率：

$$w = \frac{m - m_s}{m_s} \times 100\%$$

式中　w——含水率(%)，计算至 0.1%；

　　　m——湿土质量(g)；

　　　m_s——干土质量(g)。

(2)本试验记录格式见表 10-3。

表 10-3　含水率试验记录

工程编号 _____　　　　　　　　　　　　　　试验者 _____
土样说明 _____　　　　　　　　　　　　　　计算者 _____
试验日期 _____　　　　　　　　　　　　　　校核者 _____

盒号		1	2	3	4
盒质量/g	(1)	20.00	20.00	20.00	20.00
盒+湿土质量/g	(2)	71.65	70.54	70.65	70.45
盒+干土质量/g	(3)	62.30	61.23	59.63	59.32
水分质量/g	(4)=(2)-(3)	9.35	9.31	11.02	11.13
干土质量/g	(5)=(3)-(1)	42.30	41.23	39.63	39.32
含水率/%	(6)=$\frac{(4)}{(5)}$	22.1	22.6	27.8	28.3
平均含水率/%	(7)	22.4		28.1	

(五)精密度和允许差

本试验须进行二次平行测定，取其算术平均值，准确至 0.1%。允许平行差应符合表 10-4 规定。

表 10-4 含水率测定的允许平行差

含水率/%	允许平行差值/%
$w \leqslant 5.0$	$\leqslant 0.3$
$5.0 < w \leqslant 40.0$	$\leqslant 1.0$
$w > 40.0$	$\leqslant 2.0$

(六)报告

(1)土的状态描述。

(2)土的含水率 w 值。

二、酒精燃烧法

(一)目的和适用范围

本试验适用于快速简易测定细粒土(含有机质的土除外)的含水率。

(二)仪器设备

(1)天平：感量 0.01 g。

(2)酒精：纯度 95%。

(3)其他：滴管、调土刀、称量盒(可定期调整为恒定质量)等。

(三)试验步骤

(1)称取空盒的质量，精确至 0.01 g。

(2)取代表性试样(黏质土 5～10 g，砂类土 20～30 g)，放入称量盒内，称盒与湿土质量 m，精确至 0.01 g。

(3)用滴管将酒精注入放有试样的称量盒中，直至盒中出现自由液面为止。为使酒精在试样中充分混合均匀，可将盒底在桌面上轻轻敲击。

(4)点燃盒子中酒精，燃至火焰熄灭。

(5)火焰熄灭并冷却数分钟，再次用滴管滴入酒精，不得用瓶直接往盒里倒酒精，以防意外，如此再燃烧两次。

(6)待第三次火焰熄灭后，盖好盒盖，称干土和盒质量，精确至 0.01 g。

结果整理及报告同烘干法。

实训六 测定土的密度(环刀法)

一、目的和适用范围

本试验方法适用于细粒土。

二、仪器设备

(1)环刀:内径为 6~8 cm;高为 2~5.4 cm;壁厚为 1.5~2.2 mm。

(2)天平:感量 0.1 g。

(3)其他:削土刀、钢丝锯、凡士林等。

三、试验步骤

(1)按工程需要取原状土或制备所需状态的扰动土样,整平两端,环刀内壁涂一薄层凡士林,刀口向下放到土样上。

(2)用削土刀或钢丝锯将土样上部削成略大于环刀直径的土柱,然后将环刀垂直下压,边压边削,直至土样伸出环刀上部为止。削去两端余土,使土样与环刀口面齐平,并用剩余土样测定含水率。

(3)擦净环刀外壁,称环刀与土合计质量 m_1,精确至 0.1 g。

四、结果整理

(1)按下列公式计算湿密度及干密度:

$$\rho = \frac{m_1 - m_2}{V}$$

$$\rho_d = \frac{\rho}{1 + 0.01w}$$

式中 ρ——湿密度,计算至 0.01 g/cm³;

m_1——环刀与土总质量(g);

m_2——环刀质量(g);

V——环刀体积(cm³);

ρ_d——干密度,计算至 0.01 g/cm³;

w——含水率(%)。

(2)本试验记录表格见表 10-5。

表 10-5 密度试验记录(环刀法)

土样编号			1		2		3	
环刀号			1	2	3	4	5	6
环刀容积/cm³	(1)		100	100	100	100	100	100
环刀质量/g	(2)							
土+环刀质量/g	(3)							
土样质量/g	(4)	(3)-(2)	178.60	181.40	193.60	194.80	205.80	207.20
湿密度/(g·cm⁻³)	(5)	$\dfrac{(4)}{(1)}$	1.79	1.81	1.94	1.95	2.06	0.07
含水率/%	(6)		13.5	14.2	18.2	19.4	20.5	21.2
干密度/(g·cm⁻³)	(7)	$\dfrac{(5)}{1+0.01(6)}$	1.58	1.58	1.64	1.63	1.71	1.71
平均干密度/(g·cm⁻³)	(8)		1.58		1.64		1.71	

(3)精密度和允许差。本试验需进行两次平行测定,其平行差值不得大于 0.03 g/cm³,否则应重做试验。密度取其算术平均值,精确至 0.01 g/cm³。

实训七　测定土的渗透性(常水头渗透试验)

一、目的和适用范围

(1)本试验方法适用于粗粒土。

(2)试验用水应采用实际作用于土的天然水,如用纯水,试验前必须用抽气法或煮沸法脱气。试验时水温宜高于试验室温度 3~4 ℃。

二、仪器设备

(1)常水头渗透仪(70 型渗透仪):如图 10-4 所示,其中有封底圆筒,高 40 cm,内径 10 cm;金属孔板距筒底 6 cm。有三个测压孔,测压孔中心间距 10 cm,与筒边连接处有铜丝网;玻璃测压管内径为 0.6 cm,用橡皮管与测压孔相连。

(2)其他:木槌、秒表、天平等。

三、试验步骤

(1)按图 10-4 所示将仪器安装好,接通调节管和供水管,使水流至仪器底部,水位略高于金属孔板,关止水夹。

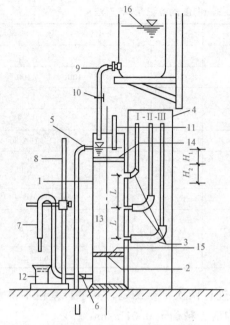

微课：测定土的渗透性

图 10-4　常水头渗透仪示意

1—金属圆筒；2—金属孔板；3—测压孔；4—测压管；5—溢水孔；

6—渗水孔；7—调节管；8—滑动支架；9—供水管；10—止水夹；

11—温度计；12—量杯；13—试样；14—砾石层；15—钢丝网；16—供水瓶

（2）取具有代表性土样 3～4 kg，称量，精确至 1.0 g，并测其风干含水率。

（3）将土样分层装入仪器，每层厚 2～3 cm，用木槌轻轻击实到一定厚度，以控制孔隙比。如土样含黏粒比较多，应在金属孔板上加铺约 2 cm 厚的粗砂作为缓冲层，以防细粒被水冲走。

（4）每层试样装好后，慢慢开启止水夹，水由筒底向上渗入，使试样逐渐饱和。水面不得高出试样顶面。当与试样顶面齐平时，关闭止水夹。饱和时水流不可太急，以免冲动试样。

（5）如此分层装入试样、饱和，至高出测压孔 3～4 cm 为止，量出试样顶面到筒顶高度，计算试样高度，称剩余土质量，准确至 0.1 g，计算装入试样总质量。在试样上面铺 1 cm 砾石作缓冲层，放水，至水面高出砾石层 2 cm 左右时，关闭止水夹。

（6）将供水管和调节管分开，将供水管置入圆筒内，开启止水夹，使水由圆筒上部注入，至水面与溢水孔齐平为止。

（7）静置数分钟，检查各测压管水位是否与溢水孔齐平，如不齐平，说明仪器有集气或漏气，需挤压测压管上橡皮管，或用吸球在测压管上部将集气吸出，调至水位齐平为止。

（8）降低调节管的管口位置，水即渗过试样，经调节管流出。此时调节止水夹，使进入筒内的水量多于渗出水量，溢水孔始终有余水流出，以保持筒中水面不变。

（9）测压管水位稳定后，测记水位，计算水位差。

（10）开动秒表，同时用量筒接取一定时间的渗透水量，并重复一次。接水时，调节管出水口不浸入水中。

(11)测记进水和出水处水温，取其平均值。

(12)降低调节管管口至试样中部及下部 1/3 高度处，改变水力坡降 $\dfrac{H}{L}$，重复步骤(8)～(11)进行测定。

四、结果整理

(1)按下式计算干密度及孔隙比：

$$\rho_d = \frac{m_s}{Ah}$$

$$e = \frac{G_s}{\rho_d} - 1$$

式中 ρ_d——干密度，计算至 0.01 g/cm³；

　　　e——试样孔隙比，计算至 0.01；

　　　m_s——试样干质量(g)，$m_s = \dfrac{m}{1+w_h}$；

　　　m——风干试样总质量(g)；

　　　w_h——风干含水率(%)；

　　　A——试样断面面积(cm²)；

　　　h——试样高度(cm)；

　　　G_s——土粒比重。

(2)按下式计算渗透系数：

$$k_t = \frac{QL}{AHt}$$

式中 k_t——水温 t ℃时，试样渗透系数(cm/s)，计算至两位有效数字；

　　　Q——时间 t 内的渗透水量(cm³)；

　　　L——两测压孔中心之间的试样高度(等于测压孔中心间距：$L = 10$ cm)；

　　　H——平均水位差(cm)，$H = \dfrac{H_1 + H_2}{2}$；

　　　t——时间(s)。

其他符号意义同前。

(3)标准温度下的渗透系数按下式计算：

$$k_{20} = k_t \frac{\eta_t}{\eta_{20}}$$

式中 k_t——标准水温(20 ℃)试样的渗透系数(cm/s)，计算至三位有效数字；

　　　η_t——t ℃时水的动力黏滞系数(kPa·s)；

　　　η_{20}——20 ℃时水的动力黏滞系数(kPa·s)；

　　　η_t/η_{20}——黏滞系数比，见表 10-6。

表 10-6　水动力黏滞系数 η_t、黏滞系数比 η_t/η_{20}

温度 $t/℃$	动力黏滞系数 $\eta_t/(10^{-6}\,kPa \cdot s)$	η_t/η_{20}	温度 $t/℃$	动力黏滞系数 $\eta_t/(10^{-6}\,kPa \cdot s)$	η_t/η_{20}
10.0	1.310	1.297	20.0	1.010	1.000
10.5	1.292	1.179	20.5	0.998	0.988
11.0	1.274	1.261	21.0	0.986	0.976
11.5	1.256	1.243	21.5	0.974	0.964
12.0	1.239	1.227	22.0	0.963	0.953
12.5	1.223	1.211	22.5	0.952	0.943
13.0	0.206	1.194	23.0	0.941	0.932
13.5	1.190	1.178	23.5	0.930	0.921
14.0	1.175	1.163	24.0	0.920	0.910
14.5	1.160	1.148	24.5	0.909	0.900
15.0	1.144	1.133	25.0	0.899	0.890
15.5	1.130	1.119	25.5	0.889	0.880
16.0	1.115	1.104	26.0	0.879	0.870
16.5	1.101	1.090	25.5	0.869	0.861
17.0	1.088	1.077	27.0	0.860	0.851
17.5	1.074	1.066	27.5	0.850	0.842
18.0	1.061	1.050	28.0	0.841	0.833
18.5	1.048	1.038	28.5	0.832	0.824
19.0	1.035	1.025	29.0	0.823	0.815
19.5	1.022	1.012	29.5	0.814	0.806

(4)根据需要,可在半对数坐标纸上绘制以孔隙比为纵坐标、渗透系数为横坐标的 e-k 关系曲线。

(5)本试验记录表格见表 10-7。

(6)精密度和允许差。一个试样多次测定时,应在所测结果中取 3~4 个允许差值不大于 2×10^{-n} 的测值,求平均值,作为该试样在某孔隙比 e 时的渗透系数。

五、报告

(1)土的状态描述。

(2)土的渗透系数 k_{20} 值(cm/s)。

表 10-7　水动力黏滞系数 η_t、黏滞系数比 η_t/η_{20}

工程名称 ＿＿＿＿　　仪器编号 ＿＿＿＿　　试样高度 $h＝30$ cm　　孔隙比 $e＝0.95$　　试验者 ＿＿＿＿
土样编号 ＿＿＿＿　　测压孔间距 $L＝10$ cm　　试样干质量 $m_x＝3\,200$ g　计算者 ＿＿＿＿　　校核者 ＿＿＿＿
土样说明 ＿＿＿＿　　试样断面积 $A＝78.5$ cm^2　　土粒比重 $G_2＝2.65$　　试验日期 ＿＿＿＿

试验次数	经过时间 t /s	测压管水位			水位差			水力坡降 J	渗透水量 Q /cm^3	渗透系数 k_1 /(cm·s^{-1})	平均水温 t /℃	校正系数 $\dfrac{\eta_1}{\eta_0}$	水温20℃时渗透参数 k_{30} /(cm·s^{-1})	平均渗透系数 $\overline{k_{30}}$
		1管 /cm	2管 /cm	3管 /cm	H_1 /cm	H_2 /cm	平均 H /cm							
(1)	(2)	(3)	(4)	(5)	(6)	(7)	(8)	(9)	(10)	(11)	(12)	(13)	(14)	(15)
					(3)－(4)	(4)－(5)	$\dfrac{(6)+(7)}{2}$	$\dfrac{(8)}{(10)}$		$\dfrac{(10)}{A(9)(2)}$			(11)×(13)	$\dfrac{\sum(14)}{n}$
1	518	45.0	43.0	410	2.0	2.0	2.0	2.20	110	0.0135	13.5	1.176	0.0159	
2	520	45.0	43.0	41.0	2.0	2.0	2.0	0.20	111	0.135	13.5	1.176	0.0159	
3	200	43.8	39.4	35.0	4.4	4.4	4.4	0.44	92	0.135	13.5	1.176	0.0159	0.016
4	200	43.6	39.2	34.8	4.4	4.4	4.4	0.44	93	0.135	13.5	1.176	0.0159	
5	125	44.3	36.5	28.7	7.8	7.8	7.8	0.78	105	0.0137	13.5	1.176	0.0161	
6	125	44.3	36.5	28.7	7.8	7.8	7.8	0.78	105	0.0137	13.5	1.176	0.0161	

实训八　测定土的界限含水率

一、液塑限联合测定法

(一)目的

测定土的液限和塑限，为划分土类、计算天然稠度、塑性指数，供公路工程设计和施工使用。

(二)适用范围

适用于粒径不大于 0.5 mm，有机质含量不大于试样总质量的 5％的土。

微课：界限含水率试验

(三)仪器

(1)LD—100G 型数显式液限塑限联合测定仪(图 10-5)：

1)圆锥仪：质量 100 g，锥角 30°，精确到 0.1 g。

2)盛土杯，内径 5 cm，深 4～5 cm。

3)数显窗口及电器控制部分。

(2)天平：感量 0.01 g。

(3)烘箱，筛(孔径 0.5 mm)，调土刀，调土皿，称量盒，研钵，干燥器，凡士林，吸管，盛土皿等。

（四）步骤

（1）试样制备：取有代表性的天然含水率后风干土样进行试验，如土中含大于 0.5 mm 的土粒或杂物时，应将风干土样用带橡皮头的研杵研碎或用木棒在橡皮板上压碎，过 0.5 mm 的筛。

（2）取样闷土：取 0.5 mm 筛下土样 600 g，分别放在三个盛土皿中，加不同数量蒸馏水，土样含水率分别按制在液限（a 点）、略大于塑限（c 点）和二者的中间状态（b 点）。用调土刀调匀，盖上湿布，放置 18 h 以上，测定 a 点的锥入深度应控制在 5 mm 以下，对于砂类土，测定 c 点的锥入深度可大于 5 mm。

图 10-5　液塑限联合测定仪

（3）将制备的土样充分拌匀，分层装入盛土杯，用力压密，使空气逸出。装满后，刮成与杯边齐平。

（4）调平机身，接通电源，打开电源开关，锥尖涂少许凡士林，提上锥体。

（5）测锥入深度 h_1。将装好土样的试杯放在升降座上，转动升降座旋钮，试杯徐徐上升。土样与锥尖接触，"接触"灯亮，按下"放"按钮，圆锥仪下落，并开始计时，发出信号声 5 s 后，信号停止，此时读数窗上的读数，即为锥入深度 h_1。提上锥体，擦净锥尖，转动平台升降旋钮，使盛土杯下降，取盛土杯。

（6）测锥入深度 h_2。改变锥尖与土接触位置，锥尖两次锥入位置距离不小于 1 cm，得锥入深度 h_2。

（7）计算锥入深度 h，h_1、h_2 允许误差为 0.5 mm，否则应重新做；取 h_1、h_2 平均值作为该点的锥入深度 h。

（8）测含水率 w。去掉锥尖凡士林，取 10 g 以上的土样两个，分别装入已知质量的称量盒内，测其含水率 w_1、w_2，并计算含水率的平均值 w。

（9）重复步骤（3）～（8），对其他两个含水率的土样进行试验，测其锥入深度和相应的含水率。含水率测定的允许平行差见表 10-8。

表 10-8　含水率测定的允许平行差

含水率/%	允许平行差值/%
5 以下	0.3
5～40	≤1
40 以上	≤2

（五）结果整理

1. 计算含水率 w

$$w = \frac{m - m_s}{m_s} \times 100\%$$

式中　m——湿土质量(g)；

　　　m_s——干土质量(g)；

　　　w——含水率，计算至 0.1%。

2. 绘 h-w 图

在双对数坐标纸上，以含水率 w 为横坐标、锥入深度 h 为纵坐标，点绘 a、b、c 三点含水率的 h-w 图(图 10-6)，连此三点成一条直线；若三点不共线，要通过 a 点与 b、c 两点连成两直线。根据液限(a 点的含水率)，在 w_L-h_p 图上查得 h_p，以此 h_p 再在 h-w 图上的 ab、ac 两直线上求出相应两个含水率，当两个含水率的差值小于 2% 时，以该两点含水率的平均值与 a 点连成一直线，当两个含水率的差值大于 2% 时，应重做。

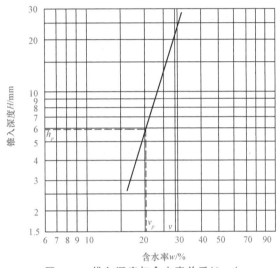

图 10-6　锥入深度与含水率关系(h-w)

3. 求液限 w_L

(1)若采用 76 g 锥做液限试验，则在 h-w 图上，查得纵坐标入土深度 $h=17$ mm 所对应的横坐标的含水率 w，即为该土样的液限 w。

(2)若采用 100 g 锥做液限试验，则在 h-w 图上，查得纵坐标入土深度 $h=20$ mm 所对应的横坐标的含水率 w，即为该土样的液限 w_z。

4. 求塑限 w_p

(1)根据本试验求出的液限，通过 76 g 锥入土深度 h 与含水率 w 的关系曲线(图 10-7)，查得锥入土深度为 2 mm 所对应的含水率即为该土样的塑限 w_p。

(2)采用 100 g 锥时，根据本试验求出的液限，通过液限 w_L 与塑限时入土深度 h_p 的关系曲线(图 10-7)，查得 h_p，再由图 10-6 求出入土深度为 h_p 时所对应的含水率，即为该土样的塑限 w_p。查 h_p-w_L 关系图时，须先通过简易鉴别法及筛分法，把砂类土与细粒土区别开来，再按这两种土分别采用相应的 h_p-w_L 关系曲线；对于细粒土，用双曲线确定 h_p 值；对于砂类土，则用多项式曲线确定 h_p 值。若根据本试验求出的液限，当 a 点的锥入深度在 20 mm±0.2 mm 范围内时，应在 ad 线上查得入土深度为 20 mm 处相对应的含水率，此为液限 w_L。再用此液限在图 10-7 上找出与之相对应的塑限入土深度 h_p'，然后到 h-w 图 ad

直线上查得$h_P{}'$相对应的含水率，此为塑限w_L。

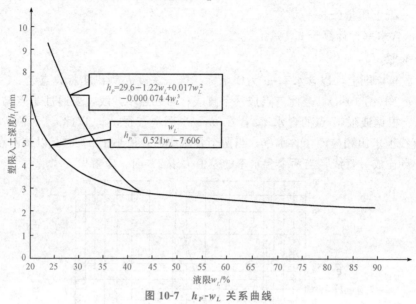

图 10-7　h_P-w_L 关系曲线

5. 计算塑限指数 I_p，并利用塑限图划分土的类别

$$I_p = w_L - w_p$$

式中　w_L——液限；

　　　w_p——塑限。

本试验记录表格见表 10-9。

表 10-9　液限、塑限联合测定试验记录

试验项目 \ 试验次数		1		2		3	
入土深度 /mm	h_1	4.9		11.2		20.1	
	h_2	4.8		13.1		20.0	
	$(h_1+h_2)/2$	4.8		13.2		20.0	
含水量 /%	盒号/g	12	22	45	97	69	24
	盒质量/g	15.8	15.52	14.26	15.45	14.18	15.08
	盒+湿土质量/g	44.76	44.54	43.05	45.33	38.06	40.67
	盒+干土质量/g	40.10	39.87	37.14	39.23	32.79	34.97
	水分质量/g	4.66	4.67	5.91	6.10	5.27	5.70
	干土质量/%	24.25	24.35	22.88	23.78	18.61	19.89
	含水率/%	19.22	19.18	25.83	25.65	28.32	28.66
	平均含水率/%	19.2		25.7		25.8	
液限 w_L：28.5　　　塑限 w_p：21							
塑限指数 I_p：7.5　　土分类及代号：低液限粉土，代号为 ML							

(六)注意事项

(1)试验时不得在土样下垫绝缘物。

(2)周围不得有强磁场及强风。

(3)保护锥尖，不得空放锥体。

二、滚搓法测土的塑限

(一)目的和适用范围

本试验的目的是按滚搓法测定土的塑限，适用于粒径小于 0.5 mm 以及有机质含量不大于试样总质量 5%的土。

(二)仪器设备

(1)毛玻璃板：尺寸宜为 200 mm×300 mm。

(2)天平：感量 0.01 g。

(3)其他：烘箱、干燥器、称量盒、调土皿、直径 3 mm 的铁丝等。

(三)试验步骤

(1)按规定制备土样，一般取土样约 50 g 备用。为在试验前使试样的含水率接近塑限，可将试样在手中揉捏至不黏手为止，或放在空气中晾干(图 10-8)。

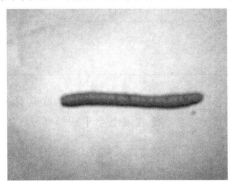

图 10-8　临近塑态的土条

(2)取含水率接近塑限的试样一小块，先用手搓成椭圆形，然后再用手掌在毛玻璃板上轻轻搓滚，搓滚时需以手掌均匀施压力于土条上，不得将土条在玻璃板上进行无压力滚动。土条长度不宜超过手掌宽度，并在滚搓时不应从手掌下任一边脱出。土条在任何情况下不允许产生中空现象。

(3)继续搓滚土条，直到直径达 3 mm 时，产生裂缝并开始断裂为止。若土条搓成 3 mm 时仍未产生裂缝及断裂，表示这时试样的含水率高于塑限，则将其重新捏成一团，重新滚搓；如土条直径大于 3 mm 时即行断裂，表示试样含水率小于塑限，应弃去，重新取土加适量水调匀后再搓，直至合格。若土条在任何含水率下始终搓不到 3 mm 即开始断裂，则认为该土无塑性。

(4)收集 3～5 g 合格的断裂土条，放入称量盒内，随即盖紧盒盖，测定其含水率。

(四)结果整理

(1)按下式计算塑限:

$$w_p = \left(\frac{m_1}{m_2} - 1\right) \times 100\%$$

式中　w_p——塑限(%),计算至 0.1%;

　　　m_1——湿土质量(g);

　　　m_2——干土质量(g)。

(2)本试验记录格式见表 10-10。

表 10-10　塑限滚搓法试验记录

工程编号 ＿＿＿＿＿＿＿＿＿＿＿　　　　　　　试验者 ＿＿＿＿＿＿＿＿＿＿＿

土样说明 ＿＿＿＿＿＿＿＿＿＿＿　　　　　　　计算者 ＿＿＿＿＿＿＿＿＿＿＿

试验日期 ＿＿＿＿＿＿＿＿＿＿＿　　　　　　　校核者 ＿＿＿＿＿＿＿＿＿＿＿

盒号		1	2
盒质量/g	(1)	20	20
盒＋湿土质量/g	(2)	38.870	40.540
盒＋干土质量/g	(3)	35.450	36.760
水分质量/g	(4)=(2)−(3)	3.420	3.780
干土质量/g	(5)=(3)−(1)	15.450	16.760
含水率/%	(6)=$\frac{(4)}{(5)}$	22.1	22.6
平均含水率/%	(7)	22.4	

(3)精密度和允许差。本试验须进行两次平行测定,取其算术平均值,以整数表示。其允许差值为高液限土小于或等于 2%,低液限土小于或等于 1%。

附录 一般性地质符号

一、地层、岩性符号

(一)地层年代符号及颜色

界	系			
新生界 Kz	第四系　Q			黄色
	第三系 R (橙色)	晚第三系　N		淡橙色
		早第三系　E		深橙色
中生界 Mz	白垩系　K			草绿色
	侏罗系　J			蓝色
	三叠系　T			紫色
古生界 Pz	二叠系　P			棕色
	石炭系　C			灰色
	泥盆系　D			褐色
	走留系　S			靛青色
	奥陶系　O			深蓝色
	寒武系　T			橄榄绿色
元古界 Pt	震旦系　Z			蓝灰色
太古界 Ar				

(二)岩性符号

1. 岩浆岩

r	花岗石	r_x	花岗斑岩	λ	流纹岩
δ	闪长岩	δ_x	闪长斑岩	α	安山岩
v	辉长岩	v_x	辉绿岩	β	玄武岩

2. 沉积岩

C_g 砾岩	S_s 砂岩	S_n 页岩
b_{ta} 角砾岩	M_s 泥灰岩	L_s 石灰岩

3. 变质岩

g_n 片麻岩	S 片岩	P_n 千枚岩
S_p 板岩	m_b 大理岩	q 石英岩

(三)第四纪沉积成因分类符号

Q_{al} 冲积层	Q_{dl} 坡积层	Q_{pl} 洪积层
Q_{el} 残积层	Q_l 湖积层	Q_{eal} 风积层
Q_n 沼泽堆积	Q_{col} 崩塌堆积	Q_{del} 滑坡堆积

二、岩石符号

(一)岩浆岩

 花岗石   花岗斑岩   流纹岩

 闪长岩   闪长玢岩   安山岩

 正长岩   辉长岩   玄武岩

(二)沉积岩

 砾岩   角砾岩   砂岩

 页岩   泥岩   泥灰岩

 石灰岩   白云岩   白云质灰岩

(三)变质岩

 片麻岩   片岩   千枚岩

板岩 大理岩 石英岩

三、地质构造符号

 地质界线 岩浆侵入体界线 水平岩层产状

 垂直岩层产状 岩层产状 背斜轴

 向斜轴 倾伏背斜轴 倾伏向斜轴

 倒转褶曲 正断层 逆断层

 平推断层 断层破碎带（断面图用） 不整合接触线（断面图用）

参考文献

[1]李瑾亮. 地质与土质[M]. 北京：人民交通出版社，1995.

[2]刘春原，朱济祥，郭抗美. 工程地质学[M]. 北京：中国建材工业出版社，2000.

[3]李斌. 公路工程地质[M]. 2版. 北京：人民交通出版社，1990.

[4]钱建固. 土质学与土力学[M]. 5版. 北京：人民交通出版社，2022.

[5]孟祥波. 土质学与土力学[M]. 北京：人民交通出版社，2006.

[6]洪毓康. 土质学与土力学[M]. 2版. 北京：人民交通出版社，2002.

[7]罗筠. 道路工程地质[M]. 北京：人民交通出版社，2011.

[8]李晶. 工程岩土学[M]. 沈阳：东北大学出版社，2006.

[9]沈自力，尹会诊. 工程地质与水文地质[M]. 郑州：黄河水利出版社，2010.

[10]邓学成，孙万和. 工程地质与水文地质[M]. 北京：中国水利水电出版社，1992.

[11]左键，温庆博. 工程地质及水文地质[M]. 4版. 北京：中国水利水电出版社，2023.

[12]张忠学，马耀光，周金龙. 工程地质与水文地质[M]. 北京：中国水利水电出版社，2009.

[13]刘明华. 工程地质与水文地质[M]. 郑州：黄河水利出版社，2017.

[14]刘洋. 公路工程地质与水文[M]. 北京：中国电力出版社，2014.

[15]中华人民共和国交通运输部. JTG C20—2011公路工程地质勘察规范[S]. 北京：人民交通出版社，2011.

[16]中华人民共和国交通运输部. JTG B01—2014公路工程技术标准[S]. 北京：人民交通出版社，2014.

[17]中华人民共和国交通运输部. JTG 3430—2020公路土工试验规程[S]. 北京：人民交通出版社，2021.

[18]中华人民共和国交通运输部. JTG 3363—2019公路桥涵地基与基础设计规范[S]. 北京：人民交通出版社，2020.

[19]中华人民共和国交通运输部. JTG C30—2015公路工程水文勘测设计规范[S]. 北京：人民交通出版社，2015.